浙江省高等教育重点建设教材
国家级精品课程"建筑工程造价"配套教材
21世纪全国高职高专土建系列工学结合型规划教材

建筑工程造价

主　编　孙咏梅
副主编　张　英　李冬霞　朱　熙
参　编　卢国光　王　增　王海波
主　审　杨铁定

内容简介

本书以项目案例导入的方式阐述建筑工程造价不同技能模块的基本应用，并依据 2010 年版《浙江省建筑工程预算定额》及 GB 50500—2008《建设工程工程量清单计价规范》，从实战的角度详细阐述了建筑工程在工料单价法及工程量清单两种计价模式下造价计算的步骤和方法。全书共分为定额计价和工程量清单计价两篇，包括基本建设与工程造价、工程建设定额、建筑工程工料单价法计价、装饰装修工程工料单价法计价、措施项目计量与计价、建筑工程造价构成及其计算、工程量清单的编制、工程量清单计价 8 个学习情境。

本书为浙江省高等教育重点建设教材，主要作为本科和高职高专院校工程造价、建筑经济与管理、工程管理、土木工程等建设类相关专业的教材，也可作为建筑工程造价初始从业人员及造价员考前培训的教材，还可以供建筑工程技术人员及有关经济管理人员参考。

图书在版编目（CIP）数据

建筑工程造价/孙咏梅主编．—北京：北京大学出版社，2013.2
（21 世纪全国高职高专土建系列工学结合型规划教材）
ISBN 978-7-301-21892-1

Ⅰ.①建… Ⅱ.①孙… Ⅲ.①建筑工程—工程造价—高等职业教育—教材 Ⅳ.①TU723.3

中国版本图书馆 CIP 数据核字（2013）第 002445 号

书　　　名：	建筑工程造价
著作责任者：	孙咏梅　主编
策划编辑：	赖　青　杨星璐
责任编辑：	杨星璐
标准书号：	ISBN 978-7-301-21892-1/TU・0301
出版发行：	北京大学出版社
地　　　址：	北京市海淀区成府路 205 号　100871
网　　　址：	http://www.pup.cn　新浪官方微博:@北京大学出版社
电子信箱：	pup_6@163.com
电　　　话：	邮购部 62752015　发行部 62750672　编辑部 62750667　出版部 62754962
印　刷　者：	北京虎彩文化传播有限公司
经　销　者：	新华书店
	787 毫米×1092 毫米　16 开本　21.75 印张　508 千字
	2013 年 2 月第 1 版　2018 年 8 月第 6 次印刷
定　　　价：	40.00 元

未经许可，不得以任何方式复制或抄袭本书之部分或全部内容。
版权所有，侵权必究
举报电话：010-62752024　电子信箱：fd@pup.pku.edu.cn

北大版·高职高专土建系列规划教材
专家编审指导委员会

主　　任：　于世玮（山西建筑职业技术学院）

副 主 任：　范文昭（山西建筑职业技术学院）

委　　员：　（按姓名拼音排序）

　　　　　　丁　胜（湖南城建职业技术学院）

　　　　　　郝　俊（内蒙古建筑职业技术学院）

　　　　　　胡六星（湖南城建职业技术学院）

　　　　　　李永光（内蒙古建筑职业技术学院）

　　　　　　马景善（浙江同济科技职业学院）

　　　　　　王秀花（内蒙古建筑职业技术学院）

　　　　　　王云江（浙江建设职业技术学院）

　　　　　　危道军（湖北城建职业技术学院）

　　　　　　吴承霞（河南建筑职业技术学院）

　　　　　　吴明军（四川建筑职业技术学院）

　　　　　　夏万爽（邢台职业技术学院）

　　　　　　徐锡权（日照职业技术学院）

　　　　　　杨甲奇（四川交通职业技术学院）

　　　　　　战启芳（石家庄铁路职业技术学院）

　　　　　　郑　伟（湖南城建职业技术学院）

　　　　　　朱吉顶（河南工业职业技术学院）

特邀顾问：　何　辉（浙江建设职业技术学院）

　　　　　　姚谨英（四川绵阳水电学校）

北大版·高职高专土建系列规划教材
专家编审指导委员会专业分委会

建筑工程技术专业分委会

主　任：吴承霞　　吴明军
副主任：郝　俊　　徐锡权　　马景善　　战启芳　　郑　伟
委　员：（按姓名拼音排序）
　　　　白丽红　　陈东佐　　邓庆阳　　范优铭　　李　伟
　　　　刘晓平　　鲁有柱　　孟胜国　　石立安　　王美芬
　　　　王渊辉　　肖明和　　叶海青　　叶　腾　　叶　雯
　　　　于全发　　曾庆军　　张　敏　　张　勇　　赵华玮
　　　　郑仁贵　　钟汉华　　朱永祥

工程管理专业分委会

主　任：危道军
副主任：胡六星　　李永光　　杨甲奇
委　员：（按姓名拼音排序）
　　　　冯　钢　　冯松山　　姜新春　　赖先志　　李柏林
　　　　李洪军　　刘志麟　　林滨滨　　时　思　　斯　庆
　　　　宋　健　　孙　刚　　唐茂华　　韦盛泉　　吴孟红
　　　　辛艳红　　鄢维峰　　杨庆丰　　余景良　　赵建军
　　　　钟振宇　　周业梅

建筑设计专业分委会

主　任：丁　胜
副主任：夏万爽　　朱吉顶
委　员：（按姓名拼音排序）
　　　　戴碧锋　　宋劲军　　脱忠伟　　王　蕾
　　　　肖伦斌　　余　辉　　张　峰　　赵志文

市政工程专业分委会

主　任：王秀花
副主任：王云江
委　员：（按姓名拼音排序）
　　　　俞金贵　　胡红英　　来丽芳　　刘　江　　刘水林
　　　　刘　雨　　刘宗波　　杨仲元　　张晓战

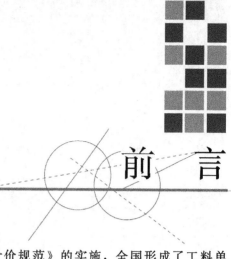

前言

随着 GB 50500—2003《建设工程工程量清单计价规范》的实施,全国形成了工料单价法计价与工程量清单两种计价模式共存的格局,工程造价从业人员必须同时掌握两种计价方法。工料单价法是以预算定额为计价基础的,而全国各地预算定额并不统一,存在着极大的地区差异性。

全国建设工程造价员资格证书开始统一管理注册后,每年全国建设工程造价员考试由各省、市、自治区自己命题、测试、批阅,住房和城乡建设部统一发证,造价员资格证书的获取成为工程造价初始从业人员的一道关口,特别是浙江省,造价员资格证书的获取一直保持着一种高难度状态。2008 年,GB 50500—2008《建设工程工程量清单计价规范》正式颁布并实施,用 2008 版清单规范进行工程量清单计价在全国逐渐成为主流。

基于上述原因,融入工料单价法与清单计价法、地区造价员考试大纲、工程量清单新规范、工程造价区域差异性的相关教材在市场上并不多见,本书正是围绕着这四项特性来组织编写的。在编写中,将建筑工程造价分成不同的技能模块,以项目案例导入的方式阐述不同技能模块的基本应用,并依据 2010 版《浙江省建筑工程预算定额》及《建设工程工程量清单计价规范》,从实战的角度详细阐述建筑工程在工料单价法及工程量清单两种计价模式下造价计算的步骤和方法。

本书在编写时采用的规范和标准主要有 GB 50500—2008《建设工程工程量清单计价规范》、《浙江省建筑工程预算定额》(2010 版,上、下册)、《浙江省建设工程施工取费定额》(2010 版)。

本书由浙江水利水电专科学校孙咏梅教授担任主编,并负责全书的校稿工作,浙江水利水电专科学校张英副教授、嘉兴职业技术学院李冬霞和黄石职业技术学院朱熙担任副主编,浙江水利水电专科学校卢国光、王增和王海波参编,杭州市建设工程管理办公室主任杨铁定高级工程师担任主审。具体编写分工:孙咏梅编写前言和学习情境 1、3、5、6,同时与卢国光合编学习情境 4 以及第 2 篇的装饰装修部分;李冬霞编写学习情境 2;张英编写第 2 篇的主体工程部分;王增和王海波编写能力主题单元 3.3 和能力主题单元 3.4 的部分内容;朱熙负责广联达培训楼施工图预算的编制。工程图纸由广联达软件股份有限公司浙江分公司提供,衷心感谢各位参与人员的大力协作和支持!

由于作者水平有限,时间仓促,书中错误和不足之处在所难免,恳请读者、同行批评指正。如有错误及建议,请发至 zjtld@163.com 或国家级精品课程"建筑工程造价"网站 http://jzgczj.zjwchc.com/中的师生交流平台中或国家精品资源共享课网站——爱课程——高职高专——《建筑和造价》答题平台,在此表示感谢。

编　者
2012 年 11 月

目 录

第1篇 定额计价

学习情境1 基本建设与工程造价 ……… 3
  1.1 基本建设的概念 ……………… 6
  1.2 基本建设的内容 ……………… 6
  1.3 基本建设项目的划分 ………… 7
  1.4 基本建设与工程造价计价的关系 …… 8
  学习情境小结 ……………………… 10
  能力测试 …………………………… 10

学习情境2 工程建设定额 ……………… 11
  能力主题单元2.1 定额概述 ………… 13
    2.1.1 定额的基本知识 ………… 13
    2.1.2 工程建设定额的特点 …… 15
    2.1.3 定额的作用 ……………… 16
  能力主题单元2.2 施工定额 ………… 17
    2.2.1 施工定额概述 …………… 17
    2.2.2 劳动定额 ………………… 20
    2.2.3 材料消耗定额 …………… 22
    2.2.4 机械台班消耗定额 ……… 23
  能力主题单元2.3 预算定额 ………… 25
    2.3.1 预算定额的概念 ………… 25
    2.3.2 预算定额的作用及特点 …… 25
    2.3.3 预算定额的编制原则 …… 26
    2.3.4 预算定额的组成 ………… 27
    2.3.5 预算定额基价的确定 …… 28
    2.3.6 预算定额消耗量指标的确定 ……… 34
    2.3.7 预算定额的应用 ………… 37
  学习情境小结 ……………………… 41
  能力测试 …………………………… 41

学习情境3 建筑工程工料单价法计价 …… 43
  能力主题单元3.1 建筑面积的计算 …… 45
    3.1.1 建筑面积概述 …………… 45
    3.1.2 建筑面积计算术语 ……… 45
    3.1.3 建筑面积计算规则 ……… 46
    3.1.4 不计算建筑面积的规则 …… 50
  能力主题单元3.2 地下土建工程工料单价法计价 …… 51
    3.2.1 土方工程的计量与计价 …… 52
    3.2.2 垫层与基础工程计量与计价 …… 62
    3.2.3 桩基础与地基加固 ……… 69
  能力主题单元3.3 地上土建工程工料单价法计价 …… 77
    3.3.1 地上土建工程概述 ……… 77
    3.3.2 地上土建工程计量与计价 …… 78
  学习情境小结 ……………………… 111
  能力测试 …………………………… 112

学习情境4 装饰装修工程工料单价法计价 …… 123
  能力主题单元4.1 楼地面工程计量与计价 …… 125
    4.1.1 楼地面工程概述 ………… 125
    4.1.2 楼地面计量与计价 ……… 125
    4.1.3 其他规则 ………………… 126
    4.1.4 典型换算 ………………… 127
    4.1.5 综合案例 ………………… 128
  能力主题单元4.2 墙柱面工程计量与计价 …… 133
    4.2.1 墙柱面装饰构造 ………… 133
    4.2.2 墙柱面的计量与计价 …… 133
    4.2.3 定额应用说明 …………… 134
    4.2.4 典型换算 ………………… 135
    4.2.5 综合实例 ………………… 136
  能力主题单元4.3 天棚工程计量与计价 …… 137
    4.3.1 天棚装饰概述 …………… 137
    4.3.2 天棚的计量与计价 ……… 138

4.3.3　定额应用说明 …………… 138
　　　4.3.4　综合实例 ………………… 138
　能力主题单元 4.4　门窗工程计量与
　　　　　　　　　　计价 ……………… 139
　　　4.4.1　门窗工程基础知识 ……… 139
　　　4.4.2　门窗工程计量与计价 …… 141
　　　4.4.3　定额应用说明 …………… 141
　　　4.4.4　典型换算 ………………… 142
　能力主题单元 4.5　油漆及裱糊工程计量与
　　　　　　　　　　计价 ……………… 143
　　　4.5.1　油漆、涂料、裱糊工程
　　　　　　基础知识 ………………… 143
　　　4.5.2　喷刷浆(粉刷)工程基础
　　　　　　知识 ……………………… 144
　　　4.5.3　油漆及裱糊工程计量与
　　　　　　计价 ……………………… 145
　　　4.5.4　定额应用说明 …………… 145
　能力主题单元 4.6　广联达培训楼装饰
　　　　　　　　　　工程综合案例 …… 145
　学习情境小结 ………………………… 154
　能力测试 ……………………………… 154

学习情境 5　措施项目计量与计价 …… 156

　学习能力单元 5.1　措施项目费的基本
　　　　　　　　　　构成 ……………… 157
　学习能力单元 5.2　措施项目费计量与
　　　　　　　　　　计价 ……………… 158
　　　5.2.1　组织措施费的计量与
　　　　　　计价 ……………………… 158
　　　5.2.2　技术措施费的计量与
　　　　　　计价 ……………………… 162
　学习情境小结 ………………………… 173
　能力测试 ……………………………… 173

学习情境 6　建筑工程造价构成及其
　　　　　　　计算 ……………………… 175

　学习能力单元 6.1　建筑工程造价构成 … 177
　　　6.1.1　直接费 ……………………… 178
　　　6.1.2　间接费 ……………………… 180
　　　6.1.3　利润 ………………………… 181
　　　6.1.4　税金 ………………………… 181
　学习能力单元 6.2　建筑工程造价计算
　　　　　　　　　　程序 ……………… 181
　　　6.2.1　工料单价法(定额计价法)的
　　　　　　建筑工程造价计算程序 … 181
　　　6.2.2　综合单价法的建筑工程造价
　　　　　　计算程序 ………………… 186
　学习情境小结 ………………………… 188
　能力测试 ……………………………… 188

第 2 篇　工程量清单计价

学习情境 7　工程量清单的编制 ……… 193

　能力主题单元 7.1　工程量清单概述 … 194
　　　7.1.1　工程量清单的概念 ……… 194
　　　7.1.2　《建设工程工程量清单计价
　　　　　　规范》应用及作用 ……… 194
　能力主题单元 7.2　工程量清单的编制 … 196
　　　7.2.1　工程量清单的组成 ……… 196
　　　7.2.2　工程量清单相关表格 …… 201
　　　7.2.3　清单工程量计算规则 …… 206
　学习情境小结 ………………………… 268
　能力测试 ……………………………… 269

学习情境 8　工程量清单计价 ………… 271

　能力主题单元 8.1　工程量清单计价方法
　　　　　　　　　　概述 ……………… 272
　能力主题单元 8.2　工程量清单计价 … 279
　　　8.2.1　分部分项工程量清单计价 … 279
　　　8.2.2　措施项目清单计价 ……… 297
　　　8.2.3　其他项目清单计价 ……… 303
　　　8.2.4　规费、税金项目清单计价 … 304
　　　8.2.5　综合单价法建筑工程造价计算
　　　　　　程序 ……………………… 304
　学习情境小结 ………………………… 304
　能力测试 ……………………………… 305

附录 A　广联达培训楼施工图预算 …… 307
附录 B　广联达培训楼施工图 ………… 317
参考文献 ……………………………… 337

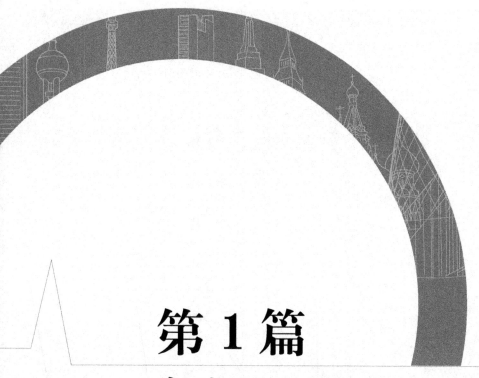

第1篇
定 额 计 价

本篇主要介绍建筑工程造价编制方法之一——定额计价法（工料单价法）。要求通过本篇的学习，掌握定额计价法的基本概念和具体应用，掌握定额计价法的基本流程，会熟练运用预算定额等资料编制建筑工程造价文件。

学习情境 1
基本建设与工程造价

学习目标

本情境主要介绍基本建设与工程造价的关系。通过本情境的学习,掌握基本建设和基本建设程序的基本概念和构成,掌握基本建设与工程造价的关系。

学习要求

知识要点	能力要求	比重
基本建设	掌握基本建设的概念及内容,掌握基本建设的划分	50%
基本建设与工程造价的关系	掌握基本建设程序的概念和构成,掌握基本建设与工程造价的关系	50%

▶▶ 案例引入

提到基本建设最容易联想到的就是造房子、修路、建桥梁、开隧道等，这些人类改造环境的活动都要有一定的投入，那么需要多少投入能把一栋房子造好，把一条路铺好？这里就存在一个算账的问题，由于这些活动投入都比较大，资金数量大，消耗资源大，操作技术专业化强，它们的算账问题也就没有那么简单，由此衍生出一门专业——工程造价。

每一项工程的开始都要经过大量的前期准备工作，在不同的时期，都要有资金额度的数量计算，这些工程造价的数额都是一样的吗？例如，两届奥运会的主体育馆"北京鸟巢"与"伦敦碗"（图1.1）两者造价对比如何？再例如，广联达培训楼施工图预算总造价为233067.41元，这笔钱是如何计算出来的？这份预算在工程建设的哪个时期使用？每个时期预算的编制都有何不同？工程建设要经历哪些时期？有哪些内在规律？

图1.1 "北京鸟巢"与"伦敦碗"

▶▶ 案例拓展

中国工程造价历史沿革

据我国春秋战国时期的科学技术名著《考工记》"匠人为沟洫"一节的记载，早在2000多年前我们中华民族的先人就已经规定："凡修筑沟渠堤防，一定要先以匠人一天修筑的进度为参照，再以一里工程所需的匠人数和天数来预算这个工程的劳力，然后方可调配人力，进行施工。"这是人类最早的工程预算与工程施工控制和工程造价控制方法的文字记录之一。

唐朝的《大唐六典》中也有这类条文。当时按四季日照的长短，把劳动定额分为中工（春、秋）、长工（夏）、短工（冬）。工值以中工为准，长工短工各增减10%。每一工种按照等级、大小和质量要求，以及运输距离远近，计算工值。这些规定为编制预算和施工组织订出了严格的标准，便于生产也便于检查。

宋初，在继承和总结古代传统的基础上，由私人著述的《木经》问世。到公元1103年，北宋政府颁行的《李明仲营造法式》（图1.2），可以说是一部由国家制订的建筑工程定额。《李明仲营造法式》的编订，始于王安石执政时期，由将作监于1091年编修成书。但由于缺乏用料制度，难以防止贪污浪费之弊。1097年将作监少监李诫奉敕重新修订，于1100年成书，1103年刊发。

基本建设与工程造价　学习情境1

(a)《李明仲营造法式》封皮

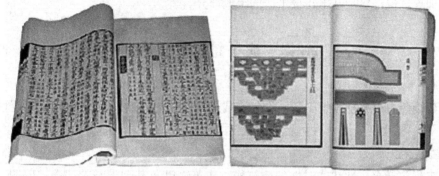

(b)《李明仲营造法式》样本

图1.2　《李明仲营造法式》封皮与样本

营造法式在北宋刊行的最现实的意义是严格的工料限定。该书是王安石执政期间制订的各种财政、经济的有关条例之一,以杜绝腐败的贪污现象。因此书中以大量篇幅叙述工限和料例。例如,对计算劳动定额,首先按四季日的长短分中工(春、秋)、长工(夏)和短工(冬)。工值以中工为准,长短工各减和增10%,军工和雇工亦有不同定额。其次,对每一工种的构件,按照等级、大小和质量要求——如运输远近距离,水流的顺流或逆流,加工的木材的软硬等,都规定了工值的计算方法。料例部分对于各种材料的消耗都有详尽而具体的定额。这些规定为编造预算和施工组织制定出严格的标准,既便于生产,也便于检查,有效地杜绝了土木工程中贪污盗窃之现象。

清代初期,经营建筑的国家机关,又分设了"样房"和"算房"。样房负责图样设计,算房则专门负责施工预算。这样,定额的使用范围扩大,定额的功能有所增加。

▶▶ 项目导入

工程造价就是围绕基本建设来进行编制的,基本建设有其固有的内在规律,了解其内在形成的规律,是工程造价编制的基础。本学习情境主要介绍基本建设的基本概念、基本建设程序、基本建设与工程造价的关系等。通过这部分的学习,要建立工程造价系统性的概念,了解基本建设程序,掌握每个基本建设程序与工程造价的关系,为后期工程造价编制方法的学习奠定良好的基础。

1.1 基本建设的概念

基本建设是指固定资产扩大再生产的新建、扩建、改建、恢复工程及与之相关的其他工作。例如，工厂、矿井、铁路、公路、水利、商店、住宅、医院、学校等工程的建设和各种设备的购置。基本建设是再生产的重要手段，是国民经济发展的重要物质基础。

基本建设是一个物质资料生产的动态过程，这个过程概括起来说，就是将一定的建筑材料、机器设备等通过购置、建造和安装等活动转化为固定资产，形成新的生产能力或具有使用效益的建设工作。与此相关的其他工作，如征用土地、勘察设计、筹建机构和生产职工的培训等，也都属于基本建设工作的组成部分。

1.2 基本建设的内容

基本建设的内容包括建筑工程、设备安装工程、设备购置、勘察与设计及其他基本建设工作。

1. 建筑工程

建筑工程包括永久性和临时性的建筑物、构筑物以及基础设备的建造，照明、水卫、暖通等设备的安装，建筑场地的清理、平整、排水，竣工后的整理、绿化，以及水利、铁道、公路、桥梁、电力线路、防空设施等的建设。

2. 设备安装工程

设备安装工程包括生产、电力、电信、起重、运输、传动、医疗、实验等各种机器设备的安装，与设备相连的工作台、梯子等的装设工程，附属于被安装设备的管线敷设和设备的绝缘、保温、油漆等，以及为测定安装质量对单个设备进行的各种试运行的工作。

3. 设备购置

设备购置包括各种机械设备、电气设备和工具、器具的购置，即一切需要安装与不需要安装设备的购置。

4. 勘察与设计

勘察与设计包括地质勘探、地形测量及工程设计方面的工作。

5. 其他基本建设工作

其他基本建设工作指除上述各项工作以外的基本建设工作及其他生产准备工作，如土地征用、建设场地原有建筑物的拆迁赔偿、筹建机构、生产职工培训等。

> **特别提示**
>
> 基本建设的内容构成了建设项目工程造价的主要组成内容。

1.3 基本建设项目的划分

基本建设项目按照合理确定工程造价和基本建设管理工作的需要，划分为建设项目、单项工程、单位工程、分部工程、分项工程五个层次。工程量和造价是由局部到整体的一个分部组合计算的过程。认识建设项目的划分，对研究工程计量和工程造价确定与控制具有重要作用。

1. 建设项目

建设项目一般是指在一个总体设计范围内，由一个或几个工程项目组成，经济上实行独立核算，行政上实行独立管理，并且具有法人资格的建设单位。通常，一个企业、事业单位就是一个建设项目。

在我国，通常把建设一个企业、事业单位或一个独立工程项目作为一个建设项目。凡属于一个总体设计中分期分批建设的主体工程、水电气供应工程、配套或综合利用工程都应合并为一个建设项目。不能把不属于一个总体设计的几个工程，归算为一个建设项目，也不能把同一个总体设计内的工程，按地区或施工单位分为几个建设项目。

2. 单项工程

单项工程又称为工程项目，它是建设项目的组成部分，是指具有独立的设计文件，竣工后可以独立发挥生产能力或使用效益的工程，如一所学校中的教学楼、办公楼、图书馆等，一座工厂中的各个车间、办公楼等。

3. 单位工程

单位工程是单项工程的组成部分。单位工程是指具有独立设计文件，可以独立组织施工，但建成后一般不能独立发挥生产能力和使用效益的工程。例如，办公楼是一个单项工程，该办公楼的土建工程、给排水工程、电气照明工程等均各属一个单位工程。

4. 分部工程

分部工程是单位工程的组成部分。分部工程是指在一个单位工程中，按工程部位及使用的材料和工种进一步划分的工程。例如，一般土建工程的土石方工程、桩基础与地基加固工程、砌筑工程、混凝土和钢筋混凝土工程、金属结构工程、楼地面工程、屋面工程、墙柱面工程、油漆工程、附属工程，均各属一个分部工程。

5. 分项工程

分项工程是分部工程的组成部分。分项工程是指在一个分部工程中，按不同的施工方法、不同的材料和规格，对分部工程进一步划分的，用较为简单的施工过程就能完成，以适当的计量单位就可以计算工程量及其单价的建筑或设备安装工程的产品，如基础、内墙、外墙、空斗墙、空心砖墙、柱、钢筋混凝土过梁等。分项工程没有独立存在的意义，它只是为了便于计算建筑工程造价而分解出来的"假定产品"。

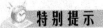

特别提示

分项工程是工程造价计量与计价的最小单元，也是工程造价计量与计价的基础。

工程造价的计量与计价就是按照分项工程—分部工程—单位工程—单项工程—建设项目依次完成的。

1.4 基本建设与工程造价计价的关系

1. 基本建设程序概念

基本建设程序是指建设项目从策划、评估、决策、设计、施工到竣工验收、投入生产或交付使用的整个建设过程中各项工作必须遵循的先后次序。这是人们在认识客观规律的基础上制定出来的，是建设项目科学决策和顺利进行的重要保证。按照建设项目发展的内在联系和发展过程，将建设项目分成若干阶段，这些发展阶段有严格的先后次序，不能任意颠倒。

世界上各个国家和国际组织在工程项目建设程序上可能存在着某些差异，但是按照工程建设项目发展的内在规律，投资建设一个工程项目都要经过投资决策和建设实施两个发展时期。这两个发展时期又可分为若干个阶段，它们之间存在着严格的先后次序，可以进行合理的交叉，但不可以任意颠倒次序。

2. 基本建设程序内容

1) 项目建议书

项目建议书是建设起始阶段，业主根据区域发展和行业发展规划要求，结合各项自然资源、生产力状况和市场预测等，经过调查分析，说明拟建项目建设的必要性、条件的可行性、获利的可能性，而向国家和省、市、地区主管部门提出的立项建议书。

项目建议书经批准后，可以进行详细的可行性研究工作，但并不表明项目非上不可。项目建议书不是项目的最终决策。

2) 进行可行性研究

有关部门根据国民经济发展规划以及批准的项目建议书，运用多种科学研究方法（政治上、经济上、技术上等），对建设项目在投资决策前进行技术经济论证，并得出可行与否的结论，即可行性研究。其主要任务是研究基本建设项目的必要性、可行性和合理性。可行性研究报告经批准，建设项目才算正式"立项"。

3) 编制设计文件

设计任务书批准后，设计文件一般由主管部门或建设单位委托设计单位编制。一般建设项目设计分阶段进行，有三阶段设计和两阶段设计之分。

三阶段设计：初步设计（编制初步设计概算）、技术设计（编制修正概算）、施工图设计（编制施工图预算）。

两阶段设计：初步设计、施工图设计。

对于技术复杂且缺乏经验的项目，经主管部门指定按三阶段设计。一般项目采用两阶段设计，有的小型项目可直接进行施工图设计。

4) 招标、投标

项目在开工建设之前要切实做好各项准备工作，其主要内容包括：征地、拆迁和场地平整；完成施工用水、电、道路准备等工作；组织设备、材料订货；准备必要的施工图纸；组织施工招标，择优选定施工单位。

5) 建设实施

施工准备就绪，办理开工手续，取得当地建筑主管部门颁发的建筑施工许可证方可正式施工。项目新开工时间，是指工程建设项目设计文件中规定的任何一项永久性工程第一次正式破土开槽开始施工的日期；不需开槽的工程，正式开始打桩的日期就是开工日期。

施工安装活动应按照工程设计、施工合同条款及施工组织设计的要求，在保证工程质量、工期、成本及安全、环保等目标的前提下进行，达到竣工验收标准后，由施工单位移交给建设单位。

6) 生产准备

对于生产性工程建设项目而言，生产准备是项目投产前由建设单位进行的一项重要工作。它是衔接建设和生产的桥梁，是项目由建设转入生产经营的必要条件。建设单位应适时组成专门班子或机构做好生产准备工作，确保项目建成后能及时投产。

7) 竣工验收、交付使用

建设项目按批准的设计文件所规定的内容建完后，便可以组织竣工验收，这是对建设项目的全面性考核。验收合格后，施工单位应向建设单位办理竣工移交和竣工结算手续，并把项目交付建设单位使用。

8) 工程项目后评价

工程项目建设完成并投入生产或使用之后所进行的总结性评价，称为后评价。后评价是对项目的执行过程及项目的效益、作用和影响进行系统的、客观的分析、总结和评价，确定项目目标达到的程度，由此得出经验和教训，为将来新的项目决策提供指导与解答作用。

3. 基本建设与工程造价的关系

基本建设在不同的建设阶段，都有相应的工程造价的合理确定问题，就是在建设程序的各个阶段，合理确定投资估算、概算造价、预算造价、承包合同价、结算价、竣工决算价。建设项目不同时期工程造价的计价示意图如图1.3所示。

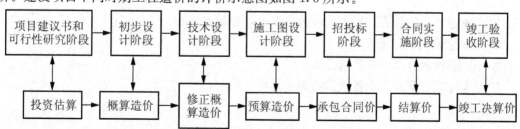

图 1.3　建设项目不同时期工程造价的计价示意图

(1) 在项目建议阶段，按照有关规定，应编制初步投资估算。经有权部门批准，作为拟建项目列入国家中长期计划和开展前期工作的控制造价。

(2) 在可行性研究阶段，按照有关规定编制的投资估算，经有权部门批准，即为该项目计划控制造价。

(3) 在初步设计阶段，按照有关规定编制的初步设计总概算，经有权部门批准，即作为拟建项目工程造价的最高限额。对初步设计阶段，实行建设项目招标承包制签订承包合同协议的，其合同价也应在最高中限价（总概算）相应的范围以内。

(4) 在施工图设计阶段，按规定编制施工图预算，用以核实施工图阶段预算造价是否超过批准的初步设计概算。

(5) 对施工图预算为基础招标投标的工程，承包合同价也是以经济合同形式确定的建筑安装工程造价。

(6) 在工程实施阶段要按照承包方实际完成的工程量，以合同价为基础，同时考虑因物价上涨所引起的造价提高，考虑到设计中难以预计的而在实施阶段实际发生的工程和费用，合理确定结算价。

(7) 在竣工验收阶段，全面汇集在工程建设过程中实际花费的全部费用，编制竣工决算，如实体现该建设工程的实际造价。

特别提示

基本建设程序揭示了基本建设的内在规律。在基本建设整个过程中，工程造价在不同的阶段都扮演重要的角色，每个环节都需要工程造价的确定与控制。

工程造价在基本建设程序每个过程中，其计量与计价的方式方法均不相同。

学习情境小结

1. 基本建设是指固定资产扩大再生产的新建、扩建、改建、恢复工程及与之相关的其他工作。
2. 基本建设项目划分为建设项目、单项工程、单位工程、分部工程、分项工程五个层次。
3. 基本建设程序划分为项目建议书、可行性研究、编制设计文件、建设实施、生产准备、竣工验收、交付使用。
4. 每个基本建设阶段都有工程造价的合理确定问题。

能力测试

1. 基本建设是指什么？基本建设的基本内容有哪些？
2. 基本建设程序有哪些？
3. 工程造价的合理确定是指什么？
4. 基本建设各阶段与工程造价的关系是什么？

学习情境 2

工程建设定额

学习目标

本情境主要介绍工程建设定额。要求学生通过本情境的学习，掌握定额的分类，掌握施工定额的组成及应用，掌握预算定额的组成及应用，掌握预算定额基价的确定。

学习要求

知识要点	能力要求	比重
定额概述	掌握定额的概念，掌握工程建设定额的分类及特点	10%
施工定额	掌握施工定额的概念，掌握施工定额的作用，掌握劳动定额的表达形式，熟悉工人工作时间的分类，掌握材料消耗定额概念及组成，掌握机械台班消耗定额的概念及表达形式，熟悉机械工作时间的划分	20%
预算定额	掌握预算定额的概念、作用、组成，掌握预算定额基价的确定、消耗量指标的确定。掌握预算定额的应用	70%

▶▶ 案例引入

在工程造价文件的编制过程中要用到很多工具书,这些工具书有各种图集、规范、手册,其中各专业的定额手册是必备的工具书,基本建设中不同的建设阶段要使用不同的定额手册编制不同的工程造价文件,那么这些定额是如何使用的?

施工图预算是根据预算定额编制的;工程概算是根据概算定额或概算指标编制的;投资估算是根据投资估算指标编制的;企业内部用于指导生产的施工预算是根据施工定额或企业定额编制的。要将不同时期的造价文件编制好,必须掌握编制时使用的定额工具书,能够灵活、正确地应用定额手册。

作为工料单价法下的工程造价,主要是依据建筑工程预算定额来编制的造价文件,那么预算定额是如何生成的呢?预算定额基本的结构是如何的?预算定额是如何应用的?如何使用预算定额编制工程造价文件?

▶▶ 案例拓展

英国与现代意义的工程造价的诞生

在资本主义发展最早的英国,从16世纪开始出现了工程项目管理专业分工的细化,当时施工的工匠开始需要有人帮助他们去确定或估算一项工程所需的人工和材料,以及测量和确定已经完成的项目工作量,以便据此从业主或承包商处获得应得的报酬,正是这种项目专业管理的需要使得工料测量师(Quantity Surveyor,QS)这一从事工程项目造价确定和控制的专门职业在英国诞生了。在英国和英联邦国家,人们至今仍沿用这一名称去称呼那些从事工程造价管理的专业人员。随着工程造价管理这一专门职业的诞生和发展,人们开始了对工程项目造价管理理论与方法的全面而深入的专业研究。

到19世纪,以英国为首的资本主义国家在工程建设中开始推行项目的招投标制度,这一制度需要工料测量师在工程项目设计完成之后而又尚未开展建设施工之前,为业主或承包商进行整个工程工作量的测量和工程造价的预算,以便为项目招标者(业主)确定标底,并为项目承包者确定投标书的报价。这样,正式的工程预算专业就诞生了,这使得人们对工程造价管理中有关工程造价确定理论与方法的认识日益深入。与此同时,在业主和承包商为取得最大投资效益的动机驱动下,许多早期的工料测量师开始研究和探索工程造价管理中有关在工程项目设计和实施过程中开展工程造价管理控制的理论和方法。随着人们对工程造价确定和工程造价控制的理论和方法的不断深入研究,一种独立的职业和一门专门的学科——工程造价管理就首先在英国诞生了。英国在1868年经皇家批准后成立了"皇家特许测量师协会(Royal Institute of Charted Surveyors,RICS)",其中最大的一个分会是工料测量师分会。这一工程造价管理专业协会的创立,标志着现代工程造价管理专业的正式诞生。虽然在那个时候的工程造价管理还主要是工程造价的确定,对于工程造价控制的理论和方法的研究还不多,但是英国皇家特许测量师协会的诞生,使得工程造价管理人员开始了有组织地开展工程造价确定与工程造价控制等方面的理论与方法的研究和实践。正是这一变化,使得工程造价管理走出了传统的管理阶段,进入了现代工程造价管理的阶段。

▶▶ 项目导入

工程建设定额种类很多，本学习情境主要对预算定额及其相关的施工定额做了重点介绍，分为3个能力单元来组织学习，详细介绍了定额、施工定额、预算定额的基本组成、各种消耗指标的确定方法、预算定额基价的生成机理、施工定额及预算定额的应用等知识点。通过这部分的学习，能对施工定额和预算定额的应用有基本的掌握，为后期工料单价法编制工程造价打下良好的基础。

能力主题单元2.1　定额概述

2.1.1　定额的基本知识

1. 定额的概念

定额是指在合理的劳动组织和合理地使用材料和机械的条件下，完成单位合格产品所消耗的资源数量标准。在社会生产中，为了生产某一合格产品，都要消耗一定数量的人工、材料、机具、机械台班和资金。这种消耗数量，受各种生产条件的影响。在一个产品中，这种消耗越大，则产品的成本越高。降低产品生产过程中的消耗是企业盈利的重要手段。但是这种消耗不可能无限地降低，它在一定的生产条件下生产出合格产品必有一个合理的消耗数额。因此，根据一定时期的生产水平和产品的质量要求，规定出一个大多数人经过努力可以达到的合理的消耗标准，这种标准就称为定额。

2. 工程建设定额的概念

工程建设定额是指在建筑工程中单位产品上人工、材料、机械、资金消耗的规定额度。反映的是在一定的社会生产力发展水平的条件下，完成建设工程的某项产品与各种生产消费之间特定的数量关系。

3. 工程建设定额的分类

工程建设定额是一个综合，它可以按照不同的编制方法、不同的用途、不同的适用范围进行分类。

1) 按照定额反映的生产要素消耗内容分类

按照定额反映的生产要素消耗内容分类，可以把工程建设定额划分为劳动消耗定额、机械消耗定额和材料消耗定额3种。

(1) 劳动消耗定额。简称劳动定额(也称为人工定额)，是指完成一定的合格产品(工程实体或劳务)所规定的劳动消耗的数量标准。主要表现形式是人工时间定额和人工产量定额，互为倒数。

(2) 机械消耗定额。又称为机械台班使用定额，是指在合理使用机械和合理的施工组织条件下，完成一定合格产品(工程实体或劳务)所规定的施工机械消耗的数量标准。机械消耗定额的主要表现形式是机械时间定额和机械产量定额，二者互为倒数。

(3) 材料消耗定额。材料消耗定额是指在合理节约使用材料的条件下，一定的合格产品（工程实体或劳务）所需消耗材料的数量标准。这里的材料是工程建设中使用的原材料、成品、半成品、构配件、燃料以及水、电等动力资源的统称。材料是工程实体构成的主要成分，材料消耗量是否合理，直接关系到建设工程资金的合理利用及资源的有效使用。

2) 按照定额的编制程序和用途分类

按照定额的编制程序和用途分类，可以把工程建设定额分为施工定额、预算定额、概算定额、概算指标、投资估算指标、工期定额6种。

(1) 施工定额。施工定额是工程建设定额中的基础性定额，表示施工过程中某道工序中生产要素消耗量关系的定额。由劳动定额、机械定额和材料定额3个相对独立的部分组成。它是生产性定额，是施工企业为组织生产和加强管理在企业内部使用的一种定额，属于企业定额的性质；是用来编制施工预算、施工作业计划、签发施工任务单、限额领料单的依据。施工定额是预算定额的编制基础。

(2) 预算定额。预算定额是在编制施工图预算时，以建筑物或构筑物各个分部分项工程为对象计算人工、机械台班、材料消耗量的一种定额，其内容包括劳动定额、机械台班定额、材料消耗定额3个基本部分。预算定额是一种计价性的定额，是概算定额的编制基础。

(3) 概算定额。概算定额是以扩大的分部分项工程为对象编制的，计算和确定该工程项目的劳动、机械台班、材料消耗量所使用的定额，也是一种计价性定额。概算定额是在扩大初步设计阶段，编制设计概算，计算和确定工程概算造价，计算劳动力、机械台班、材料需要量的依据。每一分项概算定额都包含了数项预算定额。

(4) 概算指标。概算指标是概算定额的扩大与合并，是在初步设计阶段编制设计概算，以整个建筑物和构筑物为对象，计算和确定工程的初步设计概算，计算劳动力、机械台班、材料需要量时所采用的一种定额。一般是在概算定额和预算定额的基础上编制的，比概算定额更加综合扩大，也可以是对在建工程或已完工程的预结算资料提炼而成的建安工程造价指标。概算指标通常按工业建筑和民用建筑分别编制。工业建筑中又按各工业部门类别、企业大小、车间结构编制，民用建筑按照用途性质、建筑层高、结构类别编制。

(5) 投资估算指标。投资估算指标是在项目建议书和可行性研究阶段编制投资估算、计算投资需要量时使用的一种定额。它非常概略，往往是以独立的单项工程或完整的工程项目为计算对象的建设工程造价指标。投资估算指标一般是根据历史的预、决算资料和价格变动等资料编制的。

(6) 工期定额。工期定额是为各类工程规定的施工期限的定额天数，分为建设工期定额和施工工程定额。建设工期是指建设项目或独立的单项工程在建设过程中所耗用的时间总量，一般以月数或天数表示。它指从开工建设时起，到全部建成投产或交付使用时止所经历的时间，但不包括由于计划调整而停缓建所延误的时间。施工工期是指单项工程或单位工程从开工到完工所经历的时间，是从正式开工起至完成承包工程全部设计内容并达到国家验收标准的全部有效天数。

建设工期是评价投资效果的重要指标，直接标志着建设速度的快慢。缩短工期，提前投产，不仅能节约投资，也能更快地发挥设计效益，创造出更多的物质财富和精神财富。工期对于施工企业来说，也是在履行承包合同、安排施工计划、减少成本开支、提高经营成果等方面必须考虑的指标。

> **特别提示**
>
> 施工定额是预算定额的编制基础;预算定额是概算定额的编制基础;概算定额是概算指标的编辑基础;概算指标是投资估算指标的编制基础。
>
> 施工定额用于编制施工预算,适用于企业内容使用;预算定额用于编制施工图预算、标底、投标报价、结算等造价文件;概算定额是在扩大初步设计阶段编制设计概算;概算指标是以整个建筑物和构筑物为对象进行编制设计概算;投资估算指标是编制投资估算的基础;工期定额是计算建设工期、施工工期的基础。

3) 按照专业性质分类

按照专业性质分类,可以把工程建设定额分为建筑工程定额、安装工程定额、装饰工程定额、市政工程定额、仿古建筑及园林工程定额、公路工程定额、铁路工程定额、井巷工程定额 8 种。

> **特别提示**
>
> 不同专业的建设工程会有自己专用的建设工程定额。
>
> 不同专业的建设工程造价具有自己独立的计量与计价方法。

4) 按照主编单位和管理权限分类

按照主编单位和管理权限分类,可以把工程建设定额分为全国统一定额、行业统一定额、地区统一定额、企业定额、补充定额 5 种。

(1) 全国统一定额。全国统一定额是由国家建设行政主管部门,综合全国工程建设中技术和施工组织管理的情况编制,并在全国范围内执行的定额。

(2) 行业统一定额。行业统一定额是考虑到各行业部门专业工程技术特点,以及施工生产和管理水平编制的。一般是只在本行业和相同专业性质的范围内使用。

(3) 地区统一定额。地区统一定额包括省、自治区、直辖市定额。它主要是考虑地区性特点和全国统一定额水平作适当调整和补充编制的。

(4) 企业定额。企业定额是指由施工企业考虑本企业具体情况,参照国家、部门或地区定额的水平制定的定额。企业定额只在企业内部使用,是企业素质的一个标志。企业定额水平一般应高于国家现行定额,才能满足生产技术发展、企业管理和市场竞争的需要。

(5) 补充定额。补充定额是指随着设计、施工技术的发展,现行定额不能满足需要的情况下,为了补充缺陷所编制的定额。补充定额只能在制定的范围内使用,可以作为以后修订定额的基础。

2.1.2 工程建设定额的特点

1. 科学性

工程建设定额的科学性包括两重含义:一重含义是指工程建设定额和生产力发展水平相适应,反映出工程建设中生产消费的客观规律;另一重含义是指工程建设定额管理在理论、方法和手段上适应现代科学技术和信息社会发展的需要。

工程建设定额的科学性，首先表现在用科学的态度制定定额，尊重客观实际，力求定额水平合理；其次表现在制定定额的技术方法上，利用现代科学管理的成就，形成一套系统的、完整的、在实践中行之有效的方法；另外表现在定额制定和贯彻的一体化。制定是为了提供贯彻的依据，贯彻是为了实现管理的目标，也是对定额的信息反馈。

2. 系统性

工程建设定额是相对独立的系统，它是由多种定额结合而成的有机的整体。它的结构复杂，有鲜明的层次，有明确的目标。从整个国民经济来看，进行固定资产生产和再生产的工程建设，是一个有多项工程集合体的整体。工程建设本身包括农林水利、轻纺、机械、煤炭、电力、石油、冶金、化工、建材工业、交通运输、邮电工程，以及商业物资、科学教育文化、卫生体育、社会福利和住宅工程等。它的多种类和多层次决定了工程建设定额的多种类、多层次。

3. 统一性

工程建设定额的统一性，主要是由国家对经济发展的有计划的宏观调控职能决定的。工程建设定额的统一性按照其影响力和执行范围来看，有全国统一定额、地区统一定额和行业统一定额等；按照定额的制定、颁布和贯彻使用来看，有统一的程序、统一的原则、统一的要求和统一的用途。为了使国民经济按照既定的目标发展，就需要借助于某些标准、定额、参数等，对工程建设进行规划、组织、调节、控制。而这些标准、定额、参数必须在一定的范围内是一种统一的尺度，才能实现上述职能，才能利用它对项目的决策、设计方案、投标报价、成本控制进行比选和评价。借助统一的工程建设定额可以对社会投资进行监督。

4. 指导性

工程建设定额的指导性体现在两个方面：一方面，工程建设定额作为国家各地区和行业颁布的指导性依据，可以规范建设市场的交易行为，在具体的建设产品定价过程中也可以起到相应的参考性作用，同时统一定额还可以作为政府投资项目定价以及造价控制的重要依据；另一方面，在现行的工程量清单计价方式下，体现交易双方自主定价的特点，承包商投标报价的主要依据是企业定额，但企业定额的编制和完善仍然离不开统一定额的指导。

随着我国建设市场的不断成熟和规范，工程建设定额，尤其是统一定额原有的法令性的特点逐渐弱化，转而成为对整个建设市场和具体建设产品交易的指导作用。

5. 稳定性与时效性

工程建设定额是一定时期技术发展和管理水平的反映。在一段时间内都表现出稳定的状态。稳定的时间有长有短，一般在5~10年。当生产力向前发展了，定额就会与已经发展了的生产力不相适应，它原有的作用就会逐渐减弱以至消失，需要重新编制或修订。

2.1.3 定额的作用

（1）在工程建设中，定额仍然具有节约社会劳动和提高生产效率的作用。

一方面企业以定额作为促使工人节约社会劳动(工作时间、原材料等)、提高劳动效率、加快工程进度的手段,以增强市场竞争能力,获取更多的利润;另一方面,作为工程造价计算依据的各类定额,又促使企业加强管理,把社会劳动的消耗控制在合理的限度内。再者,作为项目决策依据的定额指标,又在更高的层次上促使项目投资者合理而有效地利用和分配社会劳动。这都证明了定额在工程建设中节约社会劳动和优化资源配置的作用。

(2) 工程建设定额有利于建筑市场公平竞争。

定额所提供的准确信息为市场需求主体和供给主体之间的合理交易,以及供给主体和供给主体之间的公平竞争,提供了有利条件。

(3) 工程建设定额是对市场行为的规范。

定额既是投资决策的依据,又是价格决策的依据。对于投资者来说,可以利用定额权衡自己的财务状况和支付能力,预测资金投入和预期回报,还可以充分利用有关定额的大量信息,有效地提高其项目决策的科学性,优化其投资行为。对于建筑企业来说,企业在投标报价时,只有充分考虑定额的要求,做出正确的价格决策,才能占有市场竞争优势,才能获得更多的工程合同。可见,定额在上述两个方面规范了市场主体的经济行为,因而对完善我国固定资产投资市场和建筑市场都能起到重要作用。

(4) 工程建设定额有利于完善市场的信息系统。

定额管理是对大量市场信息的加工,也是对大量信息进行市场传递,同时也是市场信息的反馈。信息是市场体系中不可缺少的要素,它的可靠性、完备性和灵敏性是市场成熟和市场效率的标志。在我国,以定额形式建立和完善市场信息系统,是以公有制经济为主体的社会主义市场经济的特色。

能力主题单元 2.2　施工定额

2.2.1　施工定额概述

1. 施工定额的概念

施工定额一般称为企业定额,是施工企业内部直接用于组织与管理施工的一种技术定额,以同一性质的施工过程或工序为测算对象,规定建筑安装工人或班组,在正常施工条件下完成单位合格产品所需消耗人工、材料、机械台班的数量标准。施工企业所建立的内部施工定额应反映企业的施工水平、人员素质及水平、机械装备水平和企业管理水平,作为考核建筑安装企业劳动生产率水平、管理水平的经验标准和确定工程成本、投标报价的依据。

2. 施工定额的作用及特点

1) 施工定额的作用

(1) 施工定额是企业计划管理的依据。施工企业的计划管理主要体现在施工组织设计的编制和施工作业计划的制定两个方面。施工组织设计，是施工企业全面安排和指导施工生产以确保其按计划顺利进行的依据。企业编制施工组织设计，首先是根据施工图纸计算得出各施工过程的工程量，再根据平均先进的劳动定额计算出各施工过程所需要的劳动量，根据材料消耗定额和机械台班定额计算出材料需要量和机械台班数量，按计划工期，合理安排各施工过程的顺序和进度。

施工作业计划是施工企业进行计划管理的重要环节。在实际施工过程中要对施工中劳动力需要量和施工机械使用进行平衡，并计算出材料需要量和实物工程量等，都需要以施工定额为依据。

（2）施工定额是组织和指导生产的有效工具。施工企业组织和指挥施工工人、班组进行施工，是按照作业计划，通过向工人和生产班组下达施工任务单和限额领料单来实现的。施工任务单，既是下达施工任务的文件，也是施工工人、班组与施工队进行经济核算的原始凭证。施工任务单上的工程项目名称、计量单位、时间定额（或产量定额）、工程量等，均需取自施工定额的劳动定额。限额领料单上的材料消耗需取自施工定额中的材料消耗定额。

（3）施工定额是计算工人劳动报酬的依据。一个工人所付出的劳动主要指劳动数量、质量、劳动成果和产生效益等方面，在实际施工中，施工企业根据工人班组完成分配任务和材料实际耗用量的情况，对工作进行考核。施工定额是计算工资的基础，也是发放奖励工资的依据。

（4）施工定额是推广先进技术的必要手段。施工定额水平中包含着某些已成熟的先进施工技术和经验，工人要达到和超过施工定额就必须掌握和运用这些生产技术。同时施工定额中往往明确要求采用某些先进的施工工具和施工方法，所以贯彻施工定额也就意味着推广先进技术。

（5）施工定额是编制施工预算，加强企业成本管理和经济核算的基础。施工预算是施工单位用以确定单位工程施工过程中人工、材料、机械和资金需用量的计划文件。它是一种企业内部预算。施工预算是以施工定额、施工图纸和现场实际情况为依据来进行编制的。在编制过程中，要适当考虑在现有技术、设备及劳动者素质等因素情况下尽可能采取节约人工、材料、机械的措施，以节约成本，有效控制人力、物力消耗，创造更佳的经济效益。

施工中人工、材料和机械台班的费用，是构成工程成本中直接费用的主要部分，而间接费用又是以直接费用为基础计算的，因此对间接费用影响也很大。所以严格执行施工定额不仅可以起到控制成本、降低费用开支的作用，而且为企业加强成本管理和经济核算能够起到较好的作用。

（6）施工定额是编制工程量清单报价的依据。根据工程造价改革的目标，要逐步形成以市场价格为主的价格机制。随着国家标准《建设工程工程量清单计价规范》的颁布实施，由招标人按照国家统一的工程量计算规则提供数量，由投标人根据施工定额及市场价格自主报价，并按照低价中标的工程造价计价模式将全面推广。因此，建筑施工企业根据自身实际、市场供需、施工规范制定符合自身发展需要的企业定额，显得越来越重要。

（7）施工定额是编制预算定额的基础。预算定额是在施工定额的基础上综合而成的。

以施工定额为基础编制预算定额，可以避免大量的现场测定定额的繁杂工作，缩短定额编制周期，也能保证预算定额与实际的生产和经营管理水平相适应。

由此可见，施工定额在建筑安装企业管理的各个环节中都是不可缺少的。施工定额管理是企业的基础性工作，随着市场经济不断成熟，施工定额作为衡量施工企业管理水平、竞争力的一个十分重要的标准，显得越来越重要。

2）施工定额的特点

（1）定额水平的先进性。施工定额在确定其水平时，其各项人工、材料、机械台班消耗要比社会平均水平低，展现企业在技术和管理方面的优势，体现其先进性，才能在投标报价中争取更大的取胜砝码。

（2）定额单价的动态性与市场性。随着企业劳动资源、技术力量、管理水平等的变化，单价应随着时间调整。同时随着企业生产经营方式和经营模式的改变，新技术、新工艺的采用，机械化水平的提高，定额单价应及时变化。

（3）定额消耗的优势性。施工定额在制定人工、材料、机械台班消耗量时要尽可能体现本企业的全面管理成果和技术优势。

（4）定额内容的特色性。施工定额编制应与施工方案全面接轨。不同的施工方案包括采用不同的施工方法、使用不同的机械、采取不同的施工措施等，它会给工程造价带来很大影响，在制定施工定额时体现了这方面特色。

3. 施工定额的编制原则

1）平均先进性原则

定额水平是施工定额的核心，是指规定消耗在单位建筑产品上人工、材料和机械台班数量的多少。平均先进水平，就是在正常的施工条件下，多数工人可以达到或超过，少数工人可以接近的水平。

施工定额应以企业平均先进水平为基准制定企业定额。使多数单位和员工经过努力，能够达到或超过企业平均先进水平，其各项平均消耗要比社会平均水平低，以保持企业定额的先进性和可行性。

2）简明适用性原则

简明适用是就施工定额的内容和形式而言，要方便于定额的贯彻和执行。制定施工定额的目的就在于适用于企业内部管理，具有可操作性。做到项目划分合理、步距大小适当、文字通俗易懂、计算方法简便、册、章、节的编排要方便基层单位的使用。定额的简明性应服从适应性的要求。

3）以专家为主编制定额的原则

编制施工定额，要以专家为主，这是实践经验的总结。施工定额的编制要求有一支经验丰富、技术与管理知识全面、有一定政策水平、熟悉企业情况的稳定的专家队伍。同时也要注意必须走群众路线，尤其是在现场测试和组织新定额试点时，这一点非常重要。

4）独立自主的原则

施工企业作为具有独立法人地位的经济实体，应独立自主地制定定额，自主地确定定额水平，自主地划分定额项目，自主地根据需要增加新的定额项目，自主设定企业盈利目标。

5) 时效性原则

施工定额是一定时期内技术发展和管理水平的反映,所以在一段时期内表现出稳定的状态。这种稳定性又是相对的,它还有显著的时效性。当施工定额不再适应市场竞争和成本监控的需要时,它就要重新编制和修订,否则就会挫伤群众的积极性,甚至产生负效应。

6) 保密原则

施工定额的指标体系及标准要严格保密。建筑市场强手林立,竞争激烈。就企业现行的定额水平,工程项目在投标中如被竞争对手获取,会使本企业陷入十分被动的境地,给企业带来不可估量的损失。企业要有自我保护意识和相应的加密措施。

2.2.2 劳动定额

1. 劳动定额的概念

劳动定额也称为人工定额,是指在正常的施工技术组织条件下,为完成一定数量的合格产品或完成一定量的工作所必需的劳动消耗量标准,或规定在单位时间内应完成合格产品或工作任务的数量标准。正常的施工技术组织条件是指施工任务饱满、材料供应及时、劳动组织合理、企业管理制度健全、施工技术状况正常、工作环境和劳动条件正常。完成一定量的产品或工作任务必须是合格的或符合要求的,即符合相应的设计文件和规范要求。不符合要求或不合格的产品、工作不应计量。

> **知识链接**
>
> 劳动定额标准是国家和企业对生产工人在单位时间内的劳动数量和质量的综合要求,也是建筑施工企业内部组织生产,编制施工作业计划、签发施工任务单、考核工效、计算报酬的依据。现行的《全国建筑安装工程劳动定额》是供各地区主管部门和企业编制施工定额的参考定额,是以建筑安装工程产品为对象,以合理组织现场施工为条件,按"实"计算。因此,定额规定的劳动时间或劳动量一般不变,其劳动工资单价可根据各地工资水平进行调整。劳动定额对不同工具,不同工艺,不同产品项目,有不同的定额水平。这有利于贯彻按劳分配,加强企业管理,提高劳动生产率,并能准确、及时地反映劳动者实际提供的劳动数量和质量。
>
> 劳动定额标准和《施工验收规范》、《建筑安装工人安全操作规程》、《建筑安装工人技术等级标准》以及相关的标准和规定有机结合,为生产合格产品提供了可靠的保证。它们之间是相互促进的关系,没有规范、规定的存在,就不可能有科学的劳动定额标准,反之,没有科学的劳动定额标准,规范、规程也难以发挥作用。

2. 劳动定额的表现形式

从劳动定额的概念来分析,生产单位合格产品的劳动消耗量可用劳动时间来表示,同样在单位时间内劳动消耗量也可以用生产的产品数量来表示。因此,劳动定额有两种基本表现形式。

1) 时间定额

时间定额是指在一定的生产技术和生产组织条件下,完成单位合格产品或完成一定工作任务所必须消耗工作时间的数量标准,也称为人工定额。施工企业一般以工日或工时为计量单位,如:工日/m、工日/m²、工日/m³、工日/t等。每一个工日工作时间按8个小时计算。时间定额用式(2-1)表示:

$$时间定额(工日) = \frac{消耗的总工日数}{产品数量} \quad (2-1)$$

2) 产量定额

产量定额是指在一定的生产技术和生产组织条件下,规定劳动者在单位时间(工日)内所应完成合格产品的数量标准。产量定额的计量单位是以产品的单位计算,如m/工日、m²/工日、m³/工日、t/工日等。产量定额用式(2-2)表示:

$$产量定额 = \frac{产品数量}{消耗的总工日数} \quad (2-2)$$

3) 时间定额和产量定额的关系

时间定额和产量定额是同一劳动定额的不同表现形式,都表示同一定额,时间定额和产量定额之间的关系是互为倒数关系,即时间定额×产量定额=1。

3. 工人工作时间的分类

工人在工作班内消耗的工作时间,按其消耗的性质,基本可以分为两大类:必须消耗的时间(定额时间)和损失时间(非定额时间)。

(1) 必须消耗的时间(定额时间):劳动者为完成一定数量的产品或符合要求的工作所必须消耗的工作时间,由有效工作时间、休息时间和不可避免的中断时间组成。

> **知识链接**
>
> (1) 有效工作时间是指从生产效果来看与产品生产直接有关的时间消耗,用于执行施工工艺过程中规定工序的各项操作所必须消耗的时间,它是定额时间中最主要的部分,由基本工作时间、辅助工作时间、准备与结束工作时间组成。
>
> (2) 基本工作时间是指在施工活动中直接完成基本施工工艺操作所必须消耗的时间,也就是劳动者借助于劳动手段,直接改变劳动对象的性质、形状、位置、外表、结构等所消耗的时间,如钢筋的制作与安装、砌砖墙、挖土方等的时间消耗。
>
> (3) 辅助工作时间是指为保证基本工作能顺利完成所需消耗的时间,如砌砖过程中搭设临时跳板、检查等所消耗的时间。辅助工作时间一般与任务大小有关。
>
> (4) 准备与结束工作时间是指用于执行施工任务前的准备工作及任务完成后的结束整理工作所消耗的工作时间。准备与结束时间按其内容不同可分为工作班准备与结束时间和任务的准备与结束时间。工作班的准备与结束时间是指用于工作班开始时的准备与结束工作及交接班所消耗的时间。如更换工作服、领取料具、检查安全措施、保养机械设备、清理工作场地等消耗的时间。它的特点是随着工作班次重复出现,比较有规律。任务的准备与结束时间是指劳动者为完成技术交底、熟悉图纸、明确施工工艺和操作方法、任务完成后交回图纸所需消耗的时间。这类事件消耗的特点是每完成一项任务就消耗一次,其时间消耗的多少与该任务量的大小无关,而与该任务的技术复杂程度和施工条件直接有关。

(5) 休息时间是指劳动者在工作班中为恢复体力所必需的短暂休息和生理需要的时间消耗。休息时间应根据工作的繁重程度、劳动条件和劳动保护的相关规定列入定额时间内。

(6) 不可避免的中断时间是指劳动者在施工活动中,由于工艺上的要求,在施工组织或作业中引起的难以避免或不可避免的中断操作所消耗的时间,又称为工艺中断时间。例如,水泥砂浆地面施工中,水泥地面压光中因等待收水而造成的工作中断,汽车司机等待装卸货或交通信号而引起的工作中断等。这类时间消耗的长短与产品的工艺要求、生产条件、施工组织情况等有关。

(2) 损失时间(非定额时间):指与完成施工任务无关的时间消耗,即明显的时间损失。这类时间的损失按生产的原因可分为停工时间、多余或偶然工作时间、违反劳动纪律时间。

> **知识链接**
>
> (1) 停工时间是指工作班内非正常原因停止工作造成的工时损失。根据造成的原因不同可分为施工本身造成的停工时间和非施工本身造成的停工时间。施工本身造成的停工包括施工组织不善、造成的人员窝工、材料供应不及时造成的停工待料以及施工准备不充分而引起的停工等。非施工原因造成的停工包括水源、电源中断引起的停工时间以及恶劣天气造成的停工。
>
> (2) 多余或偶然工作时间是指工人在工作中因粗心大意、操作不当、技术水平低等原因而造成的工时浪费或进行了任务以外的工作而又不能增加产品数量的工作。例如,工作中寻找自己的专用工具、质量不符合要求时的整修和返工、对已经加工好的产品作多余的加工等。
>
> (3) 违反劳动纪律时间是指工人不遵守劳动纪律而造成的工作中断所损失的时间。例如,迟到、早退、工作时擅自离岗、办私事、闲谈等损失的时间。

2.2.3 材料消耗定额

1. 材料消耗定额的概念

工程建设中使用的材料有直接消耗性材料和周转性使用材料两种类型。直接消耗性材料直接构成建设工程的实体,如水泥、钢材、砂、石等。周转性材料是指施工中必须使用但不直接构成建设工程的实体的材料,如脚手架、模板、挡土板等。

材料消耗定额是指在合理和节约使用材料的前提下,生产单位合格产品所必须消耗的建筑材料(包括各种原材料、半成品、构配件、燃料、水、电以及周转性材料摊销等)的数量标准。

2. 材料消耗定额的组成

1) 直接消耗性材料的消耗量包括材料的净用量和损耗量

材料净用量是指直接构成建筑安装工程实体的材料。

材料损耗量是指不可避免的合理损耗量,包括材料从现场仓库领出到完成合格产品过程中的施工操作损耗量、场内运输损耗量和加工制作损耗量。

材料消耗量=材料净用量+材料损耗量=材料净用量×(1+损耗率)

材料损耗率=材料损耗量/材料消耗量×100%

则

$$材料消耗量＝材料净用量/(1-损耗率)$$

材料净用量及损耗量是通过现场技术测定、实验室试验、现场统计和理论计算等方法确定的。

2) 周转性材料的消耗量

周转性材料的消耗采取多次摊销的办法进行确定。

$$摊销量＝周转使用量－回收量$$

$$周转使用量＝\{一次使用量\times[1+(周转次数-1)\times 补损率]\}/周转次数$$

$$回收量＝[一次使用量\times(1-补损率)\times 回收折价率]/周转次数$$

$$一次使用量＝构件单位模板接触面积的模板净用量\times(1+损耗率)$$

2.2.4 机械台班消耗定额

1. 机械台班消耗定额的概念

机械台班消耗定额是指在正常施工条件和合理使用施工机械条件下,完成单位合格产品,所必须消耗的某种型号的施工机械台班的数量标准。机械工作一个工作班(即 8h)称为一个台班。

2. 机械台班消耗定额的表现形式

机械台班消耗定额分两种表现形式:机械时间定额和机械产量定额。

机械时间定额为规定生产某一合格的单位产品所必须消耗的机械工作时间。机械产量定额为某种机械在一个工作班内应完成合格产品的数量标准。机械的时间定额与产量定额互为倒数关系。

3. 机械工作时间

通常把与产品生产有关的时间称为机械定额时间,而与产品生产无关的时间称为非定额时间。机械工作时间的构成如图 2.1 所示。

1) 机械定额时间

机械定额时间是指机械在工作班内与完成合格产品有关的工作时间。由于机械施工的特点,机械定额时间由以下几及部分组成。

(1) 有效工作时间是指机械在工作班内直接为完成产品而工作的时间,包括正常负荷下和降低负荷下两种工作时间消耗。

> **特别提示**
>
> 正常负荷下的工作时间是指机械与其说明规定负荷相等的负荷下(满载)进行工作的时间。在个别情况下由于技术上的原因,机械可能低于规定负荷下工作,如汽车载运重量轻、体积大的货物时,不可能充分利用汽车全部的载重能力,因而不得不降低负荷工作,此种情况也视为正常负荷下工作。
>
> 降低负荷下的工作时间是指由于工人、技术人员和管理人员的过失,使机械在降低负荷的情况下进行工作的时间。如工人装车的数量不足而造成的汽车在降低负荷下工作。

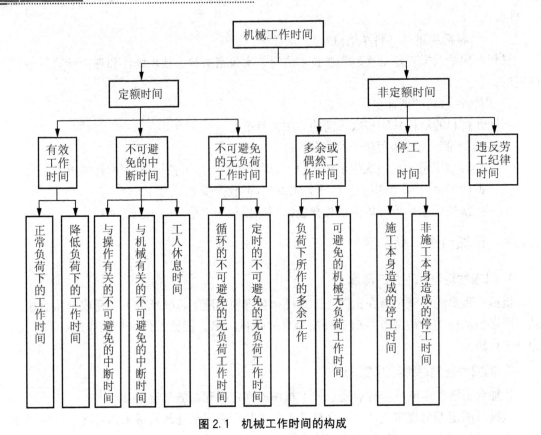

图 2.1 机械工作时间的构成

(2) 不可避免的中断时间是指施工中由于技术操作和组织的原因而造成的机械工作中断的时间。

> **特别提示**
>
> 与操作有关(即与工艺过程有关)的不可避免的中断时间,如汽车装、卸货的停歇中断时间。
> 与机械有关的不可避免的中断时间,如机械开动前的检查、给机械加油加水、更换机械部件等的工作中断时间。
> 工人休息时间,指工人在工作班内为恢复体力和生理需要而引起的机械中断时间。

(3) 不可避免的无负荷工作时间:指由于施工过程的特性和机械结构的特点所造成机械无负荷工作时间,一般分为循环的和定时的两类。

> **特别提示**
>
> 循环的不可避免的无负荷工作时间是指由于施工过程的特点引起的空转所消耗的时间。它在机械工作的每一个循环中重复一次。例如,铲运机返回到铲土的地点,汽车卸车后空回。
> 定时的不可避免的无负荷工作时间主要是指工作班的开始或结束时的无负荷空转或工作地段转移所消耗的时间。

2）机械非定额时间

机械的非定额时间也称为损失时间，它是指机械在工作台班内与完成产品无关的损失。这些时间损失并不是完成产品所必须消耗的时间，因此，机械台班定额中不包括此类时间。损失时间按其发生的原因可以分为以下几种。

（1）多余或偶然工作时间。多余或偶然工作时间有两种情况，一种是指产品生产中超过工艺规定所用的时间，即机械在负荷下所做的多余工作，如混凝土搅拌机超时搅拌时间。另一种是可避免的机械无负荷工作时间，主要是指由于工人不及时给机械供给材料或由于组织上的原因造成的机械空转。

（2）停工时间。停工时间按其性质可分为由施工本身造成的停工时间和由非施工本身造成的停工时间两种。前者是指由于施工组织不善引起的机械停工时间，如没有工作面或燃料供应不及时、机械损坏等引起的机械停工时间。后者主要是指由于气候条件和非施工原因引起的机械停工时间。

（3）违反劳动纪律所损失时间。违反劳动纪律所损失时间是指由于工人违反劳动纪律而引起的机械停工时间，如工人迟到、早退、闲谈所引起的机械停止运转的损失。

能力主题单元 2.3　预算定额

2.3.1　预算定额的概念

预算定额是规定消耗在合格质量的单位工程基本构造要素上的人工、材料和机械台班的数量标准，是计算建筑安装产品价格的基础。

预算定额是由国家主管机关或被授权单位组织编制并颁发执行的一种技术经济指标，是工程建设中一种重要的技术经济文件，它反映了国家对承包商和业主在完成施工承包任务中可以消耗的活劳动和物化劳动的限度规定，最终决定一个项目的建设工程成本和造价。

> **知识链接**
>
> 建筑工程预算定额，目前在我国是《全国统一建设工程基础定额》、《建设工程工程量清单计价规范》与地区性预算定额互相并存使用，即一部分地区采用全国标准，一部分地区执行本地区编制的预算定额。
>
> 预算定额是在施工定额的基础上编制的，两种定额存在着本质性的差别：施工定额是企业内部使用的定额，是施工企业确定工程成本、进行成本核算的重要依据；预算定额是一种计价定额，使用对象为除施工企业以外的相关建设领域，它的项目划分比施工定额要粗。

2.3.2　预算定额的作用及特点

预算定额是工程建设中的一项重要的技术经济文件，它的各项指标，反映了在完成规定计量单位符合设计标准和施工及验收规范要求的分项工程消耗的劳动和物化劳动的数量限度，直接影响到单项工程和单位工程的成本和造价。

(1) 预算定额是编制施工图预算、确定建筑安装工程造价的基础。施工图确定后，通过预算定额编制施工图预算，预算定额直接影响工程造价的数量标准，是工程造价控制的重要依据。

(2) 预算定额是编制施工组织设计的依据。施工组织设计是施工企业不可缺少的一个重要环节，施工组织设计编制的重要任务之一就是确定施工中所需人力、物力的供求量，并做出最佳人力、物力的需求计划表。施工企业在施工定额不完善的情况下，可以根据预算定额完成这部分的工作任务，也能比较精确地计算出施工中各项资源的需要量，为有计划地组织材料采购、构件加工、劳动力调配、机械调配提供可靠的计算基础。

(3) 预算定额是工程结算的依据。工程结算是建设单位和施工单位按照工程进度对已完成的分部分项工程实现货币支付的行为。按进度支付进度款，需要根据预算定额将已完成的分项工程的造价算出。单位工程完成后，再按竣工工程量、预算定额和施工合同规定进行结算，以保证建设单位建设资金的合理使用和施工单位的经济收入。

(4) 预算定额是施工单位进行经济活动分析的依据。施工预算决定着施工企业的收入，通过预算定额施工企业能够具体分析劳动、材料、机械的消耗量，与施工定额分析的生产要素的消耗量作对比，寻找出低功效、高消耗的薄弱环节，提高企业的竞争力。

(5) 预算定额是编制概算定额、概算指标的基础。概算定额是在预算定额的基础上综合扩大编制的。概算指标的编制也需要预算定额的参考。

(6) 预算定额是合理编制招标标底、投标报价的基础。预算定额具有科学性和权威性，决定了它在企业编制标底、投标报价中占有重要的地位。虽然预算定额指令性作用在市场经济进程中日渐消退，但预算定额目前还是合理编制招标标底、投标报价的基础。

2.3.3 预算定额的编制原则

1. 按社会平均水平确定预算定额的原则

预算定额是按照现有社会正常的生产条件下，在社会平均劳动熟练程度和劳动制度下制造某种使用价值所需要的劳动时间来确定定额水平。预算定额的水平以大多数施工单位的施工定额水平为基础，同时涵盖了更多的可变因素及需要保留合理的幅度差。施工定额是平均先进水平，预算定额相对于施工定额要低。

2. 简明适用的原则

预算定额项目是在施工定额的基础上进一步综合提炼的，按照分部、分项工程进行分类，对于主要的、常用的、价值量大的项目，分项工程项目可细划分，次要的、不常用的、价值量相对较少的项目则采取粗化的方式设置。

3. 坚持统一性和差别性相结合的原则

统一性是指由国家建设厅主管部门负责全国统一定额编制和修订，颁发有关工程造价管理的规章制度办法等。

差别性是指在统一性的基础上，各部门和省、自治区、直辖市主管部门可以在自己的管辖范围内，根据本部门和地区的具体情况，制定部门和地区性定额、补充性制度和管理办法，以适应区域发展的不均衡问题。

2.3.4 预算定额的组成

浙江省现行建筑工程预算定额由上、下两册组成,介绍如下。

1. 总说明

总说明是对定额的使用方法及定额上册、下册共同性的问题所做的综合说明和规定。使用定额必须熟悉和掌握总说明内容,以便对整个定额册有全面的了解。

总说明的要点如下:
(1) 预算定额的性质和作用。
(2) 预算定额的适用范围。
(3) 人工、材料、机械消耗量确定的原则。
(4) 其他方面的规定。

2. 建筑面积计算规则

建筑面积是工程造价中一个重要的计量指标,它反映的是建筑物实物量的规模。现行的建筑面积的计算规则是国家标准 GB/T 50353—2005《建筑工程建筑面积计算规范》。

3. 分部工程定额

现行《浙江省建筑工程预算定额》分上、下册,上册 9 章,下册 9 章,共 18 章,排序如下。

上册九章:

第一章	土石方工程	第六章	金属结构工程
第二章	桩基础与地基加固工程	第七章	屋面及防水工程
第三章	砌筑工程	第八章	耐酸防腐、保温隔热工程
第四章	混凝土及钢筋混凝土工程	第九章	附属工程
第五章	木结构工程		

下册九章:

第十章	楼地面工程	第十五章	其他工程
第十一章	墙柱面工程	第十六章	脚手架工程
第十二章	天棚工程	第十七章	垂直运输工程
第十三章	门窗工程	第十八章	建筑物超高施工增加费
第十四章	油漆、涂料、裱糊工程		

每一章节均列有分部说明、工程量计算规则和定额表,构成了预算定额的主要内容。

4. 附录

附录是定额的有机组成部分,《浙江省建筑工程预算定额》附录由四部分组成。

附录一:砂浆、混凝土强度等级配合比。
附录二:机械台班单独计算的费用。
附录三:建筑工程主要材料损耗率取定表。
附录四:人工、材料、机械台班价格定额取定表。

2.3.5 预算定额基价的确定

1. 预算定额基价的组成

预算定额的基价是由人工费、材料费和机械费组成的,即

分部分项工程项目基价＝分部分项工程项目(人工费＋材料费＋机械费)

> **知识链接**
>
> 分部分项工程项目人工费＝∑分部分项工程项目人工消耗量×人工单价
> 分部分项工程项目材料费＝∑(分部分项工程项目材料消耗量×相应材料单价)＋其他材料费
> 分部分项工程项目机械费＝∑分部分项工程项目机械台班消耗量×相应机械台班单价

例如：表2-1是《浙江省建筑工程预算定额》上册定额4-7的具体内容,分析如下。

基价＝727.56＋2004.63＋70.99＝2803(元/10m³)(保留整数)

人工费＝16.92×43＝727.56(元/10m³)

材料费＝10.15×192.94＋1.5×5.29＋13×2.95＝2004.63(元/10m³)

机械费＝0.532×123.45＋1.10×4.83＝70.99(元/10m³)

表2-1 柱现浇混凝土预算定额表

工作内容：混凝土搅拌、水平运输、浇捣、养护等。　　　　　　计量单位：10m³

定额编号				4-7
项目				矩形柱、异形柱、圆形柱
基价/元				2803
其中		人工费/元		727.56
		材料费/元		2004.63
		机械费/元		70.99
	名称		单位	单价/元	消耗量
	人工Ⅱ类		工日	43.00	16.92
材料	现浇现拌混凝土C20(40)		m³	192.94	10.150
	现浇现拌混凝土C20(16)		m³	208.32	—
	草袋		m²	5.29	1.500
	水		m³	2.95	13.000
机械	混凝土搅拌机500L		台班	123.45	0.532
	混凝土振捣器插入式		台班	4.83	1.100

注：现浇门框按构造柱定额执行。

2. 人工单价的确定

1) 人工单价组成内容

人工单价是指一个建筑安装生产工人一个工作日在预算中应计入的全部人工费用。合理确定人工工日单价是正确计算人工费和工程造价的前提和基础。

人工单价是由工资总额、职工福利费、劳动保护费、社会保险基金、住房公积金等费用组成的，是建筑安装生产工人在基期（或测算期），根据国家劳动、社会保障的有关规定，在单位工作日内所包括的费用。

（1）工资总额，指企业直接支付给生产工人的劳动报酬总额，包括基本工资、工资性补贴、生产工人辅助工资等内容。

> **知识链接**
>
> （1）基本工资是发给生产工人工资，由岗位工资、技能工资和年功工资（按工作年限确定的工资）组成。生产工人的基本工资执行岗位工资和技能工资制度。
>
> （2）工资性补贴是指按规定标准发放的物价补贴，煤、燃气补贴，交通补贴，住房补贴，流动施工补贴等。
>
> （3）生产工人辅助工资是指生产工人年有效施工天数以外作业天数的工资，包括职工学习、培训期间的工资，调动工作、探亲、休假期间的工资，因气候影响的停工工资，女工哺乳时间的工资，病假时间的工资，病假在 6 个月以内的工资及产、婚、丧假期的工资。

（2）职工福利费，指企业按照国家规定计提的生产工人的职工福利基金。

（3）劳动保护费，指生产工人按照国家规定在施工过程中所需的劳动保护用品、保健用品、防暑降温费等。

（4）社会保险基金，指根据本省社会保险有关法规和条例，按规定由个人缴纳的基本养老保险费、基本医疗保险费和失业保险费，企业缴纳的社会保险费在间接费中单列。

（5）住房公积金，指根据浙江省住房公积金条例，按规定由个人缴纳的住房公积金，企业缴纳的住房公积金在间接费中列支。

2）人工单价确定的依据

（1）国家劳动和社会保障部《关于职工全年月平均工作时间和工资折算问题的通知》（劳社部发[2000]8号）规定：职工全年月平均工作天数和工作时间分别调整为 20.92 天和 167.40 小时，职工的日工资和小时工资按此进行折算。

（2）《浙江省职工基本养老保险条例》。

（3）《杭州市城镇基本医疗保险办法》。

（4）《浙江省失业保险条例》。

（5）《住房公积金管理条例》。

3）浙江省现行预算定额人工单价

目前浙江省现行预算定额人工费单价分为三种类别确定：一类人工单价为 40.00 元/工日；二类人工单价为 43.00 元/工日；三类人工单价为 50.00 元/工日。

> **特别提示**
>
> 工程实际发生人工费单价与预算定额中人工费单价差距很大，在工程造价确定的过程中可以根据具体的调价文件处理。

3. 材料单价的确定

在建筑工程中,材料费约占总造价的60%～70%,在金属结构工程中所占比例还要大,是工程直接费的主要组成部分。因此,合理确定材料预算价格构成,正确编制材料预算价格,有利于合理确定和有效控制工程造价。

1) 材料单价的组成

材料预算价格,指市场信息价时点价格,主要反映建筑安装材料在某一时点(通常指预算定额编制期)的静态价格水平,供设计选择经济合理构配件及编制概预算定额之用,并作为测算不同时期价格水平的基础。浙江省建筑安装材料基期价格中的每一项材料均有一个16位的编码,作为材料的统一代码,在一定时期内全省统一使用,为实现电算化管理奠定基础。

市场信息价,指综合了材料自来源地运至工地仓库或指定堆放地点所发生的全部费用以及组织采购、供应和保管材料过程中所需要的各项费用,费用组成内容包括供应价格、运杂费、采购保管费,用式(2-3)计算:

$$材料单价(市场信息价格)=(供应价格+运杂费)\times(1+采购保管费率) \quad (2-3)$$

2) 材料预算价格的确定方法

(1) 供应价格的确定。供应价格按市场实际供应价格水平取定,供应价格中包含了进货费、供销部门经营费和包装费等有关费用,不包括包装品押金,也不计减包装品残值。

(2) 运杂费的计算。材料运杂费,指材料自来源地运至工地仓库或指定堆放地点所发生的全部费用,包括装卸费、运输费、运输损耗及其他附加费等费用。

运杂费的计算分大宗材料和非大宗材料两类。

其中大宗材料按照里程运价计算。市内综合运距由当地造价管理部门自行测定,大宗材料运杂费计算根据省建设厅、省物价局、省交通厅有关文件,综合市场实际情况计算。

非大宗材料运杂费按费率运价计算,用式(2-4)计算:

$$运杂费=供应价\times运杂费率 \quad (2-4)$$

运杂费率标准为水、卫、电气材料1.8%;有色金属管材、高压阀门、电缆0.25%;其他材料0.8%。

(3) 采购保管费的计取。材料采购保管费,指材料部门为组织采购供应和保管材料过程中所需的各项费用。包括采购费、仓储费和工地保管费、仓储损耗等内容。材料采购保管费用式(2-5)计算:

$$采购保管费=(供应价格+运杂费)\times采购保管费率(\%) \quad (2-5)$$

其中,水、卫、电气材料1.6%,购入商品构件1.0%,其他材料1.8%。

4. 机械台班单价的确定

施工机械使用费是根据施工中耗用的机械台班数量和机械台班单价确定的。施工机械台班耗用量按预算定额规定计算;施工机械台班单价是指一台施工机械,在正常运转条件下一个工作台班中所发生的全部费用,每台班按8h工作制计算。正确制定施工机械台班单价是合理控制工程造价的重要方面。

施工机械台班单价由7项费用组成,包括折旧费、大修理费、经常修理费、安拆费及场外运费、燃料动力费、人工费、其他费用。

1) 折旧费的组成及确定

折旧费是指施工机械在规定使用期限内,每一台班所摊的机械耗值及支付贷款利息的费用,用式(2-6)计算:

$$台班折旧费 = 机械预算价格 \times (1-残值率) \times 贷款利息系数 \div 耐用总台班 \quad (2-6)$$

(1) 机械预算价格:按机械出厂(或到岸完税)价格,及机械从交货地点或口岸运至使用单位机械管理部门的全部运杂费计算。

国产机械的预算价格应按式(2-7)计算:

$$机械预算价格 = 机械原值 + 供销部门手续费和一次运杂费 + 车辆购置税 \quad (2-7)$$

供销部门手续费和一次运杂费可按机械原值的5%计算。

$$车辆购置税 = 计税价格 \times 车辆购置税率$$

其中:

$$计税价格 = 机械原值 + 供销部门手续费和一次运杂费 - 增值税$$

车辆购置税率应执行编制期国家有关规定。

进口机械的预算价格应按式(2-8)计算:

$$\begin{aligned}进口机械预算价格 =\ & 到岸价格 + 关税 + 增值税 + 消费税 \\ & + 外贸部门手续费和国内一次运杂费 \\ & + 财务费 + 车辆购置税\end{aligned} \quad (2-8)$$

关税、增值税、消费税及财务费应执行编制期国家有关规定,并参照实际发生的费用计算。

外贸部门手续费和国内一次运杂费应按到岸价格的6.5%计算。

车辆购置税应按式(2-9)计算:

$$车辆购置税 = 计税价格 \times 车辆购置税率 \quad (2-9)$$

其中:

$$计税价格 = 到岸价格 + 关税 + 消费税$$

车辆购置税率应执行编制期国家有关规定。

(2) 残值率:指机械报废回收的残值占机械原值(机械预算价格)的比率。残值率按1993年有关文件规定执行:运输机械2%,特大型机械3%,中小型机械4%,掘进机械5%。

(3) 贷款利息系数:为补偿企业贷款购置机械设备所支付的利息,从而合理反映资金的时间价值,以大于1的贷款利息系数,将贷款利息(单利)分摊在台班折旧费中。贷款利息系数按式(2-10)计算:

$$贷款利息系数 = 1 + (n+1)i/2 \quad (2-10)$$

式中:n——国家有关文件规定的此类机械折旧年限;

i——当年银行贷款利率。

(4) 耐用总台班:指机械在正常施工作业条件下,从投入使用直到报废,按规定应达到的使用总台班数。机械耐用总台班即机械使用寿命,一般可分为机械技术使用寿命、机械经济使用寿命。

机械技术使用寿命指机械在不实行总成更换的条件下,经过修理仍无法达到规定性能指标的使用期限;机械经济使用寿命指从最佳经济效益的角度出发,机械使用投入费用(包括燃料动力费、润滑擦拭材料费、保养费用、修理费用等)最低时的使用期限。超过经济使用寿命的机械，虽仍可使用，但由于机械技术性能不良，完好率下降，燃料、润滑料消耗增加，生产效率降低，导致生产成本增高(一般说寿命期修理费超过原值一半的机械就不该使用)。

《全国统一施工机械台班费用定额》中的耐用总台班是以经济使用寿命为基础，并依据国家有关固定资产折旧年限规定，结合施工机械工作对象和环境以及年能达到的工作台班确定的。机械耐用总台班按式(2-11)计算：

$$耐用总台班＝折旧年限×年工作台班＝大修间隔台班×大修周期 \quad (2-11)$$

> **知识链接**
>
> 年工作台班是根据有关部门对各类主要机械最近3年的统计资料分析确定的。
>
> 大修间隔台班是指机械自投入使用起至第一次大修止或自上一次大修后投入使用起至下一次大修止，应达到的使用台班数。
>
> 大修周期是指机械正常的施工作业条件下，将其寿命期(即耐用总台班)按规定的大修理次数划分为若干个周期。其计算公式为
>
> $$大修周期＝寿命期大修理次数＋1$$

2) 大修理费的组成及确定

大修理费是指机械设备按规定的大修间隔台班必须进行修理，以恢复机械正常功能所需的费用。台班大修理费则是机械使用期限内全部大修理费之和在台班费用中的分摊额，它取决于一次大修理费用、大修理次数和耐用总台班的数量。大修理费按式(2-12)计算：

$$台班大修理费＝一次大修理费×寿命期内大修理次数÷耐用总台班 \quad (2-12)$$

> **知识链接**
>
> 一次大修理费：按机械设备规定的大修理范围和工作内容，进行一次全面修理所需消耗的工时、配件、辅助材料、油燃料以及送修运输等全部费用计算。
>
> 寿命期大修理次数：为恢复原机功能按规定在寿命期内需要进行的大修理次数。

3) 经常修理费的组成及确定

经常修理费是指机械在寿命期内除大修理以外的各级保养(包括一、二、三级保养)以及临时故障排除和机械停置期间的维护等所需各项费用；为保障机械正常运转所需替换设备、随机工具、器具的摊销费用及机械日常保养所需润滑擦拭材料费之和，公摊到台班费用中，即为台班经常修理费，按式(2-13)计算：

$$台班经常修理费＝[\Sigma(各级保养一次费用×寿命期各级保养总次数) \\ ×4－临时故障排除费]÷耐用总台班＋替换设备台班摊销费 \\ ＋工具附具台班摊销费＋例保辅料费$$

$$(2-13)$$

为简化计算，编制台班费用定额时也可采用式(2-14)：

$$台班经常修理费＝台班大修理费×K \quad (2-14)$$

其中：

$$K＝机械台班经常修理费/机械台班大修理费$$

> **知识链接**
>
> 各级保养(一次)费用指机械在各个使用周期内为保证机械处于完好状况，必须按规定的各级保养间隔周期、保养范围和内容进行的一、二、三级保养或定期保养所消耗的工时、配件、辅助、油燃料等费用。
>
> 寿命期各级保养总次数，分别指一、二、三级保养或定期保养在寿命期内各个使用周期中保养次数之和。
>
> 机械临时故障排险费用、机械停置期间维护保养费指机械除规定的大修理及各级保养以外，临时保障所需费用以及机械在工作日以外的保养维护所需润滑擦拭材料费，可按各级保养(不包括例保辅料费)费用之和的3%计算。其计算公式为
>
> 机械临时故障排除费及机械停置期间维护保养费=∑(各级保养一次费用×寿命期各级保养总次数)×3%
>
> 替换设备及工具附具台班摊销费，指轮胎、电缆、蓄电池、运输皮带、钢丝绳、胶皮管、履带板等消耗性设备和按规定随机配备的全套工具附具的台班摊销费用。其计算公式为
>
> 替换设备及工具附具台班摊销费=∑[(各类替换设备数量×单价÷耐用台班)+(各类随机工具附具数量×单价÷耐用台班)]
>
> 例保辅料费，即机械日常保养所需润滑擦拭材料的费用。

4) 安拆费及场外运输费的组成和确定

安拆费指机械在施工现场进行安装、拆卸所需人工、材料、机械和试运转费用，包括机械辅助设施(如基础、底座、固定锚桩、行走轨道、枕木等)的折旧、搭设、拆除等费用。

场外运费指机械整体或分体自停置地点运至现场或某一工地运至另一工地的运输、装卸、辅助材料架线等费用。

> **知识链接**
>
> 安拆费及场外运费根据施工机械不同分为计入台班单价、单独计算和不计算三种类型。

工地间移动较为频繁的小型机械及部分中型机械，其安拆费及场外运费应计入台班单价，台班安拆费及场外运费应按式(2-15)计算：

$$台班安拆费及场外运费=一次安拆费及场外运费×年平均安拆次数÷年工作台班 \qquad (2-15)$$

> **知识链接**
>
> 一次安拆费应包括施工现场机械安装和拆卸一次所需的人工费、材料费、机械费及试运转费。
> 一次场外运费应包括运输、装卸、辅助材料和架线等费用。
> 年平均安拆次数应以《技术经济定额》为基础，由各地区(部门)结合具体情况确定。
> 运输距离均按25km计算。

移动有一定难度的特、大型(包括少数中型)机械，其安拆费及场外运费应单独计算。单独计算的安拆费及场外运费除应计算安拆费、场外运费外，还应计算辅助设施(包括基础、底座、固定锚桩、行走轨道枕木等)的折旧、搭设和拆除等费用。

不需安装、拆卸且自身又能开行的机械和固定在车间不需安装、拆卸及运输的机械,其安拆费及场外运费不计算。

自升式塔式起重机安装、拆卸费用的超高起点及其增加费,各地区(部门)可根据具体情况确定。

5) 燃料动力费的组成和确定

燃料动力费是指机械在运转或施工作业中所耗用的固体燃料(煤炭、木材)、液体燃料(汽油、柴油)、电力、水和风力等费用。燃料动力费应按式(2-16)计算:

$$台班燃料动力费 = \sum(燃料动力消耗量 \times 燃料动力单价) \quad (2-16)$$

知识链接

燃料动力消耗量应根据施工机械技术指标及实测资料综合确定。

燃料动力单价应执行编制期工程造价管理部门的有关规定。

6) 人工费的组成和确定

人工费指机上司机或副司机、司炉的基本工资和其他工资津贴(年工作台班以外的机上人员基本工资和工资性津贴以增加系数的形式表示)。

台班人工费按式(2-17)计算:

$$台班人工费 = 人工消耗量 \times [1+(年制度工作日-年工作台班) \div 年工作台班] \times 人工单价 \quad (2-17)$$

知识链接

人工消耗量指机上司机(司炉)和其他操作人员工日消耗量。

年制度工作日应执行编制期国家有关规定。

人工单价应执行编制期工程造价管理部门的有关规定。

7) 其他费用

其他费用是指机械按照国家有关规定应缴纳的养路费、保险费和年检费用,按各省、自治区、直辖市规定标准计算后列入定额,按式(2-18)计算:

$$台班其他费用 = (年养路费 + 年车船使用税 + 年保险费 + 年检费用) \div 年工作台班 \quad (2-18)$$

知识链接

年养路费、年车船使用税、年检费用应执行编制期有关部门的规定。

年保险费应执行编制期有关部门强制性保险的规定,非强制性保险不应计算在内。

2.3.6 预算定额消耗量指标的确定

1. 人工消耗量指标的确定

人工的工日数可以有两种确定方法:一种是以劳动定额为基础确定;一种是以现场观

察测定资料为基础计算。遇到劳动定额缺项时，采用现场工作日写实等测时方法确定和计算定额的人工耗用量。预算定额中人工工日消耗量是指在正常施工条件下，生产单位合格产品所必须消耗的人工工日数量，是由分项工程所综合的各个工序劳动定额包括的基本用工、其他用工两部分组成的。

1) 基本用工

基本用工指完成单位合格产品所必须消耗的技术工种用工。按技术工种相应劳动定额工时定额计算，以不同工种列出定额工日。基本用工包括以下几点。

(1) 完成定额计量单位的主要用工。按综合取定的工程量和相应劳动定额进行计算。

例如，工程实际中的砖基础，有1砖厚、1砖半厚、2砖厚等之分，用工各不相同，在预算定额中由于不区分厚度，需要按照统计的比例，加权平均，即公式中的综合取定，得出用工。

(2) 按劳动定额规定应增加计算的用工量。例如，砖基础埋深超过1.5m，超过部分要增加用工。预算定额中应按一定比例给予增加。

(3) 由于预算定额是以施工定额子目综合扩大的，包括的工作内容较多，施工的效果视具体部位不同而不一样，需要另外增加用工，列入基本用工内。

2) 其他用工

其他用工通常包括以下内容。

(1) 超运距用工。超运距是指劳动定额中已包括的材料、半成品场内水平搬运距离与预算定额所考虑的现场材料、半成品堆放地点到操作地点的水平运输距离之差，是预算定额取定运距与劳动定额已包括的运距之差。如果实际工程现场运距超过预算定额取定运距，可另行计算现场二次搬运费。

(2) 辅助用工。辅助用工指技术工种劳动定额内不包括而在预算定额内又必须考虑的用工。例如，机械土方工程配合用工、材料加工(筛砂、洗石、淋化石膏)，电焊点火用工等。

(3) 人工幅度差。即预算定额与劳动定额的差额，主要是指在劳动定额中未包括而在正常施工情况下不可避免但又很难准确计量的用工和各种工时损失。内容包括：

① 各工种间的工序搭接及交叉作业相互配合或影响所发生的停歇用工；

② 施工机械在单位工程之间转移及临时水电线路移动所造成的停工；

③ 质量检查和隐蔽工程验收工作的影响；

④ 班组操作地点转移用工；

⑤ 工序交接时对前一工序不可避免的修整用工；

⑥ 施工中不可避免的其他零星用工。

人工幅度差按式(2-19)计算：

$$人工幅度差 = (基本用工 + 辅助用工 + 超运距用工) \times 人工幅度差系数 \quad (2-19)$$

人工幅度差系数一般为10%～15%。在预算定额中，人工幅度差的用工量列入其他用工中。

2. 材料消耗量指标的确定

材料损耗量，指在正常条件下不可避免的材料损耗，如现场内材料运输及施工操作过程中的损耗等。

$$材料损耗率 = 损耗量/净用量 \times 100\%$$

$$材料损耗量 = 材料净用量 \times 损耗率$$

$$材料消耗量 = 材料净用量 + 损耗量$$

$$= 材料净用量 \times (1 + 损耗率)$$

（1）材料消耗量是完成单位合格产品所必须消耗的材料数，按用途划分为以下4种。

① 主要材料指直接构成工程实体的材料，其中也包括成品、半成品的材料。

② 辅助材料是构成工程实体除主要材料以外的其他材料，如垫木、钉子、铅丝等。

③ 周转性材料指脚手架、模板等多次周转使用的不构成工程实体的摊销性材料。

④ 其他材料指用量较少，难以计量的零星用料，如棉纱、编号用的油漆等。

（2）材料消耗量计算方法主要有以下三种。

① 计算法。凡有标准规格的材料或设计图纸标注尺寸及下料要求的，可按设计图纸尺寸计算定额计量单位的耗用量，如砖、防水卷材、块料面层、门窗制作用材料、枋料、板料等。

② 换算法。各种胶结、涂料等材料的配合比用料，可以按要求条件换算，得出材料用量。

③ 测定法。包括试验室试验法和现场观察法。指各种强度等级的混凝土及砌筑砂浆配合比的耗用原材料数量的计算，需按照规范要求试配经过试压合格以后并经过必要的调整后得出的水泥、砂、石子、水的用量。对新材料、新结构又不能用其他方法计算定额消耗用量时，需用现场测定方法来确定，根据不同条件可以采用写实记录法和观察法，得出定额的消耗量。

（3）其他材料的确定：一般按工艺测算并在定额项目材料计算表内列出名称、数量，并依编制期价格以其他材料占主要材料的比率计算，列在定额材料栏之下，定额内可不列材料名称及消耗量。

3. 机械台班消耗量的确定

预算定额中的机械台班消耗量是指在正常施工条件下，生产单位合格产品（分部分项工程或结构构件）必须消耗的某种型号施工机械的台班数量。机械台班消耗量的确定有两种方式。

1) 依据施工定额确定机械台班消耗量

用施工定额或劳动定额中机械台班产量加机械幅度差作为预算定额得机械台班消耗量。

$$预算定额机械耗用台班 = 施工定额机械耗用台班 \times (1 + 机械幅度差系数)$$

机械台班幅度差一般包括：

（1）正常施工组织条件下不可避免的机械空转时间；

(2) 施工技术原因的中断及合理停滞时间；
(3) 因供电供水故障及水电线路移动检修而发生的运转中断时间；
(4) 因气候变化或机械本身故障影响工时利用的时间；
(5) 施工机械转移及配套机械相互影响损失的时间；
(6) 配合机械施工的工人因与其他工种交叉造成的间歇时间；
(7) 因检查工程质量造成的机械停歇的时间；
(8) 工程收尾和工作量不饱满造成的机械停歇时间等。

> **特别提示**
>
> 机械的幅度差是以幅度差系数的方式计入机械消耗量中的。大型机械幅度差系数为土方机械25%，打桩机械33%，吊装机械30%。砂浆、混凝土搅拌机由于按小组配用，以小组产量计算机械台班产量，不再另增加机械幅度差。其他分部工程中如钢筋加工、木材、水磨石等各项专用机械的幅度差为10%。
>
> 占比例不大的零星小型机械按劳动定额小组成员计算出机械台班使用量，以"机械费"或"其他机械费"表示，不再列台班数量。

2) 以现场测定资料为基础确定机械台班消耗量

如遇到施工定额（劳动定额）缺项者，则需要依据单位时间机械完成的产量来测定。

2.3.7 预算定额的应用

熟练地使用预算定额是工程造价人员的基本功，预算定额的应用主要有以下6个方面：

1. 定额编号的认知

预算定额中的一个编号代表一个与之相对应分项工程项目的预算价格。

例如，定额编号 3-45。

其中：3——章节号、分部工程序列号，表示第三章砌筑工程。

45——分项工程项目序列号，表示第三章第45个分项工程项目。即1砖厚烧结普通砖墙砌筑。

2. 定额的查阅

预算定额的查阅应先明确所查项目的大类隶属关系，即分部工程；根据分部工程里的分项工程的分类再依次查寻相关信息。

（1）分部——定额节——定额表，按顺序找至所需项目名称，并从上向下目视。
（2）在定额表中找出所需的人工、材料、机构名称，并从左向右目视。
（3）两视线交点的数值就是所找数值。

3. 预算定额表的表达形式

定额表是预算定额的基本表示形式。定额表主要包括工作内容、计量单位、项目名称、定额编号、定额基价、消耗量及定额附注等。

例如，现浇现拌矩形柱、异形柱、圆形柱混凝土定额表，具体包括了以下内容。

工作内容：混凝土搅拌、水平运输、浇捣、养护等。

计量单位：$10m^3$。

定额编号：4-7。

项目：矩形柱、异形柱、圆形柱。

基价：2803元/$10m^3$。

消耗量：浇筑$10m^3$矩形柱、异形柱、圆形柱的人工、材料、机械消耗量，具体见表2-1。

定额附注：现浇门框按构造柱定额执行。定额附注是对某定额节或某一分项定额使用方法及调整换算等所作的说明。

4. 预算定额的直接套用

当分项工程的设计要求与预算定额条件完全相符时，可以直接套用预算定额的基价和消耗量，以此来计算分项工程项目的直接工程费和工料机用量。

【例2-1】计算$100m^3$ C20现浇现拌矩形柱混凝土浇捣的直接工程费及人工、材料、机械消耗量。

【解】(1) 确定定额编号：

由表2-1查得定额编号为4-7，单位为$10m^3$，基价为2803元。

(2) 计算分项工程直接工程费：

分项工程直接工程费＝预算基价×分项工程工程量
＝280.3×100＝28030(元)

(3) 计算主要材料消耗量：

材料消耗量＝定额的消耗量×分项工程工程量

草袋	0.15×100＝15(m^2)
水	1.3×100＝130(m^3)
现浇现拌混凝土C20(40)	1.015×100＝101.5(m^3)

注：其中C20(40)混凝土还需查《浙江省建筑工程预算定额》(2010版)下册附录—294页继续详细的材料分析。

水泥42.5kg	246×101.5＝24969(kg)
黄砂(净沙)综合	0.82×101.5＝83.23(t)
碎石综合	1.224×101.5＝124.24(t)
水	0.18×101.5＝18.27(m^3)

(4) 计算人工及机械的消耗量：

人工Ⅱ类	1.692×100＝169.2(工日)
混凝土搅拌机500L	0.0532×100＝5.32(台班)
混凝土振捣器插入式	0.110×100＝11.0(台班)

5. 预算定额的换算套用

1) 换算的原因

当设计要求与定额的工程内容、材料规格、施工方法等条件不完全相符时，需要按照有关规定对定额基价进行调整和换算。

换算后的定额编号右下角写上"换"或"H"。

2) 换算的种类

常见的换算种类：砂浆的换算、混凝土的换算、木材的换算、系数的换算及其他换算。

(1) 砂浆换算：当设计砂浆标号与定额砂浆标号不同时，需换算，砂浆的消耗量、人工费、机械费不变，只换砂浆单价。

换算后定额基价＝原定额基价＋(设计砂浆单价
－定额砂浆单价)×定额砂浆消耗量

【例2-2】M10混合砂浆砌烧结普通砖1砖墙。

【解】3-45H＝2927＋(184.56－181.75)×2.36＝2927＋6.63＝2933.63(元/10m³)

注：184.56(元/m³)为M10混合砂浆预算价格，在《浙江省建筑工程预算定额》(2010版)下册附录一282页查得。

(2) 混凝土换算：当设计混凝土标号与定额混凝土标号不同时，需换算，混凝土的消耗量、人工费、机械费不变，只换混凝土单价。

换算后定额基价＝原定额基价＋(设计混凝土单价
－定额混凝土单价)×定额混凝土消耗量

【例2-3】C25现浇普通混凝土钢筋混凝土矩形柱。

【解】4-7H＝2803＋(207.37－192.94)×10.15＝2949.46元/10m³

注：207.37(元/m³)为C25现浇现拌混凝土预算价格，在《浙江省建筑工程预算定额》(2010版)下册附录一294页查得。

(3) 木材换算：木材换算主要有两种，即木种的换算和木材材积的换算。

① 木种换算：

换算后基价＝原基价＋(设计木材单价－定额木材单价)
定额木材消耗量＋人工、机械差价

【例2-4】已知一厂房带木框平开大门，采用柏木，单价为1800元/m³，计算其定额基价。

【解】定额规定：如采用三、四类木种时，木材单价调整，且相应定额制作人工和机械乘系数1.35。

查定额13-65的基价为11998元/100m²。

换算后基价＝11998＋(1800－1450)×(1.82＋2.613＋1.46)＋50.76×50×0.35＋331.58×0.35＝14948.85＋116.05＝15064.9(元/100m²)

注：只调整主要木材的费用，木砖、搭木费用忽略不计。

② 木材材积换算：

换算后基价＝原基价＋($\dfrac{设计断面(或厚度)}{定额断面(或厚度)}$－1)×定额木材消耗量×木材单价

特别提示

定额木材断面及厚度是按毛料计算的，要将设计木材断面及厚度的净尺寸换算成毛面尺寸。

【例2-5】已知一杉木平开大门，门框净料断面6cm×14cm，计算其单价。

【解】查定额13-65的基价为11998元/100m²，门框按三面刨光考虑，即长尺寸加5mm，短尺寸加3mm。

$$换算后基价=11998+[(6+0.3)\times(14+0.5)/(5.3\times12)-1]$$
$$\times1450\times1.82=13149.45(元/100m^2)$$

> **特别提示**
>
> 当木材断面及木种同时发生变化时，既要调整木材单价及体积，同时还要考虑人工及机械的系数调整。

【例2-6】已知一柏木平开大门，门框断面6cm×14cm，柏木单价为1800元/m³，计算其单价。

【解】查定额13-65的基价为11998元/100m²。

$$换算后基价=11998+(1800-1450)\times(2.613+1.46)+50.76\times50\times0.35$$
$$+331.58\times0.35+[(6+0.3)\times(14+0.5)/(5.3\times12)-1]$$
$$\times(1800-1450)\times1.82=11998+1425.55+888.3+116.053$$
$$+277.94=14705.84(元/100m^2)$$

> **特别提示**
>
> 只有门窗框料断面发生变化，故只调整框木材体积，其余主要木材只调整单价。

（4）系数换算：在使用某些定额项目时，当分项工程项目的个别或部分设计要求与定额不符合时，定额做出了相应的系数换算规则，实际套用时按照条款规定的系数乘定额基价（或人工、材料、机械费）等。

【例2-7】C20振动式混凝土沉管灌注桩成孔，桩长20m，安钢筋笼。

【解】查定额2-43得，基价为775元/10m³。

$$换算后基价=775+(331.1+364.83)\times(1.15-1)=879.39(元/10m^3)$$

> **特别提示**
>
> 预算定额规定：振动式混凝土沉管灌注桩，安放钢筋笼者，沉管的人工及机械乘以系数1.15。

（5）其他换算：其他换算是指上述几种换算类型不能包括的定额换算，如运距的换算、厚度的换算、金属材料的换算等。其他换算的内容杂、多，不便于归类，但换算的基本规律如下：

$$换算后的基价=原基价+换入部分的费用-换出部分的费用$$

6. 补充预算定额的编制

当分项工程的设计要求与定额条件完全不相符或者由于设计采用新结构、新材料及新工艺，在预算定额中没有这类项目，属于缺项时，可编制补充预算定额确定预算基价。

学习情境小结

本情境主要阐述了定额的概念,对建设工程定额、施工定额、预算定额做了详细的介绍。

1. 主要掌握施工定额的特点、组成及作用,其中对劳动定额、材料消耗定额及机械台班消耗定额的基本内涵要理解,并掌握施工定额在工程造价中的地位和意义。
2. 掌握预算定额的基本概念及组成。
3. 掌握施工定额与预算定额的区别。施工定额主要是针对企业内部而编制的,为企业进行内部生产经营管理服务的基础定额。预算定额是面对整个建设领域的地区性计价定额,它是编制标底、投标报价、工程结算等工程造价活动的基础。
4. 我国建设市场工程造价确定的指导思想是"政府宏观调控、企业自主报价、市场形成价格、社会全面监督",预算定额的指令性功能正在慢慢被淡化,从而能真实反映企业实际消耗的是施工定额(企业定额)将在工程造价的活动中起到更加积极的作用。
5. 定额计价法中,预算定额的应用是一个重要的技能,对预算定额的正确套用、定额的换算是这单元的重点,在后面技能的学习中,定额应用的内容还会继续讲解。

能力测试

1. 什么是定额?什么是工程建设定额?
2. 定额是如何分类的?
3. 什么是施工定额?施工定额的作用是什么?
4. 什么是劳动定额?其表现形式有哪些?
5. 工人的定额时间是指什么?非定额时间是指什么?
6. 材料消耗定额是指什么?其组成有哪些?
7. 机械台班消耗定额是什么?其表现形式有哪些?
8. 机械的工作时间是如何分类的?
9. 什么是预算定额?阐述其作用。
10. 预算定额的基价是如何构成的?
11. 人工单价是如何组成的?材料单价是如何确定的?机械台班单价是如何构成的?
12. 人工消耗量、材料消耗量、机械消耗量在预算定额中是如何确定的?
13. 预算定额手册主要有哪些内容组成?
14. 依据本省现行定额如《浙江省建筑工程预算定额》(2010版)完成表2-2。

表2-2 分项工程预算表

序号	定额编号	分项工程名称	单位	工程量	基价	合价(直接工程费)
		人力综合挖填二类干土($H=3.5m$)	m^3	100		
		人力车运湿土400m	m^3	100		
		M5.0混合砂浆砌筑240烧结砖墙	m^3	250		
		振动式混凝土沉管灌注桩成孔,桩长10m	m^3	1000		

续表

序号	定额编号	分项工程名称	单位	工程量	基价	合价(直接工程费)
		有梁式带型基础复合木模	m²	500		
		现浇现拌C25构造柱	m³	40		
		先张法预应力C30平板	m³	20		
		现浇构件圆钢制作安装	t	80		
		钢木屋架制作安装	m³	25		
		型钢支撑制作安装	t	65		
		刷热沥青平面两遍	m²	300		
		水玻璃耐酸砂浆铺贴花岗岩面层	m²	200		
		混凝土散水	m²	155		
		水泥砂浆找平30mm	m²	220		
		1:3水泥砂浆贴柱面200mm×200mm面砖	m²	35		
		U38轻钢龙骨平面	m²	355		
		平开塑钢门安装	m²	15		
		墙面刷乳胶漆三遍	m²	2500		
		金属装饰压条安装	m	430		
		地下一层综合脚手架	m²	800		
		檐高35m建筑物综合脚手架	m²	14000		
		檐高35m建筑物垂直运输费	m²	14000		
		檐高35m建筑物超高人工降效增加费	万元	20		
		塔式起重机固定式基础费	座	2		

学习情境 3

建筑工程工料单价法计价

学习目标

本情境主要介绍建筑工程工料单价法计价的基本原理和方法。要求学生通过本情境的学习，掌握工料单价法分部分项工程工程量的计算规则，掌握分部分项工程定额基价的确定，掌握建筑工程施工图预算编制的方法。

学习要求

知识要点	能力要求	比重
建筑面积的计算	掌握计算建筑面积的规则，掌握不计算建筑面积的规则，会灵活运用图纸计算建筑面积	10%
地下土建工程工料单价法计价	掌握平整场地、土方开方、回填土、土方运输工程量的计算和计价，掌握桩基础工程的计量与计价，掌握垫层、混凝土基础、砖基础的计量与计价，会熟练进行预算定额基价的换算	45%
地上土建工程工料单价法计价	掌握柱、梁、板、墙、楼梯、阳台雨篷、栏板、檐沟、台阶、散水、压顶、构件运输及安装、屋面工程、金属结构工程的工程量的计算和计价，会根据图纸及施工组织计划列分部分项工程名称，会熟练进行预算定额基价的换算	45%

▶▶ 案例引入

主体工程主要是指房屋的地下工程和地上工程，主要包括土石方、桩基础、砌筑工程、混凝土工程、屋面工程、防腐保温隔热等分部工程。主体工程造价就是将这些分部工程的造价计算后汇总后的结果。

从广联达培训楼施工图预算中可以看出，主体工程直接费的组成情况为土石方工程项目直接工程费 2506.12 元、砌筑工程项目直接工程费 33986.46 元、混凝土及钢筋混凝土工程项目直接工程费 81001.58 元、屋面及防水工程项目直接工程费 4068.7 元、保温隔热耐酸防腐工程项目直接工程费 1584.07 元、附属工程 1461.7 元，六项分部工程直接费合计即为该工程主体工程的工程直接费。这里的工程直接费是如何计算出来？从预算中我们可以看出每一个分部工程直接费是若干项分项工程直接费的合计，那么为何会有分项工程的出现？分项工程直接费的生成需要知道相应的工程量和基价，那么工程量是如何计算？基价又是如何获得的呢？

▶▶ 案例拓展

各国工程造价管理的差异

英国是开展工程造价管理历史较长，体系较完整的一个国家。由政府颁布统一的工程量规则，并定期公布各种价格指数，工程造价是依据这些规则计算工程量，价格则采用咨询公司提供的信息价和市场价进行计价，没有统一的定额标准可套用。工程价格是通过自由报价和竞争最后形成的。英国工程计价的一个重要特点就是工料测量师的使用，无论是政府工程还是私人工程，无论是采用传统的管理模式还是非传统的模式都有工料测量师参与。

美国在工程估价体系中，有一套前后连贯统一的工程成本编码，将一般工程按其工艺特点分为若干分部分项工程，并为每个分部分项工程编出专用的号码，作为该分部分项工程的代码，以便在工程管理和成本核算中区分建筑工程的各个分部分项工程。

日本的工程积算是一套独特的量价分离的计价模式，其量和价是分开的。量是公开的，价是保密的。日本的工程计算类似我国的定额取费方式，建设省制定一整套工程计价标准，即"建筑工程积算基准"。其内容包括"建筑积算要领"（预算的原则规定）和"建筑工事标准步挂"（人工、材料消耗定额），其中"建筑工事标准步挂"的主要内容包括分部分项工程的工、料消耗定额。"建筑数量积算基准解说"则明确了承发包工程计算工程量时需共同遵循的统一性规定。

法国的工程造价管理具有如下特点。

工程单价的确定：施工单位在确定投票单价时，基本上都要对每一工程项目做市场调查；各阶段工程造价的确定与控制：科学估算工程造价是法国工程管理的显著特点，他们在工程造价估算方面有一套建立在对现有工程资料分析基础上的科学方法；政府投资项目的造价控制：法国是市场经济发达的国家，生产企业在高度自由的竞争环境中发展和生存，政府为整个社会经济的正常运转创造必要的条件，同时对国有企业进行宏观指导和必要的控制。

▶▶ 项目导入

作为工料单价建筑工程造价的确定，首先要对建筑工程预算定额充分理解，并能灵活运用,其次要熟知建筑工程的施工工艺,另外是对施工图纸的认知。在这个学习情境中,共分3个能力单元,详细介绍每个分部工程基本的施工流程、工程构造、工程量的计算规则、预算定额的应用等。通过这部分的学习,能掌握和了解工料单价法建筑工程造价的基本方法。

能力主题单元 3.1 建筑面积的计算

3.1.1 建筑面积概述

建筑面积是建筑物外墙勒脚以上各层结构外围水平投影面积之和。建筑面积包括有效面积与结构面积。有效面积是指具有生产和生活使用效益的面积,如教学楼中的教室、卫生间、走廊、楼梯等;结构面积是指建筑物中各层的墙、柱等结构所占的面积。

> **特别提示**
>
> 建筑面积是工程计价过程中一项重要的经济技术指标,如平方米造价指标、平方米材料消耗指标、平方米人工消耗量指标等需要用到建筑面积来计算。
> 建筑面积是建筑工程计价中重要的工程量,通过建筑面积可以计算脚手架费、垂直运输费等,所以正确计算建筑面积具有十分重要的意义。

3.1.2 建筑面积计算术语

GB/T 50353—2005《建筑工程建筑面积计算规范》包括总则、术语、计算建筑面积的规定三个部分及规范条文说明,适用于新建、扩建、改建的工业与民用建筑工程的面积计算。

(1) 层高(story height):上下两层楼面或楼面与地面之间的垂直距离。

(2) 自然层(floor):按楼板、地板结构分层的楼层。

(3) 架空层(empty space):建筑物深基础或坡地建筑吊脚架空部位不回填土石方形成的建筑空间。

(4) 走廊(corridor gallery):建筑物的水平交通空间。

(5) 挑廊(overhanging corridor):挑出建筑物外墙的水平交通空间。

(6) 檐廊(eaves gallery):设置在建筑物底层出檐下的水平交通空间。

(7) 回廊(cloister):在建筑物门厅、大厅内设置在二层或二层以上的回形走廊。

(8) 门斗(foyer):在建筑物出入口设置的起分隔、挡风、御寒等作用的建筑过渡空间。

(9) 建筑物通道(passage):为道路穿过建筑物而设置的建筑空间。

(10) 架空走廊(bridge way):建筑物与建筑物之间,在二层或二层以上专门为水平交通设置的走廊。

(11) 勒脚(plinth)：建筑物的外墙与室外地面或散水接触部位墙体的加厚部分。

(12) 围护结构(envelop enclosure)：围合建筑空间四周的墙体、门、窗等。

(13) 围护性幕墙(enclosing curtain wall)：直接作为外墙起围护作用的幕墙。

(14) 装饰性幕墙(decorative faced curtain wall)：设置在建筑物墙体外起装饰作用的幕墙。

(15) 落地橱窗(french window)：突出外墙面根基落地的橱窗。

(16) 阳台(balcony)：供使用者进行活动和晾晒衣物的建筑空间。

(17) 眺望间(view room)：设置在建筑物顶层或挑出房间的供人们远眺或观察周围情况的建筑空间。

(18) 雨篷(canopy)：设置在建筑物进出口上部的遮雨、遮阳篷。

(19) 地下室(basement)：房间地平面低于室外地平面的高度超过该房间净高的1/2者为地下室。

(20) 半地下室(semi basement)：房间地平面低于室外地平面的高度超过该房间净高的1/3，且不超过1/2者为半地下室。

(21) 变形缝(deformation joint)：伸缩缝(温度缝)、沉降缝和抗震缝的总称。

(22) 永久性顶盖(permanent cap)：经规划批准设计的永久使用的顶盖。

(23) 飘窗(bay window)：为房间采光和美化造型而设置的突出外墙的窗。

(24) 骑楼(overhang)：楼层部分跨在人行道上的临街楼房。

(25) 过街楼(arcade)：有道路穿过建筑空间的楼房。

3.1.3 建筑面积计算规则

(1) 单层建筑物的建筑面积，应按其外墙勒脚以上结构外围水平面积计算，并应符合下列规定。

① 单层建筑物高度在2.20m及以上者应计算全面积；高度不足2.20m者应计算1/2面积。

② 利用坡屋顶内空间时，顶板下表面至楼面的净高超过2.10m的部位应计算全面积；净高在1.20m至2.10m的部位应计算1/2面积；净高不足1.20m的部位不应计算面积。

> **知识链接**
>
> 勒脚是墙根部很矮的一部分墙体加厚，不能代表整个外墙结构，因此要扣除勒脚墙体加厚的部分，如图3.1所示。
>
> 单层建筑物应按不同的高度确定其面积的计算。其高度指室内地面标高至屋面板板面结构标高之间的垂直距离。
>
> 遇有以屋面板找坡的平屋顶单层建筑物，其高度指室内地面标高至屋面板最低处板面结构标高之间的垂直距离。
>
> 坡屋顶的建筑按不同净高确定其面积的计算。
>
> 净高指楼面或地面至上部楼板底或吊顶底面之间的垂直距离。

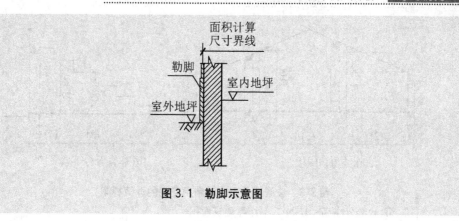

图 3.1 勒脚示意图

(2) 单层建筑物内设有局部楼层者,局部楼层的二层及以上楼层,有围护结构的应按其围护结构外围水平面积计算,无围护结构的应按其结构底板水平面积计算。层高在 2.20m 及以上者应计算全面积;层高不足 2.20m 者应计算 1/2 面积。

【例 3-1】计算图 3.2 某单层房屋(有局部楼层)的建筑面积。

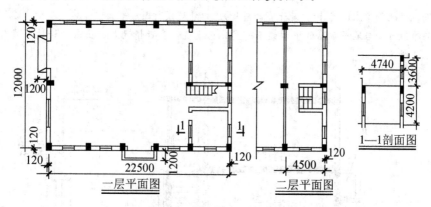

图 3.2 某房屋平、剖面图

【解】因有楼层处层高不同,应分别计算建筑面积。

单层部分:$S=(22.50+0.24-4.50-0.24)\times(12.00+0.24)=220.32(m^2)$

有楼层处:$S=4.74\times 12.24\times 2=116.04(m^2)$

合计建筑面积 $=220.32+116.04=336.36(m^2)$

(3) 多层建筑物首层应按其外墙勒脚以上结构外围水平面积计算;二层及以上楼层应按其外墙结构外围水平面积计算。层高在 2.20m 及以上者应计算全面积;层高不足 2.20m 者应计算 1/2 面积。

(4) 多层建筑坡屋顶内和场馆看台下,当设计加以利用时净高超过 2.10m 的部位应计算全面积;净高在 1.20m 至 2.10m 的部位应计算 1/2 面积;当设计不利用或室内净高不足 1.20m 时不应计算面积,如图 3.3 所示。

(5) 地下室、半地下室(车间、商店、车站、车库、仓库等),包括相应的有永久性顶盖的出入口,应按其外墙上口(不包括采光井、外墙防潮层及其保护墙)外边线所围水平面积计算。层高在 2.20m 及以上者应计算全面积;层高不足 2.20m 者应计算 1/2 面积。

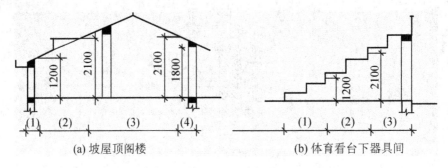

(a) 坡屋顶阁楼　　　　　　　(b) 体育看台下器具间

图 3.3　坡屋顶及看台下利用空间的计算界限

注：第(1)部分净高<1.2m，不计算建筑面积；
　　第(2)、(4)部分 1.2m≤净高≤2.1m，计算 1/2 建筑面积；
　　第(3)部分净高＞2.1m，应全部计算面积。

特别提示

地下室、半地下室应以其外墙(地下室的外墙)上口外边线所围水平面积计算。

上一层建筑外墙与地下室墙的中心线不一定完全重叠，多数情况是凸出或凹进地下室外墙中心线，如图 3.4 所示。

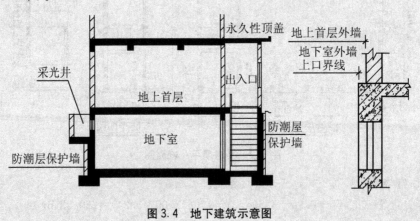

图 3.4　地下建筑示意图

（6）坡地的建筑物吊脚架空层、深基础架空层，设计加以利用并有围护结构的，层高在 2.20m 及以上的部位应计算全面积；层高不足 2.20m 的部位应计算 1/2 面积。设计加以利用、无围护结构的建筑吊脚架空层，应按其利用部位水平面积的 1/2 计算；设计不利用的深基础架空层、坡地吊脚架空层、多层建筑坡屋顶内、场馆看台下的空间不应计算面积。

（7）建筑物的门厅、大厅按一层计算建筑面积。门厅、大厅内设有回廊时，应按其结构底板水平面积计算。回廊层高在 2.20m 及以上者应计算全面积；层高不足 2.20m 者应计算 1/2 面积。

（8）建筑物间有围护结构的架空走廊，应按其围护结构外围水平面积计算，层高在 2.20m 及以上者应计算全面积；层高不足 2.20m 者应计算 1/2 面积。有永久性顶盖无围护结构的应按其结构底板水平面积的 1/2 计算。

（9）立体书库、立体仓库、立体车库，无结构层的应按一层计算，有结构层的应按其结构层面积分别计算。层高在 2.20m 及以上者应计算全面积；层高不足 2.20m 者应计算 1/2 面积。

（10）有围护结构的舞台灯光控制室，应按其围护结构外围水平面积计算。层高在 2.20m 及以上者应计算全面积；层高不足 2.20m 者应计算 1/2 面积。

（11）建筑物外有围护结构的落地橱窗、门斗、挑廊、走廊、檐廊，应按其围护结构外围水平面积计算。层高在 2.20m 及以上者应计算全面积；层高不足 2.20m 者应计算 1/2 面积。有永久性顶盖无围护结构的应按其结构底板水平面积的 1/2 计算。

（12）有永久性顶盖无围护结构的场馆看台应按其顶盖水平投影面积的 1/2 计算。

（13）建筑物顶部有围护结构的楼梯间、水箱间、电梯机房等，层高在 2.20m 及以上者应计算全面积；层高不足 2.20m 者应计算 1/2 面积。

（14）设有围护结构不垂直于水平面而超出底板外沿的建筑物，应按其底板面的外围水平面积计算。层高在 2.20m 及以上者应计算全面积；层高不足 2.20m 者应计算 1/2 面积。

（15）建筑物内的室内楼梯间、电梯井、观光电梯井、提物井、管道井、通风排气竖井、垃圾道、附墙烟囱应按建筑物的自然层计算。

> **特别提示**
>
> 如遇建筑物屋顶的楼梯间是坡屋顶，应按坡屋顶的相关条文计算面积。
> 室内楼梯间的面积计算，应按楼梯依附的建筑物的自然层数计算并在建筑物面积内。
> 如遇跃层建筑，其共用的室内楼梯应按自然层计算面积。
> 上下两错层户室共用的室内楼梯，应选上一层的自然层计算面积，如图 3.5 所示。

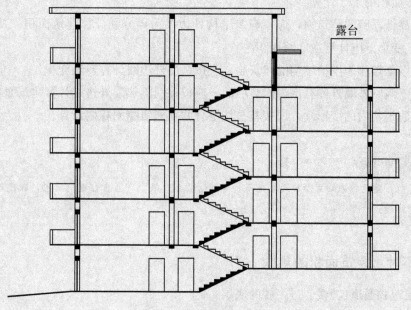

图 3.5　户室错层剖面示意图

（16）雨篷结构的外边线至外墙结构外边线的宽度超过 2.10m 者，应按雨篷结构板的水平投影面积的 1/2 计算。

> **特别提示**
>
> 雨篷均以其宽度超过 2.10m 或不超过 2.10m 衡量，超过 2.10m 者应按雨篷的结构板水平投影面积的 1/2 计算。
> 有柱雨篷和无柱雨篷计算应一致。

（17）有永久性顶盖的室外楼梯，应按建筑物自然层的水平投影面积的 1/2 计算。

> **特别提示**
>
> 室外楼梯，最上层楼梯无永久性顶盖，或不能完全遮盖楼梯的雨篷，上层楼梯不计算面积，上层楼梯可视为下层楼梯的永久性顶盖，下层楼梯应计算面积。

（18）建筑物的阳台均应按其水平投影面积的 1/2 计算。

> **特别提示**
>
> 建筑物的阳台，不论是凹阳台、挑阳台、封闭阳台、不封闭阳台均按其水平投影面积的 1/2 计算。

（19）有永久性顶盖无围护结构的车棚、货棚、站台、加油站、收费站等，应按其顶盖水平投影面积的 1/2 计算。

（20）高低联跨的建筑物，应以高跨结构外边线为界分别计算建筑面积；其高低跨内部连通时，变形缝应计算在低跨面积内。

（21）以幕墙作为围护结构的建筑物，应按幕墙外边线计算建筑面积。

（22）建筑物外墙外侧有保温隔热层的，应按保温隔热层外边线计算建筑面积。

（23）建筑物内的变形缝，应按其自然层合并在建筑物面积内计算。

> **特别提示**
>
> 本规范所指建筑物内的变形缝是与建筑物相连通的变形缝，即暴露在建筑物内，在建筑物内可以看得见的变形缝。

3.1.4 不计算建筑面积的规则

（1）建筑物通道（骑楼、过街楼的底层）。
（2）建筑物内的设备管道夹层。
（3）建筑物内分隔的单层房间，舞台及后台悬挂幕布、布景的天桥、挑台等。

(4) 屋顶水箱、花架、凉棚、露台、露天游泳池。

(5) 建筑物内的操作平台、上料平台、安装箱和罐体的平台。

(6) 勒脚、附墙柱、垛、台阶、墙面抹灰、装饰面、镶贴块料面层、装饰性幕墙、空调室外机搁板(箱)、飘窗、构件、配件、宽度在2.10m及以内的雨篷以及与建筑物内不相连通的装饰性阳台、挑廊。

> **特别提示**
>
> 突出墙外的勒脚、附墙柱垛、台阶、墙面抹灰、装饰面、镶贴块料面层、装饰性幕墙、空调室外机搁板(箱)、飘窗、构件、配件、宽度在2.10m及以内的雨篷以及与建筑物内不相连通的装饰性阳台、挑廊等均不属于建筑结构,不应计算建筑面积。

(7) 无永久性顶盖的架空走廊、室外楼梯和用于检修、消防等的室外钢楼梯、爬梯。

(8) 自动扶梯、自动人行道。

> **特别提示**
>
> 除两端固定在楼层板或梁之外,扶梯本身属于设备,为此扶梯不宜计算建筑面积。
> 水平步道(滚梯)属于安装在楼板上的设备,不应单独计算建筑面积。

(9) 独立烟囱、烟道、地沟、油(水)罐、气柜、水塔、贮油(水)池、贮仓、栈桥、地下人防通道、地铁隧道。

【例3-2】计算广联达培训楼建筑面积。

【解】一层建筑面积=11.6×6.5+(4.56×1.2)/2=78.14(m²)

注:阳台下方按照檐廊处理。

二层建筑面积=11.6×6.5+(4.56×1.2)/2=78.14(m²)

总建筑面积=78.14+78.14=156.28(m²)

能力主题单元3.2 地下土建工程工料单价法计价

建筑工程工料单价法计价的基本方法如下。

(1) 分别按照工程量计算规则计算分部分项工程工程量。

(2) 根据施工工艺及预算定额选择一个合适的预算基价。

(3) 计算分部分项工程直接费,即工程量乘以预算基价。

地下土建工程主要分为土石方工程开挖与回填、基坑围护、垫层、基础工程、地下室内外混凝土墙、土方排水降水等。

广联达培训楼工程中的地下土建工程主要有机械平整场地、反铲挖掘机挖土、自卸汽车运土、基础及室内回填土、砖基础的砌筑、基础垫层模板及混凝土浇捣、满堂基础模板、满堂基础混凝土浇捣及钢筋绑扎。按照定额计价法的基本方法,主要解决的问题是机械平整场地、反铲挖掘机挖土、自卸汽车运土、土方回填、砖基础、基础垫层模板及混凝土浇捣、满堂基础模板、混凝土浇捣及钢筋绑扎的工程量的计算,其次依据预算定额查寻各自的预算计价,即套定额。钢筋工程放在3.3.2中详细讲解。

3.2.1 土方工程的计量与计价

1. 平整场地的计量与计价

平整场地是为便于施工,对施工场地进行的厚度在±30cm以内的就地挖填找平工作即场地平整。施工的方法有人工平整和机械平整。

平整场地工程量按建筑物(构筑物)底面积的外边线,每边均增加2m计算。对矩形或可划分为几个矩形的多边形场地,按式(3-1)计算:

$$平整场地工程量 = S_{底} + 2L_{外} + 16 \qquad (3-1)$$

式中:$S_{底}$——底层建筑面积(m^2);

$L_{外}$——外墙外边线长的周长(m)。

对于挖填厚度超过±30cm的,不再计算平整场地,而是按照平基土方与填土方计算。平整场地计价范围有人工平整和机械平整,定额编号分别为1-15和1-22。

【例3-3】计算广联达培训楼平整场地工程量及直接工程费。

【解】$S_{底} = 11.6 \times 6.5 = 75.4(m^2)$

注:以首层墙外边线所围面积计算。

$L_{外} = (11.6 + 6.5)2 = 36.2(m)$

平整场地工程量 $= 75.4 + 36.2 \times 2 + 16 = 163.8(m^2)$

查定额得1-22 机械平整场地 基价 $= 364$ 元/1000m^2

平整场地直接工程费 $= 0.164 \times 364 = 59.70$(元)

2. 土方开挖的计量与计价

挖土方的方法分人工开挖和机械开挖,其中人工有综合开挖与单项开挖的价格。机械开挖根据机型种类的不同,分为挖掘机、反铲挖掘机、反铲挖自卸汽车运、推土机推土、铲运机铲运土方等。

土方无论是人工还是机械开挖,开挖后的形状主要有地槽、地坑。

> **特别提示**
>
> 地槽是为条形基础、带型基础或基础梁准备的。
> 地坑则是为独立基础准备的,带地下室的土方开挖也可以用地坑土方的计算方法类推处理。
> 土方量是根据开挖后的形状用数学方法计量,均按天然密实体积(自然方)计算。

1) 地槽土方的计量

基槽、坑底宽≤7m,底长>3倍底宽为沟槽(基槽),如图3.6所示。地槽开挖时,根据土壤及周边环境的情况主要有3种状态:不放坡,如图3.7所示;放坡,如图3.8所示;不放坡加支撑,如图3.9所示。

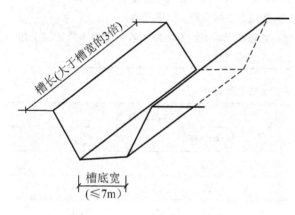

图3.6 地槽示意图

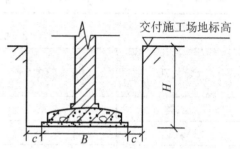

图3.7 不放坡的地槽示意图

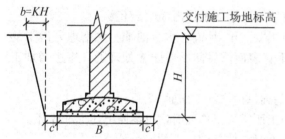

图3.8 放坡地槽示意图

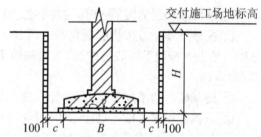

图3.9 不放坡有支撑的地槽

地槽土方工程量计算公式为

$$V=(B+KH+2C)HL \qquad (3-2)$$

式中:V——挖土体积(m^3);

K——放坡系数;

B——基础底宽度(m);

C——工作面宽度(m);

H——槽深度(m);

L——槽底长度(m)。

(1)K值,如施工设计未规定时,K值取定根据以下相关规定确定:其中,人工开挖采用表3-1,机械开挖采用表3-2。

(2)B值,为基础与地槽接触面的宽度,如图3.7~图3.9所示。

(3)C值,为施工操作的工作面,如施工组织设计未规定时按以下方法计算。

表3-1 人工挖土放坡系数表

土壤类别	深度超过/m	放坡系数(K)	说明
一、二类土	1.2	0.5	(1) 同一槽、坑内土类不同时，分别按其放坡起点、放坡系数、依不同土类别厚度加权平均计算；
三类土	1.5	0.33	(2) 放坡起点均自槽、坑底开始；
四类土	2.0	0.25	(3) 如遇淤泥、流沙及海涂工程，放坡系数按施工组织设计的要求计算

表3-2 机械挖土放坡系数表

土壤类别	深度超过/m	放坡系数 K	
		坑内挖掘	坑上挖掘
一、二类土	1.2	0.33	0.75
三类土	1.5	0.25	0.5
四类土	2.0	0.10	0.33

注：凡有维护桩或地下连续墙的土方开挖，不再计算放坡系数。

① 基础或垫层为混凝土时，按混凝土宽度每边增加工作面30cm计算。

② 挖地下室土方按垫层底宽每边增加工作面1m（烟囱、水、油池、水塔埋入地下的基础，挖土方按地下室放工作面）。如基础垂直表面需做防腐或防潮处理的，每边增加工作面80cm。

③ 砖基础每边增加工作面20cm，块石基础每边增加工作面15cm。

④ 机械开挖时若施工设计未明确基础施工所需要工作面时，可参照上述标准计算。

⑤ 如同一槽、坑遇有多个增加工作面条件时，按其中较大的一个计算。

⑥ 地下构件设有砖膜的，挖土工程量按砖模下设计垫层面积乘以下翻深度，不另增加工作面和放坡。

(4) H 值，为交付施工场地标高与地槽开挖底面之间的垂直距离，无交付施工场地标高时，应按自然地面标高确定。

(5) L 值，外墙按外墙中心线长度计算，内墙按基础底净长计算(图 3.10)，不扣除工作面及放坡重叠部分的长度，附墙垛凸出部分按砌筑工程规定的砖垛折加长度合并计算，不扣除搭接重叠部分的长度，垛的加深部分亦不增加(图 3.11)。

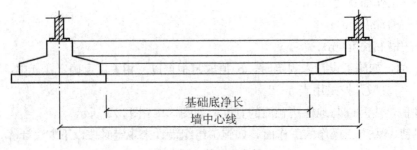

图 3.10 基础底净长

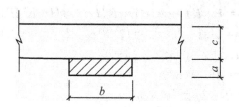

图 3.11 垛折加长度示意图

注：其中垛折加长度 $=ab/c$。
a——垛突出墙的宽度；
b——垛面宽；
c——墙体计算宽度。

2) 地坑土方的计量

底长≤3倍底宽，底面积≤150m² 为基坑，地坑底面积有矩形、圆形等，放坡下的地坑开挖后如图 3.12 和图 3.13 所示，K、H、B、C 取值原则与地槽一样。

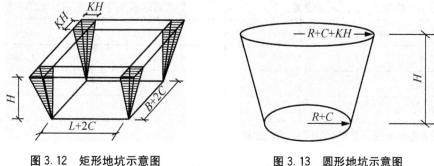

图 3.12 矩形地坑示意图　　　图 3.13 圆形地坑示意图

地坑：（方形）$V=(B+KH+2C)(L+KH+2C)H+K^2H^3/3$

（圆型）$V=\pi H/3[(R+C)^2+(R+C)(R+C+KH)+(R+C+KH)^2]$

式中：R——坑底半径(m)；

B,L——分别为矩形地坑底的边长。

3) 管沟土方工程量

挖混凝土管沟槽土方按图示中心线长度计算，不扣除窨井所占长度，各种井类及管道接口处需加宽增加的土方量不另行计算。沟底宽度按施工设计规定计算，设计不明确的，按管道宽度加 40cm 计算。

4) 土方计价

土方计价范围有人工综合、人工单项及机械土方开挖三大类型，根据工程具体的土方开挖方式，正确地选择适合的定额套用。

【例3-4】计算广联达培训楼土方工程量及直接工程费，已知采用反铲挖掘机挖土，自卸汽车运 1km 内，土壤类别为二类土。

【解】已知室外设计地坪标高 -0.45m，基底标高 -1.6m，

则 $H=1.6-0.45=1.15$m<1.2m，故不放坡，$K=0$。

此工程为满堂基础，需要大开挖，采用基坑计算的方法。

$$V = (B+KH+2C)(L+KH+2C)H + K^2H^3/3$$

工作面 $C=0.3(m)$,$B=11.1+0.6×2=12.3(m)$,$L=6.0+0.6×2=7.2(m)$,

$V = (12.3+2×0.3)(7.2+2×0.3)×1.15+0$

$= 12.9×7.8×1.15 = 115.71(m^3)$

查定额得 1-41,基价为 3725 元/1000m³。

挖土方直接工程费 = 3725×0.116 = 432.10(元)

查定额得 1-67,基价为 5195 元/1000m³。

自卸汽车运 1km 内的直接工程费 = 5195×0.116 = 602.62(元)

3. 土方回填的计量与计价

土方的回填主要分地槽地坑回填、室内回填。室内及地槽回填土示意图如图 3.14 所示。回填土计价分人工回填及机械回填两种。回填土按碾压夯实后的体积(实方)计算。土方体积折算系数见表 3-3。

表 3-3 土方体积折算系数表

天然密实度体积	虚方体积	夯实后体积	松填体积
0.77	1.00	0.67	0.83
1.00	1.30	0.87	1.08
1.15	1.50	1.00	1.25
0.92	1.20	0.80	1.00

注：虚方指未经碾压、堆积时间≤年的土壤。

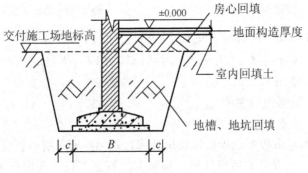

图 3.14 室内及地槽回填土示意图

(1) 地槽、坑回填土工程量为地槽、坑挖土工程量减去交付施工场地标高(或自然地面标高)以下的砖、石、混凝土或钢筋混凝土构件及基础、垫层工程量。

(2) 室内回填土工程量为主墙间的净空面积乘以室内填土厚度,填土厚度即设计室内与交付施工场地标高(或自然地面标高)的高差减去地坪的垫层、找平层及面层等厚度之后的厚度。底层为架空层时,室内回填土工程量为主墙间的净面积乘以设计规定的室内回填土厚度。

【例 3-5】计算广联达培训楼回填土方工程量及直接工程费。已知采用装载机装土,自卸汽车运 1km,人工夯实回填。

【解】培训楼回填土包括两部分：地坑回填及室内回填。

(1) 地坑回填土：

地坑总挖方体积为 115.71m³，被埋结构有垫层、满堂基础、砖基础、柱，被埋结构从－0.45m 以下为地坑回填土方要扣除的体积。

垫层体积＝(11.1＋0.6×2)(6.0＋0.6×2)×0.1＝8.86(m³)

满堂基础体积＝$V_{底板体积}＋V_{DL1}＋V_{DL2}＋V_{DL3}＋V_{DL4}$

> **特别提示**
>
> 底板体积是由一个立方体和一个四棱台组成。
>
> 四棱台体积公式为 $\frac{H}{3}(S_1＋S_2＋\sqrt{S_1 S_2})$，其中 S_1 为四棱台下底面积，S_2 为四棱台上底面积，此题的 $S_1＝12.1×7.0＝84.7(m^2)$，$S_2＝(11.1＋0.35×2)(6.0＋0.35×2)＝11.8×6.7＝79.06(m^2)$，
>
> $V_{四棱台}＝\frac{0.1}{3}(84.7＋79.06＋\sqrt{84.7×79.06})＝8.19(m^3)$

$V_{满堂基础}＝\underbrace{(11.1＋0.5×2)(6.0＋0.5×2)×0.2}_{底板立方体体积}＋\underbrace{8.19}_{四棱台体积}＋\underbrace{(4.5－0.4)×0.2×0.4}_{DL_1}$

$＋\underbrace{(11.6－0.5×2－0.4×2)×0.2×0.5×2}_{DL_2}＋\underbrace{(6.5－0.5×2)×0.2×0.4×2}_{DL_3}$

$＋\underbrace{(6.5－0.5×2)×0.2×0.5×2}_{DL_4}$

＝16.94＋8.19＋0.328＋1.96＋0.88＋1.1

＝29.40(m³)

柱体积＝$V_{Z1}＋V_{Z2}＋V_{Z3}$

＝0.5×0.5(1.0－0.45)×4＋0.5×0.4×0.55×4＋0.4×0.4×0.55×2

＝0.55＋0.44＋0.18

＝1.17(m³)

砖基础＝$V_{外墙基础}＋V_{内墙基础}$

＝0.365[(11.6－0.5×2－0.4×2)×2＋(6.5－0.5×2)×2]×0.55

　＋0.24[(6.5－0.5×2－0.4)2＋(4.5－0.4)]×0.55

＝0.365×(19.6＋11)×0.55＋0.24(10.2＋4.1)×0.55

＝6.14＋1.89

＝8.03(m³)

$V_{地坑回填土}＝V_{挖}－V_{垫层}－V_{满堂基础}－V_{柱}－V_{砖基础}$

＝115.71－8.86－29.40－1.17－8.03

＝68.25(m³)

(2) 室内回填土：

$$室内回填土体积＝室内净空面积×回填土厚度$$

其中，室内净空面积

＝(3.3－0.24)(6－0.24)×2＋(2.1－0.24)(4.5－0.24)＋(3.9－0.24)(4.5－0.24)

＝3.06×5.76×2＋1.86×4.26＋3.66×4.26

＝35.25＋7.92＋15.58＝58.75(m²)

一层地面构造厚度为 235mm，故室内回填土厚度＝0.45－0.235＝0.215(m)

室内回填土体积＝58.75×0.215＝12.63(m³)

$V_{回填土总}=V_{地坑回填土}+V_{室内回填土}=68.25+12.63=80.88(m^3)$

(3) 回填土工程直接费见表3-4。

表3-4 回填土工程直接费用表

序号	定额编号	分部分项工程名称	单位	工程量	基价/元	合价/元
1	1-66	装载机装土	1000m³	0.081	1363	110.40
2	1-67	自卸汽车运土1km	1000m³	0.081	5195	420.80
3	1-18	回填夯实	100m³	0.81	580	469.80

4. 弃土与取土

总挖方量－回填土总量＝正值，则余土需运出工地，称为弃土。

总挖方量－回填土总量＝负值，则需从外运进土用来回填，或挖出的土壤不符合回填土的要求时，则挖出土方需全部运出，回填土需全部从外运进工地。

> **特别提示**
>
> 弃土工程量为地槽、坑挖土工程量减去回填土工程量乘相应的土方体积折算系数表中的折算系数，弃土与取土的方式分人工装土、运土及机械装土、运土两种。

【例3-6】计算广联达培训楼弃土工程量及直接工程费。已知余土外运采用装载机装土，自卸汽车运10km。

【解】$V_{回填土天然密实体积}=80.88×1.15=93.01(m^3)$

$V_{余土}=V_{挖}-V_{回填土天然密实体积}=115.71-93.01=22.70(m^3)$

弃土工程直接费用见表3-5。

表3-5 弃土工程直接费用表

序号	定额编号	分部分项工程名称	单位	工程量	基价/元	合价/元
1	1-66	装载机装土	1000m³	0.023	1363	31.35
2	1-67	自卸汽车运土1km	1000m³	0.023	5195	119.49
3	1-68H	自卸汽车运土增运9km	1000m³	0.023	1260×9＝11340	260.82

5. 排水降水、基坑围护

地槽、地坑的排水降水及基坑的维护均属于措施费，在学习情境5措施项目计量与计价里详细阐述。

6. 土方工程计量与计价中其他规则

(1) 干、湿土的划分以地质勘察资料为准，含水率≥25%为湿土；或以地下常水位为准，常水位以上为干土，以下为湿土。

> **特别提示**
>
> 采用井点排水等措施降低地下水位施工时,土方开挖按干土计算,并按施工组织设计要求套用基础排水相应定额,不再套用湿土排水定额。

(2) 挖土方工程量应扣除直径 800mm 及以上的钻(冲)孔桩、人工挖孔桩等大口径桩及空钻挖所形成的未经回填桩孔所占面积,挖桩承台土方时,应乘以相应的系数。其中,人工挖土方综合定额乘以系数 1.08;人工挖土方单项定额乘以系数 1.25;机械挖土方定额乘以系数 1.1。

(3) 土方石、泥浆如发生外运(弃土外运或回填土外运),各市有规定的,按照其规定执行,无规定的按本章相关定额执行,弃土外运的处置费等其他费用,按各市的有关规定执行。

(4) 人工土方:

① 人工挖房屋基础土方最大深度按 3m 计算,超过 3m 时,应按机械挖土考虑,如局部超过 3m 且仍采用人工挖土的,超过 3m 部分的土方,每增加 1m 按相应定额乘以系数 1.15 计算。

② 房屋基础土方综合定额综合了平整场地,地槽、坑挖土、运土、槽坑底原土打夯,槽坑及室内回填夯实和 150m 以内弃土运输等项目,适用于房屋工程的基础土方及附属于建筑物内的设备基础土方、地沟土方及局部满堂基础土方,不适用于房屋工程大开口挖土的基础土方、单独地下室土方及构筑物土方,以上土方应套用相应的单项定额。

③ 房屋基槽、坑土方开挖,因工作面、放坡重叠造成槽、坑计算体积和大于实际大开口挖土面积时按大开口挖土面积计算,套用房屋综合土方定额。

④ 平整场地指原地面与设计室外地坪标高平均相差(高于或低于)30cm 以内的原土找平。当原地面与设计室外地坪标高平均相差 30cm 以上时,应另按挖、运、填土方计算,不再计算平整场地。

⑤ 本定额挖土方除淤泥、流沙为湿土外,均以干土为准,如挖运湿土,综合定额乘以系数 1.06;单项定额乘以系数 1.18。湿土排水(包括淤泥、流沙)应另列项目计算。

⑥ 基槽、坑底宽≤7m,底长>3 倍底宽为沟槽;底长≤3 倍底宽,底面积≤150m^2 为基坑,超出上述范围及平整场地挖土厚度在 30cm 以上的,均按一般土方套用定额。

(5) 机械土方:

① 机械挖土定额已包括人机配合所需的人工,遇地下室底板下翻构件等部位的机械开挖时,下翻部分工程量套用相应定额乘以系数 1.3。当下翻部分实际采用人工施工时,套用人工土方综合定额乘以系数 0.9 下翻开挖深度从地下室底板垫层底开始计算。

② 推土机、铲土机重车上坡坡度大于 5%时,运距按斜坡长乘以表 3-6 中的系数。

表 3-6 运距坡度系数表

坡 度/%	5~10	15 以内	20 以内	25 以内
系 数	1.75	2.00	2.25	2.50

③ 推土机、铲运机在土层平均厚度小于30cm的挖土区施工时，推土机定额乘以系数1.25，铲运机定额乘以系数1.17。

④ 挖掘机在有支撑的大型基坑内挖土，挖土深度在6m以内时，相应定额乘以系数1.2，挖土深度在6m以上时，相应定额乘以系数1.4，如发生土方翻运，不再另行计算，挖掘机在垫板上进行工作，定额乘以系数1.25，铺设垫板所增加的工料机械按每1000m³增加230元计算。

⑤ 挖掘机挖含石子的粘质砂土按一、二类土定额计算；挖砂石按三类土定额计算，瓦松散、风化的片岩、页岩或砂岩按四类土定额计算；推土机、铲运机推、铲未经压实的堆积土时，按推一、二类土乘以系数0.77。

⑥ 本章中的机械土方作业均以天然湿度土壤为准，定额中已包括含水率在25%以内的土方所需增加的人工和机械，含水率超过25%时，挖土定额乘以系数1.15；如含水率在40%以上时另行处理，机械运湿土，相应定额不乘以系数。

⑦ 机械推土机或铲运土方，凡土壤中含石量大于30%或多年沉积的沙砾以及含泥砾以及含泥砾层石质时，推土机套用机械明挖出渣定额，铲运机按四类土定额乘以系数1.25。

【例3-7】某房屋基础平面和剖面如图3.15所示，已知：基底土质均衡，为二类土，地下常水位标高为-1.1m，土方含水率30%；室外地坪设计标高-0.15m，交付施工的地坪标高-0.3m，基坑回填后余土弃运5km，人工开挖土方，土方基坑边堆放，人工装车，自卸汽车运土，回填土不考虑湿土因素，当地人工市场价为50元/工日，试计算该基础土方开挖工程量，编制工程直接费。

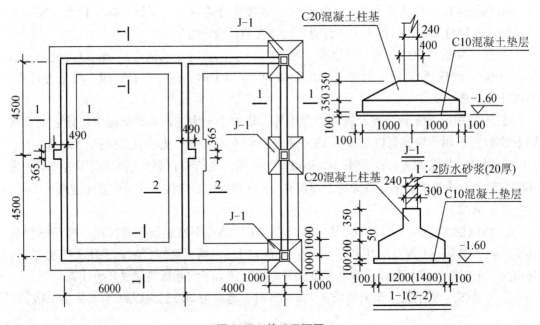

图3.15 基础平面图

【解】

挖土深度 $H=1.6-0.3=1.3$(m)　其中湿土 $H_{湿}=1.6-1.1=0.5$(m)　$k=0.5$　$c=0.3$

(1) 基槽坑挖土方。

① 1—1 断面

$L_{1-1}=(10+9)\times 2-1.1\times 6+0.38=31.78(m)$　　（0.38 为垛折加长度）

$V_{总}=31.78\times(1.4+0.6+1.3\times 0.5)\times 1.3=109.48(m^3)$

$V_{湿}=31.78\times(1.4+0.6+0.5\times 0.5)\times 0.5=35.75(m^3)$

$V_{干}=V_{总}-V_{湿}=109.48-35.75=73.73(m^3)$

② 2—2 断面

$L_{2-2}=9-0.7\times 2+0.38=7.98(m)$　　（0.38 为垛折加长度）

$V_{总}=7.98\times(1.6+0.6+1.3\times 0.5)\times 1.3=29.57(m^3)$

$V_{湿}=7.98\times(1.6+0.6+0.5\times 0.5)\times 0.5=9.78(m^3)$

$V_{干}=V_{总}-V_{湿}=29.57-9.78=19.79(m^3)$

③ J—1 断面

$V_{总}=[(2.2+0.6+1.3\times 0.5)^2\times 1.3+0.183]\times 3=46.97(m^3)$

$V_{湿}=[(2.2+0.6+0.5\times 0.5)^2\times 0.5+0.010]\times 3=13.98(m^3)$

$V_{干}=V_{总}-V_{湿}=46.97-13.98=32.99(m^3)$

基础土方工程量汇总：

$V_{干土总}=73.73+19.79+32.99=126.51(m^3)$

$V_{干土湿}=35.75+9.78+13.98=59.51(m^3)$

(2) 余土外运。

假设垛的问题忽略不计，湿土问题不考虑，挖方全部用于回填，埋入土内的体积为：

垫层=7.18m³　　混凝土基础=16.13+5.94=22.07(m³)

砖基础=10.11-3.37=6.74(m³)　　独立柱=0.156-0.052=0.104(m³)

$V_{回填}=V_{总}-7.18-22.07-6.74-0.104=109.48+29.57+46.97-30.20=186.02-36.094=149.93(m^3)$

余土外运量=$V_{总}-149.93\times 1.15=186.02-172.41=13.61(m^3)$

特别提示

回填土计算出来的量为夯实后体积，挖土方及运土方是天然密实体积，要将回填土折算成天然密实体积后再计算余土量，1.15 为夯实后土方与天然密实土方的折算系数。

(3) 套用定额。

① 人工挖地槽坑二类干土　　套定额 1—7H

换算后基价=0.177×50=8.85(元/m³)

② 人工挖地槽坑二类湿土　　套定额 1—7H

换算后基价=0.177×50×1.18=10.44(元/m³)

③ 人工装土　　套定额 1—65H

换算后基价=0.1128×50=5.64(元/m³)

④ 汽车运土5km　　套定额 1—67+68×4

换算后基价=0.0048×50+5.00349+1.2599×4=10.28(元/m³)

(4) 分部分项工程直接计算表，见表 3-7。

表 3-7 工程直接费用表

序号	定额编号	分部分项工程名称	单位	工程量	基价/元	合价/元
1	1-7H	人工挖槽坑二类干土	m³	126.51	8.85	1119.61
2	1-7H	人工挖槽坑二类湿土土	m³	59.51	10.44	335.64
3	1-65H	人工装车	m³	13.61	5.64	76.76
4	1-67+68×4	汽车运土 5km	m³	13.61	10.28	139.11

3.2.2 垫层与基础工程计量与计价

垫层是介于基层与土基之间的结构层，其主要作用是隔水、排水、防冻以改善基层和土基的工作条件。通常有基础垫层和地面垫层，构成垫层的材料主要有素混凝土、砂、砂石、塘渣、块石、碎石、灰土、三合土等。

若设计图纸中垫层与基础划分不明确，块石基础与垫层的划分，砌筑者为基础，铺排者为垫层；混凝土基础与垫层的划分，厚度 15cm 以内的为垫层，厚度 15cm 以上的为基础。

1. 垫层

1) 垫层计量

(1) 非混凝土垫层。条形基础垫层工程量按设计断面积乘长度，按设计图示尺寸以立方米计算。长度：外墙按外墙中心线长度计算，内墙按垫层底净长计算，柱网结构的条基垫层不分内外墙均按垫层底净长计算。柱基垫层工程量按设计垫层面积乘厚度计算。

(2) 地面垫层。地面垫层工程量按地面面积乘以厚度计算。地面面积按楼地面工程的工程量计算规则计算。

(3) 混凝土垫层。混凝土垫层需要计算模板和混凝土浇捣两部分。其中垫层混凝土工程量按设计图示尺寸以立方米计算，模板工程量按照混凝土与模板的接触面积或含模量法计算。

带形基础(基础梁)垫层混凝土浇捣工程量＝垫层断面面积×长度

> **特别提示**
>
> 长度：外墙按外墙中心线；内墙按垫层底净长线；附墙砖垛凸出部分按砖垛折加长度确定；柱网结构不分内外墙均按基底净长线。

独立基础(杯形基础)垫层混凝土浇捣工程量＝垫层底面面积×垫层厚度
满堂基础(地下室底板)垫层混凝土浇捣工程量＝垫层底面面积×垫层厚度
基础梁(地圈梁)垫层混凝土浇捣工程量＝断面面积×长度

> **特别提示**
>
> 式中长度为垫层底净长线或柱间净距。

混凝土垫层模板的计算有两种：接触面积法与含模量法。接触面积法是指垫层模板工程量为模板与混凝土的接触面积；含模量法为已知构件混凝土工程量，查定额得到每立方米构件混凝土含模板量，用混凝土体积乘以含模板量得到。

2) 垫层计价

混凝土垫层模板基价为4－135。

混凝土浇捣基价为现浇现拌混凝土4－1、现浇商品泵送混凝土4－73。

非混凝土垫层基价选择范围：3－1～12。

【例3－8】计算广联达培训楼基础垫层工程量及直接工程费。已知垫层为C10现浇商品泵送混凝土。

【解】在例3－5中解得垫层工程量＝8.86(m^3)

查预算定额得垫层含模板量为0.21m^2/m^3

则垫层模板工程量＝8.86×0.21＝1.86(m^2)

基础垫层工程直接费见表3－8：

表3－8　基础垫层工程直接费用表

序号	定额编号	分部分项工程名称	单位	工程量	基价/元	合价/元
1	4－135	现浇混凝土基础垫层模板	100m^2	0.02	2332	46.64
2	4－73	现浇商品泵送混凝土垫层	10m^3	0.89	2800	2492.00

2. 基础

按照材质的不同，基础分为砌筑基础、混凝土及钢筋混凝土基础，按照基础的不同类型分别进行计量与计价。

在基础计量之前，首先要确定基础与上部结构的划分界限：

(1) 基础与墙(身)使用同一种材料时，以设计室内地面为界(有地下室者，以地下室室内设计地面为界)，以下为基础，以上为墙身。

(2) 基础与墙身使用不同材料时，当材料分界面位于设计室内地坪高度的±300mm的区间时，包括±300mm，材料分界面为基础与墙身的界限，即材料分界面以上为墙面，材料分界面以下为基础；当材料分界面高度超过设计室内地坪高度的±300mm区间时，以设计室内地面为基础与墙身的划分界线。

(3) 混凝土基础与上部结构以基础上表面为划分界线，如图3.16所示。

> **特别提示**
>
> 砖基础不分砌筑宽度及有否大放脚，均执行对应品种及规格砖的同一定额。
> 地下混凝土及钢筋混凝土构件的砖模、舞台地龙墙套用砖基础定额。

1) 砌筑基础的计量与计价

$$带形砌筑基础体积 V = 断面面积 \times 长度 - V_{应扣} + V_{搭接}$$

式中：

$$断面面积 = (基础高度 + 大放脚折加高度) \times 墙厚$$

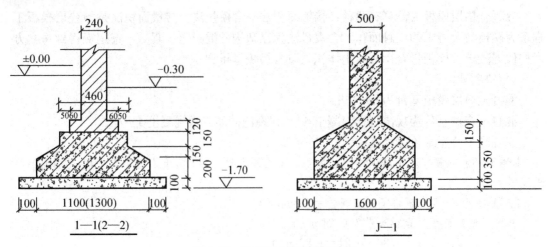

图 3.16　基础与上部结构的划分

大放脚折加高度见图 3.17，$H_{折加}$ ＝两边大放脚面积/墙厚；

　　长度——外墙按外墙中心线；

　　　　　内墙按内墙净长线；

　　　　　附墙垛凸出部分按附墙垛折加长度合并到长度内；

　　　　　柱网结构按基底净长线计算；

　　　　　非砖基础按基础底净长计算；

$V_{应扣}$——平行嵌入砌筑基础的混凝土体积(如构造柱、地圈梁等)；

$V_{搭接}$——柱网结构时，搭接体积按图示尺寸计算。

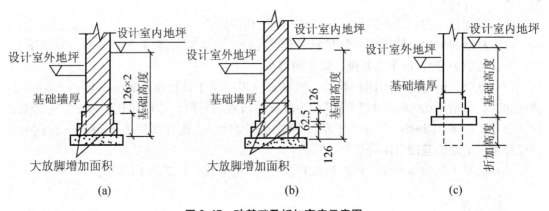

图 3.17　砖基础及折加高度示意图

特别提示

砌筑基础的计价范围为预算定额中的 3—13～19。砌筑砂浆如设计与定额不同时，应做换算。砌筑基础会出现水平或立面防潮防水层。

$$砖基水平防潮层＝墙厚×长度$$

内墙按内墙净长线；附墙垛凸出部分按附墙垛折加长合并到长度内计算。

$$砖基立面防潮=实际展开面积$$

> **特别提示**
>
> 当砖基础立面与水平防潮层为水泥砂浆时可参考7—39和7—40计价，其中所列砌筑砂浆如设计与定额不同时，应作换算。
>
> 地沟的砖基础和沟壁，工程量合并计算，套砖砌地沟定额。

【例3-9】计算广联达培训楼砖基础的直接工程费。已知-0.03m处做1∶2水泥砂浆水平防潮层，M7.5水泥砂浆烧结砖砌筑。

【解】广联达培训楼没有地下室，故基础与上部结构的划分界限为±0.000，即以下为砖基础，以上为砖墙，砖基础的起点为满堂基础地基梁的上表面。由于是柱网结构，基础的长度均为柱间净距离外墙是1砖半(370mm)厚度，计算时取365mm。

基础长 $L_{外}=(11.6-0.5\times 2-0.4\times 2)\times 2+(6.5-0.5\times 2)2=19.6+11=30.6(m)$

$L_{内}=(6.5-0.5\times 2-0.4)\times 2+4.5-0.4=10.2+4.1=14.3(m)$

基础高度 $H=1.0(m)$

$V_{砖基础}=0.365\times 30.6\times 1.0+0.24\times 14.3\times 1.0=11.17+3.43=14.60(m^3)$

水平防潮层$=0.365\times 30.6+0.24\times 14.3=11.17+3.43=14.6(m^2)$

查定额得3-15烧结砖基础，基价为2754元/10m³，因定额内是M10.0混合砂浆砌筑，需要换算。在预算定额下册附录—283页查得M7.5水泥砂浆单价为168.17元/m³，则

$3-15H=2754+(168.17-174.77)\times 2.3=2754-15.18=2738.82(元/10m^3)$

查定额得7-40水泥砂浆水平防潮层，基价为687元/100m²。

砖基础工程直接费见表3-9：

表3-9 砖基础工程直接费用表

序号	定额编号	分部分项工程名称	单位	工程量	基价/元	合价/元
1	3-15H	M7.5水泥砂浆砌筑烧结砖基础	10m³	1.46	2738.82	3998.71
2	7-40	水泥砂浆水平防潮层砖基础上	100m²	0.15	687	103.05

2) 混凝土及钢筋混凝土基础的计量与计价

混凝土及钢筋混凝土基础主要类型有带形基础(有梁或无梁，见图3.18)、独立基础

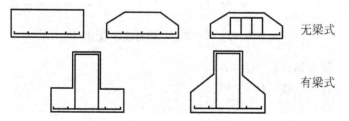

图3.18 带形基础

(角锥形、阶梯形和杯形基础)、满堂基础(板式、梁板式和箱式基础,见图 3.19)、桩承台、设备基础等。

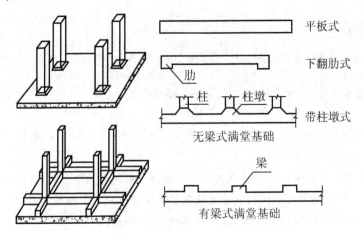

图 3.19 满堂基础示意图

(1) 混凝土及钢筋混凝土基础的计量:
① 带形基础。无论有梁或无梁带形基础,混凝土浇捣工程量均按下式计算。

$$带形基础工程量 = L \times S_{断面} + V_{搭接}$$

式中:L——外墙按外墙中心线计算,内墙按基底净长线计算。

带形基础如图 3.18 所示。

$$V_{搭接} = V_1 + V_2 = [b \times h_1 + (2b+B)/6 \times h_2] \times L$$

$V_{搭接}$具体示意图如图 3.20 所示。

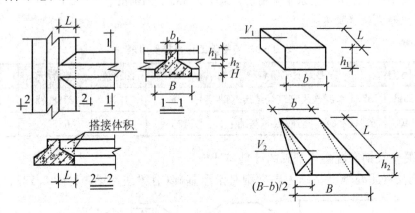

图 3.20 标准带形基础搭接示意图

式中:V_1——长方体,$V_1 = L \cdot b \cdot h_1$;
V_2——两只三棱锥体+半只长方体。

$$V_2 = (2b+B)h_2 \cdot L/6$$

② 独立基础。混凝土浇捣工程量可按不同几何形体,分别计算各部分的实体积,然后再相加。杯形基础应扣除杯口体积,如图 3.21、图 3.22 所示。

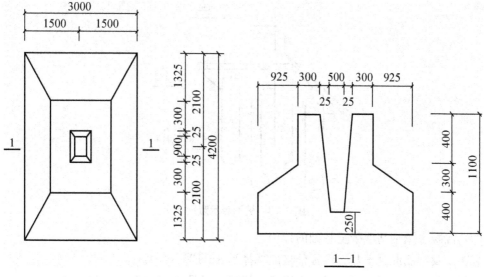

图 3.21 独立杯型基础

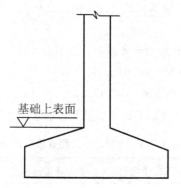

图 3.22 独立基础

③满堂基础。满堂基础(地下室底板),计量单位:m³。混凝土浇捣工程量按图示尺寸计算,包括基础上下凸出的翻梁与柱墩,如图 3.19 所示。箱形基础的底板(包括边缘加厚部分)套用无梁式满堂基础定额,其余套用基础柱、梁、板、墙相应定额。

④桩承台。桩承台是使桩基连成一片的承重平台。其混凝土浇捣工程量按承台形状计算实体积,但不扣除浇入承台的桩头的体积。桩承台示意图如图 3.23 所示。

⑤设备基础。设备基础混凝土浇捣按其几何形体计算实体积,但不扣除预留螺栓孔的体积,设备地脚螺栓应另列项目计算。框架式设备基础,应分别计算基础、柱、梁、板工程量,分别执行相应定额。

> **特别提示**
>
> 上述基础模板工程量可按接触面积法与含模量法计算。
> 如果基础侧边为弧形,则还需增加弧形模板增加费的工程量,即按弧线接触面长度计算,每个面计算一道。

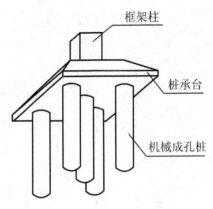

图 3.23 桩承台示意图

(2) 混凝土及钢筋混凝土基础的计价：

混凝土及钢筋混凝土基础模板价格的选择是 4－136～154。

混凝土及钢筋混凝土基础混凝土浇捣价格的选择是 4－2～6、4－74～78。

【例 3－10】计算广联达培训楼满堂基础的直接工程费。已知模板采用木模板。商品泵送混凝土 C25/P6。

【解】此工程满堂基础属于有梁式满堂基础，梁和底板合并计算，在例 3－5 中已有详细计算，满堂基础混凝土浇捣体积为 $V=29.40(m^3)$

查得含模量为 $0.82m^2/m^3$，则模板 $S=29.40×0.82=24.11(m^2)$。

查定额 4－76 为 C25/P6 现浇商品泵送混凝土满堂基础，故满堂基础工程直接费见表 3－10：

表 3－10 满堂基础工程直接费用表

序号	定额编号	分部分项工程名称	单位	工程量	基价/元	合价/元
1	4－145	有梁式满堂基础复合木模	100m²	0.24	2098	503.52
2	4－76	现浇商品泵送混凝土满堂基础	10m	2.98	3420	10191.60

【例 3－11】某工程基础平面图见例 3－7，已知基础及垫层混凝土均为现浇现拌，采用木模施工，试计算 1-1、2-2、J-1 的垫层、混凝土基础的浇捣和模板工程直接费。模板采用接触面积法。

【解】

(1) 垫层

$L_{1-1}=(10+9)×2-1.1×6+0.38=31.78(m)$ （0.38 为垛折加长度）

$L_{2-2}=9-0.7×2+0.38=7.98(m)$ （0.38 为垛折加长度）

$V_{垫层}=31.78×1.4×0.1+7.98×1.6×0.1+2.2×2.2×0.1×3=7.18(m^3)$

$S_{模板}=31.78×2×0.1+7.98×2×0.1+2.2×4×0.1×3=10.59(m^2)$

注：1-1 与 2-2、1-1 与 J-1 基础垫层侧面接触面均小于 $0.3m^2$，故模板接触面均不扣除垂直方向垫层侧面面积。

(2) 带型基础

$L_{1-1} = (10+9) \times 2 - 1.0 \times 6 + 0.38 = 32.38 \text{(m)}$ （0.38为垛折加长度）

$L_{2-2} = 9 - 0.6 \times 2 + 0.38 = 8.18 \text{(m)}$ （0.38为垛折加长度）

$$V_{带型基础} = \underbrace{\frac{32.38 \times [1.2 \times 0.2 + (0.3+1.2) \times 0.05/2 + 0.3 \times 0.35]}{1-1 带型基础}}$$

$$+ \underbrace{\frac{(0.5714 \times 0.3 \times 0.25)/2 \times 6}{1-1 与 J-1 的搭接体积}}$$

$$+ \underbrace{\frac{8.18 \times [1.4 \times 0.2 + (0.3+1.4) \times 0.05/2 + 0.3 \times 0.35]}{2-2 带型基础}}$$

$$+ \underbrace{\frac{[0.45 \times 0.3 \times 0.35 + (2 \times 0.3 + 1.4) \times 0.05 \times 0.45/6] \times 2}{2-2 与 1-1 的搭接体积}}$$

$$= 12.39 + 0.1286 + 3.50 + 0.1095 = 16.13 \text{(m}^3\text{)}$$

注：其中的 0.5714 为 1-1 与 J-1 的搭接长度，用相似三角形比例关系求出，$0.5714 = \{0.25 \times [(2-0.4)/2]\}/0.35$；0.45 为 2-2 与 1-1 的搭接长度，$0.45 = (1.2-0.3)/2$

$S_{模板} = 32.38 \times 2 \times 0.2 + 32.38 \times 0.35 \times 2 + 0.5714 \times 0.25/2 \times 2 \times 6$(1-1 与 J-1 搭接部分侧模)$- [1.4 \times 0.2 + 0.3 \times 0.35] \times 2$(2-2 基础与 1-1 基础的模板扣除面积)$+ 8.18 \times (0.2 + 0.35) \times 2 + 0.45 \times 0.35 \times 2 \times 2$(2-2 与 1-1 搭接部分侧模)

$= 12.952 + 22.666 + 0.8571 - 0.77 + 8.998 + 0.63$

$= 45.40 \text{(m}^2\text{)}$

(3) 独立基础

$V_{独立型基础} = \{2 \times 2 \times 0.35 + [2 \times 2 \times 0.4 \times 0.4 + (2+0.4) \times (2+0.4)] \times 0.35/6\} \times 3 = 4.81 \text{m}^3$

$V_{独立型基础模板} = 2 \times 4 \times 0.35 \times 3 = 8.4 \text{m}^2$（1-1 与 J-1 接触面积小于 0.3m^2，故不扣除 1-1 侧面与 J-1 的接触面积。

(4) 分部分项工程直接费计算(见表 3-11)。

表 3-11 工程直接费用表

序号	定额编号	分部分项工程名称	单位	工程量	基价/元	合价/元
1	4-1	现浇现拌混凝土 建筑物混凝土垫层	10m³	0.718	2272.2	1631.44
2	4-3	现浇现拌混凝土 建筑物混凝土带型基础	10m³	1.613	2370.71	3823.96
3	4-3	现浇现拌混凝土 建筑物混凝土独立基础	10m³	0.481	2370.71	1140.31
4	4-135	基础模板 基础垫层	100m²	0.1059	2332.37	247
5	4-139	基础模板 带形基础 有梁式 复合木模	100m²	0.4540	2242	1017.87
6	4-141	独立基础 复合模	100m²	0.084	2160	181.44

3.2.3 桩基础与地基加固

桩基础的主要作用是将承受的上部竖向荷载，通过较弱地层传至深部较坚硬的压缩性小的土层或岩层，表现形式为竖向柱形构件，按照荷载传递机理分为端承桩和摩擦桩，按照施工流程分为预制桩与灌注桩。

1. 预制钢筋混凝土桩

预制钢筋混凝土桩按照桩断面形式分为方桩和管桩，预制桩主要的工艺流程为：制桩（或成品桩）、运桩、沉桩、接桩、送桩，根据施工工艺流程进行计量与计价。

> **特别提示**
>
> 接桩产生于单根桩过长，需分几节进行沉桩的施工过程。
> 送桩指通过打桩机和送桩器将同一桩位最后一节预制桩沉入到自然地坪以下桩顶标高的施工过程。

1）制桩

预制桩制作工程量＝桩设计断面面积×桩长（方桩不扣桩尖虚体积）×（1＋总损耗率）

其中总损耗率为1.5%。

预制桩模板工程量＝桩设计断面面积×桩长（方桩不扣桩尖虚体积）

2）成品桩

不再计算制作费及模板，直接将购置价格以主材费的方式，并入沉桩单价中。预应力管桩按购入成品构件考虑。

3）运桩

预制桩运输工程量＝桩设计断面面积×桩长（方桩不扣桩尖虚体积）

> **特别提示**
>
> 定额基价以5km运距起步，若低于或高于5km，用每增减1km基价调整。

4）沉桩（打桩、压桩）

打、压预制钢筋混凝土方桩（空心方桩）工程量＝设计桩长（包括桩尖）×桩截面面积

其中，空心方桩不扣除空心部分的体积。

打、压预应力钢筋混凝土管桩工程量＝设计桩长（不包括桩尖）

5）送桩

方桩送桩工程量＝送桩长度×桩截面面积

管桩送桩工程量＝送桩长度

其中，送桩长度按设计桩顶标高至自然地坪另加0.50m计算。

6）接桩

常用工艺为电焊接桩。

电焊接桩工程量＝接头处焊接构件的重量（以吨计量）

> **特别提示**
>
> 管桩的接桩已包括在沉桩基价里，不需要单独计算。

7) 灌芯

管桩桩头需要灌芯时，按照人工挖孔桩灌桩芯定额执行。

其中，设计要求设置的钢骨架、钢托板另计，分别按第四章沉管桩钢筋笼、预埋铁件定额执行。

【例3-12】已知方桩共20根，具体尺寸如图3.24所示，到现场市场价为430元/m³，分两节沉桩，采用电焊接桩，每个接头角钢重2kg，桩顶标高-2m，自然地坪标高为-0.3m，用步履式柴油打桩机打桩，求工程直接费。

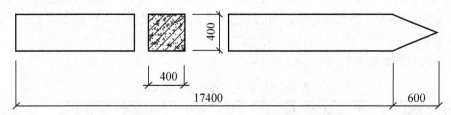

图3.24 方桩示意图

【解】沉桩工程量=(0.4×0.4)(17.40+0.6)×20=57.6(m³)

查定额得2-2H基价=1235(元/10m³)，加入主材后计价调整为

2-2H=123.5+430.0×1.01+(29.799+88.199)×0.25=587.30(元/m³)

其中0.25为单位打桩工程量少于200m³时，打桩人工及机械费扩大系数。

接桩工程量=2×20/1000=0.04(t)

送桩工程量=0.4×0.4(2-0.3+0.5)×20=7.04(m³)

方桩工程直接费见表3-12：

表3-12 桩工程直接费用表

序号	定额编号	分部分项工程名称	单位	工程量	基价/元	合价/元
1	2-2H	打方桩桩长25m以内	m³	57.6	587.3	33828.48
2	2-6	送方桩桩长25m以内	m³	7.04	107.4	756.10
3	2-17	电焊接桩包角钢	t	0.04	6635	265.4

【例3-13】管桩共20根，如图3.25所示，采用静力压桩机沉桩，C25混凝土灌芯1.5m，芯内钢骨架均为二级钢，重2kg，钢托架重1.0kg，计算管桩直接工程费。桩顶标高-3m，自然地坪标高为-0.5m，桩尖费用不考虑。已知该管桩到现场市场价格为110元/m。

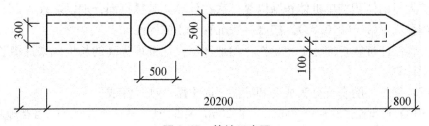

图3.25 管桩示意图

【解】沉桩工程量=20.2×20=404(m)

送桩工程量=(3-0.5+0.5)×20=60(m)

灌芯工程量＝0.15×0.15×3.14×1.5×20＝2.12(m³)
桩芯钢骨架重量＝0.002×20＝0.04(t)
预埋铁件重量＝0.001×20＝0.02(t)
混凝土灌芯按照人工挖孔桩灌注混凝土计价。
灌芯用钢骨架按照钢筋工程计价，钢托架按照预埋铁件计价。
管桩预算基价换算如下：

$$2-28H=15.2+110\times1.01+(2.1887+11.4492)\times0.25=129.71(元/m)$$

其中1.01m/m为桩的定额消耗量，0.25为单位打桩工程量少于1000m时，打桩人工及机械费扩大系数。

管桩工程直接费见表3-13：

表3-13 管桩工程直接费用表

序号	定额编号	分部分项工程名称	单位	工程量	基价/元	合价/元
1	2-28H	静力压管桩桩径500mm以内	m	404	129.71	52402.84
2	2-32	静力压送管桩桩径500mm以内	m	60	16.16	969.60
3	2-104	灌注桩芯混凝土	m³	2.12	306.10	648.93
4	4-422	桩芯钢骨架	t	0.04	4313	168.76
5	4-433	预埋铁件	t	0.02	7519	105.38

2. 沉管灌注桩

(1) 单桩体积(包括砂桩、砂石桩、混凝土桩)不分沉管方法均按钢管外径截面积(不包括桩箍)乘设计桩长(不包括预制桩尖)另加加灌长度计算。

特别提示

加灌长度：设计有规定者，按设计要求计算，设计无规定者，按0.50m计算。
若按设计规定桩顶标高已达到自然地坪时，不计加灌长度(各类灌注桩均同)。

(2) 夯扩(静压扩头)桩工程量＝桩管外径截面积×[夯扩(扩头)部分高度＋设计桩长＋加灌长度]，式中夯扩(扩头)部分高度按设计规定计算。

(3) 扩大桩的体积按单桩体积乘以复打次数计算，其复打部分乘以系数0.85。如复打两次，则体积为V(1＋2×0.85)。按照一般沉管灌注桩计价。

(4) 沉管灌注桩空打部分工程量按自然地坪至设计桩顶标高的长度减去加灌长度，乘以桩截面积计算。

(5) 沉管灌注桩的套价分为成孔和灌注混凝土两个项目完成。

【例3-14】已知灌注桩桩径300mm，长20m，共50根，桩顶标高－2m，自然地坪标高为－0.5m，采用振动式沉拔桩机套管成孔，灌注C20商品混凝土，安放钢筋笼，计算灌注桩成孔工程直接费，钢筋笼及桩尖费用暂不考虑。

【解】成孔的工程量＝(20＋1.5)×0.15×0.15×3.14×50＝75.95(m³)

因有安放钢筋笼，沉管成孔中的人工和机械乘以系数 1.15，同时单位工程钻孔桩工程量少于 150(m^3)，相应定额的打桩人工及机械乘以系数 1.25。

查定额并换算单价 2-43H＝775＋(331.1＋364.83)(1.15×1.25－1)＝1079.47(元/10m^3)

沉管灌注桩混凝土灌注的工程量＝(20＋0.5)×0.15×0.15×3.14×50＝72.42(m^3)

查定额得 2-82，基价为 3558 元/10m^3

沉管灌桩工程直接费见表 3-14：

表 3-14 沉管灌注桩工程直接费用表

序号	定额编号	分部分项工程名称	单位	工程量	基价/元	合价/元
1	2-43H	沉管灌注桩 25m 以内成孔	10m^3	7.60	1079.47	8203.97
2	2-82	沉管桩灌注商品混凝土	10m^3	7.24	3558	25759.92

3. 钻（冲）孔灌注桩

钻（冲）孔灌注桩常规施工工艺主要有成孔、钢筋笼制作、灌注水下混凝土、泥浆池建造拆除、泥浆运输、桩孔回填。钻（冲）孔灌注桩分别按照工艺流程计量计价，示意图如图 3.26 所示。

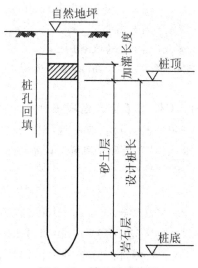

图 3.26 钻孔桩示意图

1) 成孔

钻孔桩成孔工程量＝成孔长度×设计桩径截面积

> **特别提示**
>
> 成孔长度为自然地坪至设计桩底的长度。
> 如钻入岩石层，则需要再增加计算入岩增加费。入岩增加费工程量按实际入岩数量以立方米计算。

卷扬机带冲抓（击）锤冲孔工程量＝进入各类土层、岩石层的成孔长度
×设计桩径截面积

2) 钢筋笼

钢筋笼制作费用按照钢筋工程计算钢筋量,以吨计量。

3) 灌注水下混凝土

$$灌注水下混凝土工程量 = 桩长 \times 设计桩径截面积$$

> **特别提示**
>
> 桩长=设计桩长+设计加灌长度,设计未规定加灌长度时,加灌长度(不论有没地下室)按不同设计桩长确定:25m 以内按 0.5m、35m 以内按 0.8m、35 以上按 1.2m 计算。
>
> 按照成孔的方式分别选择灌注水下混凝土的基价。

4) 泥浆池建造拆除及运输

泥浆池建造和拆除、泥浆运输工程量均按成孔工程量以立方米计算。

5) 桩孔回填

$$桩孔回填工程量 = 回填深度 \times 桩孔截面面积$$

> **特别提示**
>
> 回填深度为桩加灌长度顶面到自然地坪的高度。
>
> 填土者按土石方工程总填土定额计算,基价选择 1—17。
>
> 填碎石者按砌筑工程碎石垫层乘以系数 0.7 计算。基价选择 3—9、10。

【例 3-15】混凝土灌注桩,C30 水下商品混凝土钻孔灌注,100 根,桩长 45m,桩径 $D1000$,设计桩底标高-50m,桩顶标高-5m,自然地坪标高-0.6m,入岩 2m,其中底部形成 200mm 的回底,泥浆外运 12km,桩孔用碎石回填。计算该钻孔灌注桩工程直接费,钢筋笼暂时不计。

【解】1) 成孔

$$V_{不入岩} = 0.5 \times 0.5 \times 3.14 \times (50 - 2 - 0.6) \times 100 = 3720.9 (m^3)$$

$$V_{入岩直筒} = 0.5 \times 0.5 \times 3.14 \times (2 - 0.2) \times 100 = 141.3 (m^3)$$

$$V_{入岩回底} = (3 \times 0.5^2 + 0.2^2) \times 3.14 \times 0.2 \div 6 \times 100 = 0.08 \times 100 = 8 (m^3)$$

$$V_{成孔总} = V_{不入岩} + V_{入岩直筒} + V_{入岩回底} = 3720.9 + 141.3 + 8 = 3870.2 (m^3)$$

$$V_{空} = 0.5 \times 0.5 \times 3.14 \times (5 - 1.2 - 0.6) \times 100 = 251.2 (m^3)$$

2) 灌注水下混凝土

$$V_{混凝土} = V_{总} - V_{空} = 3870.2 - 251.2 = 3619 (m^3)$$

3) 泥浆池建造和拆除、泥浆外运

$$V_{泥浆池建造和拆除、泥浆外运} = V_{成孔总} = 3870.2 (m^3)$$

4) 桩孔回填

$$V_{回填} = V_{空} = 251.2 (m^3)$$

钻孔灌注桩工程直接费用见表 3-15:

表 3-15　钻孔灌注桩工程直接费用表

序号	定额编号	分部分项工程名称	单位	工程量	基价/元	合价/元
1	2-53	钻孔机成孔桩径1m以内	m³	3870.2	135.3	523638.06
2	2-57	岩石层成孔增加费桩径800mm以上	m³	149.3	484.7	72365.71
3	2-84	灌注水下混凝土C30	m³	3619	423.3	1531922.7
4	2-92	泥浆池建造和拆除	m³	3870.2	3.5	13545.7
5	2-93	泥浆运5km	m³	3870.2	63.1	244209.62
6	2-94H	泥浆增运7km	m³	3870.2	3.5×7=24.5	94819.9
7	3-9H	桩孔回填碎石	m³	251.2	109.2×0.7=76.44	19201.72

4. 人工挖孔桩

人工挖孔桩常规施工工艺主要有挖孔、混凝土护壁安设、钢筋笼制作、灌注桩芯混凝土。人工挖孔桩按照工艺流程分别计量计价，示意图如图 3.27 所示。

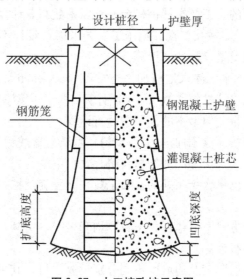

图 3.27　人工挖孔桩示意图

1) 挖孔

$$V_{挖孔} = S_{护壁外围截面积} \times 孔深$$

> **特别提示**
>
> 孔深：自然地坪至设计桩底标高的长度。

人工挖淤泥、流沙、入岩时，需单独计算增加费，按实际挖、凿数量以立方米计算。

2) 护壁

工程量按设计图示实体积以立方米计算。挖孔桩护壁不分现浇或预制，均套用安设混凝土护壁定额。

3) 钢筋笼制作

钢筋笼制作费用按照钢筋工程计算钢筋量，以吨计量。

4) 灌注桩芯混凝土

工程量按设计图示实体积以立方米计算，加灌长度设计无规定时，按 0.25m 计算。灌注桩定额均已包括混凝土灌注充盈量。

5. 地基加固与围护桩

地基加固与围护桩均为措施费用，在措施费里详细阐述。

6. 桩基础计量与计价中其他规则

(1) 打、拔钢板桩定额中已考虑打、拔施工费用，未包含钢板桩使用费，发生时另行计算。

(2) 水泥搅拌桩的水泥掺量按加固土重($1800kg/m^3$)的 13% 考虑，如设计不同时按每增减 1% 定额计算。

(3) 单、双头深层水泥搅拌桩定额已综合了正常施工工艺需要的重复喷浆（粉）和搅拌。空搅部分按相应定额的人工及搅拌桩机台班乘以系数 0.5 计算。

(4) SMW 工法搅拌桩定额按二搅二喷施工工艺考虑，设计不同时，每增（减）一搅一喷按相应定额人工和机械费增（减）40% 计算。

(5) SMW 工法搅拌的水泥渗入量按加固土重量($1800kg/m^3$)的 18% 考虑，如设计部同时按单、双头深层水泥搅拌桩每增减 1% 定额计算，插、拔型钢定额中已综合考虑了正常施工条件下的型钢损耗量。但型钢的使用费另行计算。

(6) 水泥搅拌桩定额按不掺添加剂（如石膏粉、木质素硫酸钙、硅酸钠等）编制，如设计有要求，定额应按设计要求增加添加剂材料费，其余不变。

(7) 高压旋喷桩定额已综合街头处的复喷工料；高压旋喷桩中设计水泥用量与定额不同时应予调整。

(8) 基坑、边坡支护方式不分锚杆、土钉、均套用同一定额，设计要求采用预应力锚杆时，预应力张拉费用另行计算。

(9) 喷射混凝土按喷射厚度及边坡度不同分别设置子目。其中，钢筋网片制作，安装套用第四章混凝土及钢筋混凝土工程相应定额。

(10) 地下室连续墙导墙土方的运输、回填，套用土石方工程相应定额。

(11) 地下室连续墙的钢筋笼、钢筋网片及护壁、导墙的钢筋制作、安装，套用第四章混凝土及钢筋混凝土工程相应定额。

(12) 重锤夯实定额按一遍考虑，设计遍数不同时，每增加一遍，定额乘以系数 1.25。定额已包含了夯实过程（后）的场地平整，但未包括（补充）回填，发生时另行计算。

(13) 单独打试桩、锚桩，按相应定额打桩人工及机械乘以系数 1.5。

(14) 在桩间补桩或在地槽（坑）中及强夯后的地基上打桩时，按相应定额打桩人工及机械乘以系数 1.15，在室内或支架上打桩可另行补充。

（15）预制桩和灌注桩定额以打垂直桩为准，如打斜桩，斜度在 1∶6 以内时，按相应定额的人工及机械乘以系数 1.25；如斜度大于 1∶6 者，其相应定额的打桩人工及机械乘以系数 1.43。

（16）单位(群体)工程打桩工程量少于表 3-16 数量者，相应定额打桩人工及机械乘以系数 1.25。

表 3-16　沉管灌注桩工程直接费用表

桩类	工程量	桩类	工程量
预制钢筋混凝土方桩、空心方桩	200m³	钢板桩	50t
预应力钢筋混凝土管桩	1000m	深层水泥搅拌桩、冲孔灌溉注桩、高压旋喷桩、树根桩	100m³
沉管灌注桩、钻孔灌注桩	150m³		
预制钢筋混凝土板桩	100m³		

能力主题单元 3.3　地上土建工程工料单价法计价

3.3.1　地上土建工程概述

1. 地上土建工程的组成

地上土建工程在一个工程项目中的体积、价值、工序数量等方面都居于首位，正确的确定地上土建工程造价是非常重要的，直接影响到工程造价的总额。

地上土建工程主要由墙体、柱、梁、板、楼梯、阳台雨篷、檐沟、屋面及防水、防腐保温隔热、金属结构、木结构等部分组成，其计量与计价也是按照各个组成部分分别计量计价。本单元依据各个组成构件及结构层依次进行讲解。

广联达培训楼地上土建工程主要是由多孔砖内外墙、女儿墙、框架柱 Z1、Z2、Z3、框架梁 KL1~5、现浇平板、楼梯、阳台、雨篷及挑檐、栏板、构造柱、女儿墙压顶、散水、台阶、过梁、钢筋工程、屋面防水工程等。本单元在介绍各个组成部分的计量与计价的同时，分别融入广联达培训楼相关部分的实例进行综合练习。

2. 地上土建工程工料单价法计价基本方法

地上土建工程定额计价基本方法与地下土建工程计价方法是一样的，即

　　　　分部分项工程直接费＝分部分项工程工程量×该分部分项工程项目单价。

1）分部分项工程工程量的计算

地上土建工程量的计算规则主要集中在预算定额的上册，具体章节为第三章至第九

章。每一章节前面的工程量计算规则详细介绍了各个分部分项工程工程量的计算。在后面的篇幅会重点介绍。

2) 分部分项工程项目单价的确定

地上土建工程分部分项工程项目单价的确定主要是通过查询预算定额上册第三章至第九章相对应的预算基价而获得。当设计与定额内容不相符时，可以通过基价换算、编制补充定额等方法获得一个新基价，完成单价的确定问题。

3) 分部分项工程直接费的确定

$$分部分项工程直接费＝分部分项工程工程量×该分部分项工程项目单价$$

3.3.2 地上土建工程计量与计价

1. 墙

墙体主要是由砌块、混凝土、隔断等材料构成的，它是建筑物主要的围护结构，有些墙体承担必要的荷载。

砌筑墙体的砌筑材料主要有实心砖、多孔砖、烧结类砖、砌块、块石等。

1) 砌筑墙体工程量计算

$$各种砌筑墙体工程量(m^3)＝墙厚×墙长×墙高-V_{应扣}+V_{应加}$$

(1) 墙厚：不论设计有无注明，均按砖墙的理论厚度计算。例如，1砖半墙体的计算厚度值为365mm，半砖墙的计算厚度值为115mm。

(2) 墙长：外墙按外墙中心线长度计算；内墙按内墙净长；框架墙不分内、外墙均按净长计算。

(3) 墙高。

① 外墙：斜(坡)屋面无檐口天棚者算至屋面板底；有屋架且室内外均有天棚者算至屋架下弦底另加200mm；无天棚者算至屋架下弦底另加300mm，出檐宽度超过600mm时按实砌高度计算；平屋顶算至钢筋混凝土板底。

② 内墙：位于屋架下弦者，算至屋架下弦底；无屋架者算至天棚底另加100mm；有钢筋混凝土楼板隔层者算至楼板顶；有框架梁时算至梁底。

③ 内、外山墙：按其平均高度计算。

④ 框架墙：不分内、外墙均按净高计算。

(4) $V_{应扣}$：应扣门窗洞口、过人洞、空圈、嵌入墙内的钢筋混凝土柱、梁、圈梁、挑梁、过梁、止水翻边及凹进墙内的壁龛、管槽、暖气槽、消火栓箱和每个面积在0.3m²以上的孔洞的体积。但嵌入砌体内的钢筋、铁件、管道、木筋、铁件、钢管、基础砂浆防潮层及承台桩头、屋架、檩条、梁等伸入砌体的头子、钢筋混凝土过梁板(厚7cm内)、混凝土垫块、沿油木、木砖等所占体积不扣。

(5) $V_{应加}$：突出墙身的窗台、1/2砖以内的门窗套、二出檐以内的挑檐等的体积不增加。突出墙身的统腰线、1/2砖以上的门窗套、二出檐以上的挑檐等的体积应并入所依附的砖墙内计算。凸起那个面的砖垛并入墙体体积计算。

> **特别提示**
>
> 空花墙按空花部分外形体积计算，不扣除空花部分体积。
>
> 空斗墙按设计图示尺寸以空斗墙外形体积计算。空斗墙的内外墙交接处、门窗洞口立边、窗台砖、屋檐处的实砌部分以及过人洞口、墙角、梁支座等的实砌部分和地面以上、圈梁或板底以下三皮实砌砖，均已包括在定额内，其工程量应并入空斗墙内计算；砖垛工程量应另行计算，套实砌墙相应定额。
>
> 附墙烟囱、通风道、垃圾道，按外形体积计算工程量并入所附的砖墙内，不扣除每个面积在 $0.1m^2$ 以内的孔道体积，孔道内的抹灰工料亦不增加；应扣除每个面积大于 $0.1m^2$ 的孔道体积，孔内抹灰按零星抹灰计算。附墙烟囱如带有瓦管、除灰门，应另列项目计算。
>
> 石墙、空心砖墙、砌块墙的工程量按图示尺寸以体积计算，砌块墙的门窗洞口等镶砌的同类实心砖部分已包含在定额内，不单独另行计算。
>
> 夹心保温墙砌体工程量按图示尺寸计算。
>
> 砖柱：柱基和柱身的工程量合并计算，套砖柱定额。
>
> 地沟的砖基础和沟壁，工程量按设计图示尺寸以体积合并计算，套砖砌地沟定额。

2) 砌筑墙体工程量计价

砌筑墙体基价选择范围为 3—20～99。

计价过程中需注意以下问题。

(1) 砖墙及砌块墙不分清水、混水和艺术形式、也不分内、外墙，均执行对应品种及规格砖和砌块的同一定额。墙厚 1 砖以上的均套用 1 砖墙相应定额。

(2) 砖墙及砌块墙定额中已包括立门窗框的调直用工以及腰线、窗台线、挑沿等一般出线用工料。

(3) 本章定额中砖及砌块的用量按标准和常用规格计算的，实际规格与定额不同时，砖、砌块及砌筑(粘结)材料用量应作调整，其余用量不变；定额所列砌筑砂浆种类和强度等级、砌块专用砌筑粘结剂及砌块专用砌筑砂浆品种，如设计与定额不同时，应作换算。

(4) 砖砌洗涤池、污水池、垃圾箱、水槽基座、花坛及石墙定额中未包括的砖砌门窗口立边、窗台虎头砖及钢筋过梁等砌体，套用零星砌体定额。

(5) 夹心保温墙(包括两侧)按单侧墙厚套用墙相应定额，人工乘以系数 1.15，保温填充料另行套用保温隔热工程的相应定额。

(6) 多孔砖、空心砖及砌块砌筑有防水、防潮要求的墙体时，若以实心(普通)砖作为导墙砌筑的，导墙与上部墙身主体需分别计算，导墙部分套用零星砌体相应定额。

(7) 蒸压加气混凝土类砌块墙定额已包括砌块零星切割改锯的损耗及费用。

(8) 采用砌块专用粘结剂砌筑的蒸压粉煤灰加气混凝土砌块墙，若实际以柔性材料嵌缝连接墙端与混凝土柱或墙等侧面交接的，换算砌块单位，套用蒸压砂加气混凝土砌块墙的相应定额。除自保温墙外，若实际以砌块专用砌筑粘结剂直接连接蒸压砂加气混凝土砌块墙的墙端与混凝土柱或墙等侧面交接的，换算砌块单位，套用蒸压粉煤灰加气混凝土砌块墙的相应定额。

（9）柔性材料嵌缝定额已包括两侧嵌缝所需用量，其中 PU 发泡剂的单侧嵌缝尺寸按 2.0cm×2.5cm 考虑。如实际与定额不同时，PU 发泡剂用量按比例调整，其余用量不变。

（10）砖砌洗涤池、水槽基座、花坛及石墙定额中未包括的砖砌门窗口立边、窗台虎头砖及钢筋砖过梁等砌体，套用零星砌体定额。空斗墙设计要求实砌的窗间墙、窗下墙的工程量另计，套用零星砌体定额。

（11）空花墙适用于各种类型的空花墙，使用混凝土花格砌筑的空花墙，实砌墙体与混凝土花格应分别计算，混凝土花格按第四章混凝土及钢筋混凝土工程中预制构件定额执行。

（12）除圆弧形构筑物以外，各类砖及砌块的砌筑定额均按直行砌筑编制，如为圆弧形砌筑者，按相应定额人工用量乘以系数 1.10，砖（砌块）及砂浆（粘结剂）用量乘以系数 1.03。

（13）构筑物砌筑包括砖砌烟囱、烟道、水塔、贮水池、贮仓、沉井等。

（14）砌体钢筋加固和墙基、墙身的防潮、防水及本章未包括的土方、基础、垫层、抹灰、铁件、金属构件的制作、安装、运输、油漆等按有关章节的相应定额及规定计算。

【例 3-16】已知圆弧形 1 砖烧结砖砌体，用 M7.5 混合砂浆砌筑，求其预算基价。

【解】查定额得 3-45，基价=2927（元/10m³）

由于设计与定额差距较大，需要对原计价进行换算，换算的依据是圆弧形，则

3-45H＝2927＋563.3×0.1＋360×5.29×0.03＋181.75×2.36×0.03

＝3053.33（元/10m³）

【例 3-17】已知广联达培训楼墙体为 M5.0 混合砂浆砌筑烧结多孔砖，计算其墙体工程直接费。

【解】（1）外墙：

$V_{外墙}=0.365 \times L_{外} \times H_{外} - V_{门窗外} - V_{过梁外}$

$L_{外}=(11.6-0.5 \times 2-0.4 \times 2+6.5-0.5 \times 2) \times 2=30.6(m)$

$H=7.2-0.5 \times 2=6.2(m)$

$V_{门窗外}=(2.4 \times 2.7+1.5 \times 1.8+0.9 \times 2.7+1.5 \times 1.8 \times 8+1.8 \times 1.8 \times 2) \times 0.365$

$=14.49(m^3)$

$V_{过梁外}=[(2.4+0.5) \times 0.24 \times 2+(1.5+0.5) \times 0.18 \times 8+(1.8+0.5)$

$\times 0.18 \times 2] \times 0.365$

$=5.1 \times 0.365=1.86(m^3)$

$V_{外墙}=0.365 \times L_{外} \times H - V_{门窗} - V_{过梁}$

$=0.365 \times 30.6 \times 6.2-14.49-1.86=52.9(m^3)$

（2）内墙：

$V_{内墙}=0.24 \times L_{内} \times H_{内} - V_{门窗内} - V_{过梁内}$

$L_{内}=(6.5-0.5 \times 2-0.4)2+(4.5-0.4)=10.2+4.1=14.3(m)$

$H_{内}=7.2-0.5 \times 2=6.2(m)$

$V_{门窗内}=(0.9 \times 2.4 \times 4+0.9 \times 2.1 \times 2) \times 0.24=2.98(m^3)$

$V_{过梁内}=(0.9+0.25) \times 6 \times 0.12 \times 0.24=0.2(m^3)$

$V_{内墙}=0.24 \times 14.3 \times 6.2-2.98-0.2=18.1(m^3)$

(3) 女儿墙：

$V_{女儿墙}=长×高×厚度-V_{构造柱}$

高：0.54m

长：$(11.6-0.24+6.5-0.24)×2=35.24(m)$

$V_{构造柱}=(0.24×0.24+0.03×0.24×2)×0.54×8=0.31(m^3)$

$V_{女儿墙}=0.54×35.24×0.24-0.31=4.26(m^3)$

$\therefore V_{总}=V_{外墙}+V_{内墙}+V_{女儿墙}=52.9m^3+18.1m^3+4.26m^3=75.26(m^3)$

查定额3-59H，换算后的基价=3985+(181.66-181.75)×1.89
=3984.83(元/10m³)

(4) 分部分项工程直接费计算(表3-17)。

表3-17 砖墙工程直接费用表

序号	定额编号	分部分项工程名称	单位	工程量	基价/元	合价/元
1	3-59H	M5.0混合砂浆砌筑烧结多孔砖墙	m³	75.26	398.48	29989.60

2. 混凝土墙

混凝土墙主要计算3部分内容：模板、钢筋、混凝土。钢筋计量与计价在后面钢筋工程里集中讲解。

混凝土墙混凝土工程量=高×厚度×长(以图示实体积计算)

特别提示

墙高按基础顶面(或楼板上表面)算至上一层楼板上表面。
平行嵌入墙上的梁不论凸出与否，均并入墙内计算。
附墙柱、暗墙并入墙内计算。

混凝土墙模板工程量=墙体混凝土体积×含模量，或用混凝土与模板的接触面积以平方米计算。

特别提示

根据实际模板的使用情况选择适当价格。
墙设后浇带时，模板工程量不扣除后浇带部分，后浇带需另行计算模板增加费。
混凝土浇捣工程量应扣除后浇带体积，后浇带现浇混凝土浇捣单独计算套相应定额。
混凝土浇捣基价分现浇现拌和商品泵送混凝土两种，依据工程实际情况正确选择。
其他规则：
(1) 计算墙工程量时，应扣除单孔面积大于0.3m²以上的孔洞，孔洞侧边工程量另加。
(2) 计算墙工程量时，不扣除单孔面积小于0.3m²以内的孔洞，孔洞侧边也不增加。
(3) 一字形、L、T形柱(图3.28)，当a与b的比值大于4时，均套用墙相应定额。

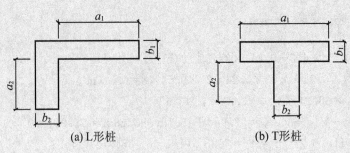

图 3.28 L、T 形柱

(a) L 形柱　　(b) T 形柱

(4) 定额中墙的模板是按层高 3.6m 以下部分编制的，当层高超过 3.6m 时，需要再另行单独计算模板超高费。

(5) 地下室内墙套用一般墙相应定额；

(6) 墙与电梯井壁相连时，以电梯井壁四周外围为界划分；

(7) 屋面女儿墙高度大于 1.2m 时套用墙相应定额，小于 1.2m 时套用栏板相应定额。

3. 柱

根据制作方法不同，将柱分为现浇柱与预制柱；按照功能不同，将柱分为框架柱、构造柱等。柱需要计算的内容为模板、钢筋、混凝土。钢筋计量与计价在后面钢筋工程里集中讲解。

1) 现浇钢筋混凝土柱

柱混凝土工程量＝柱高×柱断面面积（以立方米计算）

柱模板工程量＝柱混凝土体积×含模量，或用混凝土与模板的接触面积以平方米计算。

(1) 柱高按基础顶面或楼板上表面算至柱顶面或上一层楼板上表面，无梁板柱高按基础顶面（或楼板上表面）算至柱帽下表面，如图 3.29 所示。

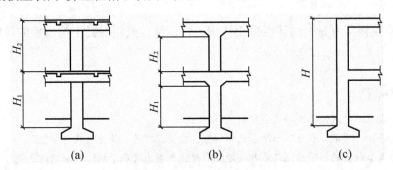

图 3.29 柱高的确定

(a) 有梁板柱；(b) 无梁板柱；(c) 无楼隔层柱

(2) 依附于柱上的牛腿并入柱内计算。

(3) 构造柱与墙咬接的马牙槎按柱高每侧 3cm 合并计算，模板套用矩形柱定额。构造柱示意如图 3.30 所示。

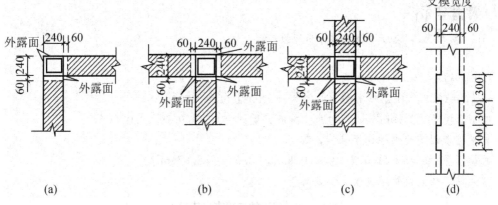

图 3.30 构造柱示意图

(4) 预制框架结构的柱、梁现浇接头按实捣体积计算，套用框架柱接头定额。

> **特别提示**
>
> 定额中柱的模板是按层高 3.6m 以下部分编制的，当层高超过 3.6m 时，需要再另行单独计算模板超高费，构造柱不计算模板超高费。

【例 3-18】计算广联达培训楼框架柱及构造柱的工程直接费。已知±0.000 以上混凝土为 C20 商品泵送混凝土，±0.000 以下混凝土为 C25，采用木模。已知 C25 商品泵送混凝土市场价为 317 元/m³。

【解】(1) ±0.000 以下框架柱：

$V_{Z1}=0.5\times 0.5\times (1.5-0.5)\times 4=1.0(m^3)$

$V_{Z2}=0.5\times 0.4\times 1\times 4=0.8(m^3)$

$V_{Z3}=0.4\times 0.4\times 1\times 2=0.32(m^3)$

$V_{±0.000以下柱}=1.0+0.8+0.32=2.12(m^3)$

查得含模量：周长 1.8m 以上的为 6.78m²/m³，周长 1.8m 内的为 9.83m²/m³。

周长 1.8m 以上柱模板量=1.0×6.78=6.78(m²)

周长 1.8m 内柱模板量=(0.8+0.32)×9.83=11.01(m²)

(2) ±0.000 以上框架柱：

$V_{Z1}=0.5\times 0.5\times 7.2\times 4=7.2(m^3)$

$V_{Z2}=0.5\times 0.4\times 7.2\times 4=5.76(m^3)$

$V_{Z3}=0.4\times 0.4\times 7.2\times 2=2.3(m^3)$

$V_{±0.000以上柱}=7.2+5.76+2.3=15.26(m^3)$

周长 1.8m 以上柱模板量=7.2×6.78=48.82(m²)

周长 1.8m 内柱模板量=(5.76+2.3)9.83=79.23(m²)

查定额知 4-79 基价中的混凝土为 C20(20)，需要对基价进行换算。

4-79H=347.1+(317-299)1.015=365.37(元/m³)

特别提示

317为泵送商品混凝土C25每立方米的预算价。

(3) 构造柱：

$V_{构造柱}=(0.24×0.24+0.03×0.24×2)×0.54×8=0.31(m^3)$

查得含模量：$9.79m^2/m^3$，构造柱模板工程量=$0.31×9.79=3.03(m^2)$

构造柱模板套矩形柱模板基价，故

总模板量=6.78+11.01+48.82+79.23+3.03=148.87(m^2)

现浇柱工程直接费用见表3-18：

表3-18 现浇柱工程直接费用表

序号	定额编号	分部分项工程名称	单位	工程量	基价/元	合价/元
1	4-156	矩形柱复合木模	m^2	148.87	26.60	3959.94
2	4-79	现浇商品混凝土±0.000以上矩形柱	m^3	15.26	347.10	5296.75
3	4-79H	现浇商品混凝土±0.000以下矩形柱	m^3	2.12	365.40	774.65
4	4-80	现浇商品混凝土构造柱	m^3	0.31	375.20	116.31

2) 预制钢筋混凝土柱

预制柱分为矩形柱、工字形柱、双肢柱、空心柱等，预制柱主要的工艺流程为：制作、运输、安装，预制柱制作中又分模板、钢筋、预制混凝土3项基本工序，根据柱的施工工艺流程分别进行计量与计价。钢筋计量与计价在后面钢筋工程里集中讲解。

预制柱制作工程量=柱设计断面面积×柱高×(1+总损耗率)

其中总损耗率为1.5%。

预制柱模板工程量=柱设计断面面积×柱高

预制柱运输工程量=柱设计断面面积×柱高

预制柱运输基价以5km起步，超过或少于5km，用每增减1km调整基价。

预制柱安装工程量=柱设计断面面积×柱高

4. 梁

根据制作方法柱分现浇梁与预制梁，预算定额中现浇梁子目的分类有基础梁、矩形梁、异形梁、弧形梁、拱形梁、圈过梁等；异形梁指十字形、T形、L形梁，如图3.31所示。预算定额中预制梁子目的分类有矩形梁、异形梁、吊车梁、托架梁、圈过梁等。梁与柱计价的内容是一致的。

1) 现浇梁

现浇梁混凝土浇捣工程量(m^3)=梁长×梁断面面积

现浇梁模板工程量(m^2)=梁混凝土体积×含模量

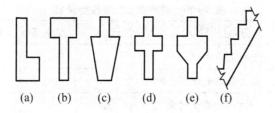

图 3.31 不同形状的异形梁

> **特别提示**
>
> 定额中梁的模板是按层高 3.6m 以下部分编制的。当层高超过 3.6m 时,需要再另行单独计算模板超高费,圈梁、过梁不计算模板超高费。
>
> 梁与柱、次梁与主梁、梁与混凝土墙交接时,按净空长度计算。
>
> 伸入砌筑墙体内的梁头及现浇的梁垫并入梁内计算。
>
> 一般有梁板的梁按长度乘以梁断面面积计算,套梁相应定额,现浇板上的上翻梁及密肋板、井字板的梁分别按照梁计算,板内的暗梁合并到板内计算。
>
> 基础梁不分有、无底模,当基础梁侧边是弧形时,需额外增加计算弧形模板增加费,其工程量按弧线接触面长度计算,每个面计算一道。地圈梁套用圈梁定额;梯形、带挑板企口或变截面矩形梁套用矩形梁定额;现浇薄腹屋面梁模板套用异形梁定额。
>
> 单独现浇过梁模板套用矩形梁定额;与圈梁连接的过梁及叠合梁二次浇捣部分套用圈梁定额;预制圈梁的现浇接头套用二次灌浆相应定额。

【例 3-19】计算广联达培训楼现浇梁的工程直接费。已知±0.000 以上混凝土为 C20 商品泵送混凝土,±0.000 以下混凝土为 C25 商品泵送混凝土,采用木模。

【解】此工程的满堂基础属于有梁式满堂基础,故±0.000 以下的 DL 已合并在满堂基础里计算,工程中只有±0.000 以上的现浇梁要计算。

1) 现浇框架梁

$V_{KL1} = (4.5 - 0.4) \times 0.24 \times 0.5 \times 2 = 0.98 (m^3)$

$V_{KL2,3} = (11.6 - 0.5 \times 2 - 0.4 \times 2) \times 0.37 \times 0.5 \times 4 = 7.25 (m^3)$

$V_{KL4} = (6.5 - 0.5 \times 2 - 0.4) \times 0.24 \times 0.5 \times 4 = 2.45 (m^3)$

$V_{KL5} = (6.5 - 0.5 \times 2) \times 0.5 \times 0.37 \times 4 = 4.07 (m^3)$

$V_{总} = 0.98 + 7.25 + 2.45 + 4.07 = 14.75 (m^3)$

查定额得框架梁含模量为:梁高 0.6m 以内 9.61m^2/m^3

则框架梁模板量 $= 9.61 \times (0.98 + 7.25 + 2.45 + 4.07) = 141.75 (m^2)$

2) 现浇过梁

因 M2、M3 均与框架柱相邻,故其上过梁改为现浇过梁,过梁长度为 0.9 + 0.25 = 1.15(m)

$V_{现浇过梁} = 1.15 \times 0.24 \times 0.12 \times 6 = 0.2 (m^3)$

查定额得过梁含模量为 13.27(m^2/m^3)

则现浇过梁模板量 $= 13.27 \times 0.2 = 2.65 (m^2)$

现浇梁工程直接费用见表 3-19:

表 3-19　现浇梁工程直接费用表

序号	定额编号	分部分项工程名称	单位	工程量	基价/元	合价/元
1	4-165	矩形梁复合木模	m^2	141.75	33.34	4725.95
2	4-83	现浇商品混凝土矩形梁	m^3	14.75	33.30	491.18
3	4-84	现浇商品混凝土过梁	m^3	0.2	35.00	7.00
4	4-170	过梁复合木模	m^2	2.65	22.22	59

2) 预制梁

预制梁分为基础梁、矩形梁、异形梁、吊车梁、托架梁、圈过梁等，预制梁主要的工艺流程为制作、运输、安装，预制梁制作中又分模板、钢筋、预制混凝土三项基本工序，根据梁的施工工艺流程分别进行计量与计价。钢筋计量与计价在后面钢筋工程里集中讲解。

预制梁制作工程量＝梁设计断面面积×梁长×(1＋总损耗率)

其中总损耗率为 1.5%。

预制梁模板工程量＝梁设计断面面积×梁长

预制梁运输工程量＝梁设计断面面积×梁长

其中，定额运输基价是以 5km 起步，超过或少于 5km，用每增减 1km 调整基价。

预制梁安装工程量＝梁设计断面面积×梁长

【例 3-20】计算广联达培训楼预制梁的工程直接费，已知混凝土为 C20，过梁不产生场外运输，采用无焊接安装。

【解】由于过梁不产生场外运输，则广联达培训楼预制过梁主要计算制作和安装费用。过梁安装位置主要集中在 M—1、C—1、C—2、MC—1 上面，工程量如下：

$V_{制作}$＝[(0.24×0.37×(2.4+0.5)×2+0.18×0.37×(1.5+0.5)×8+0.18×0.37×(1.8+0.5)×2]×1.015

＝(0.52+1.07+0.31)×1.015＝1.9×1.015＝1.93(m^3)

$V_{安装}$＝1.9(m^3)

$V_{模板}$＝1.9(m^3)

预制过梁工程直接费用见表 3-20：

表 3-20　预制过梁工程直接费用表

序号	定额编号	分部分项工程名称	单位	工程量	基价/元	合价/元
1	4-351	预制过梁模板	m^3	1.90	106.1	201.59
2	4-279	预制过梁制作	m^3	1.93	358.9	692.68
3	4-486	预制过梁安装	m^3	1.90	102.3	194.37

特别提示

过梁属于小型构件，故其安装基价选择 4-486。

5. 板

根据制作方法板分现浇板与预制板，预算定额中现浇板分为平板、拱板、无梁板、密肋板、井字板（图3.32）等，预制板分平板、槽板、大型屋面板等。板与梁、柱计价的内容是一样的。

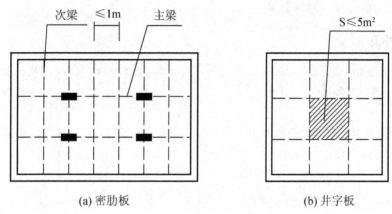

图 3.32　有梁板示意图

1) 现浇板

现浇板混凝土浇捣工程量(m^3)＝$S_{板底面积}$×板厚

现浇板模板工程量＝平板混凝土量×含模量

或者按照现浇板混凝土与模板的接触面积以平方米计算。

> **特别提示**
>
> 定额中板的模板是按层高3.6m以下部分编制的，当层高超过3.6m时，需要再另行单独计算模板超高费。

(1) 板的长和宽按梁、墙间净距尺寸计算；板垫及板翻沿(净高250mm以内的)并入板内计算。板上单独浇捣的墙内素混凝土翻沿按圈梁定额计算。

(2) 无梁板的柱帽并入板内计算。

(3) 柱的断面积超过$1m^2$时，板应扣除与柱重叠部分的工程量。

(4) 依附于拱形板、薄壳屋盖的梁及其他构件工程量均并入所依附的构件内计算。

(5) 弧形板并入板内计算，另按弧长计算弧形板增加费。梁板结构的弧形板弧长工程量应包括梁板交接部位的弧线长度。

(6) 现浇钢筋混凝土板坡度在10°以内时按定额执行；坡度大于10°，在30°以内时，模板定额中钢支撑含量乘以1.3，人工含量乘以系数1.1；坡度大于30°，在60°以内时，相应定额中钢支撑含量乘以系数1.5，人工含量乘以系数1.2；坡度在60°以上时，按墙相应定额执行。斜板支模高度超过3.6m每增加1m定额及混凝土浇捣定额也适用以上系数。压型钢板上浇捣混凝土板，套用板相应定额。

(7) 现浇屋脊、斜脊并入所依附的板内计算，单独屋脊、斜脊按压顶考虑套用定额。

(8) 薄壳屋面盖模板不分同式、球形、双曲形灯，均套用同一定额；混凝土浇捣套用拱板定额。

2) 预制板

预制板的计量与计价同预制梁。

> **特别提示**
>
> 预制板之间的现浇板带宽在 8cm 以上时，按一般板计算，套板的相应定额，宽度在 8cm 以内的已包括在预制板安装灌浆定额内，不另行计算。

【例 3-21】计算广联达培训楼板的工程直接费，已知商品混凝土为 C20，钢筋不计。

【解】$V_{板混凝土} = \{[(3.3-0.24)(6-0.24)2+(4.5-0.24)(3.9-0.24)]$
$\times 2+(2.1-0.24)(4.5-0.24)+(0.93-0.24)(2.1-0.24)\} \times 0.1$
$= [50.84 \times 2+7.92+1.28] \times 0.1$
$= 11.09 (m^3)$

$S_{模板} = V_{板混凝土} \times 11.2 = 11.09 \times 11.2 = 124.21 (m^2)$

现浇板工程直接费用见表 3-21：

表 3-21 现浇板工程直接费用表

序号	定额编号	分部分项工程名称	单位	工程量	基价/元	合价/元
1	4-174	平板木模	m²	124.21	25.10	3117.67
2	4-86	商品泵送混凝土现浇平板	m³	11.09	342.40	3797.22

6. 楼梯

(1) 现浇混凝土楼梯浇捣及模板工程量均按楼梯露明面的水平投影面积计算。

> **特别提示**
>
> 水平投影面积包括休息平台、平台梁、楼梯段、楼梯与楼面板连接的梁，无梁连接时，算至最上一级踏步沿加 30cm 处。不扣除宽度小于 50cm 的楼梯井，伸入墙内部分不另行计算。

(2) 直形楼梯与弧形楼梯相连者，直形、弧形应分别计算套相应定额。

> **特别提示**
>
> 楼梯基础、梯柱、栏板、扶手另行计算。

(3) 表 3-22 中直形楼梯和弧形楼梯，当设计指标超过表 3-22 的取值时，混凝土浇捣定额按比例调整，其余不变。现浇钢筋混凝土双跑梁板式楼梯如图 3.33 所示。

表 3-22 混凝土构件混凝土定额取定值表

项目名称	指标名称	取定值	备注
直形楼梯	底板厚度	18cm	梁式楼梯的梯段梁并入底板内计算折实厚度
弧形楼梯		30cm	

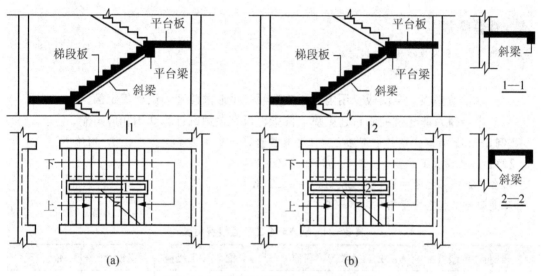

图 3.33 现浇钢筋混凝土双跑梁板式楼梯

(a) 单斜梁式梯段；(b) 双斜梁式梯段

【例 3-22】计算广联达培训楼梯的工程直接费，已知商品混凝土为 C20，钢筋不计。

【解】楼梯混凝土及模板工程量 = (2.43 + 0.9 + 0.24)(2.1 − 0.24) = 6.64(m²)

现浇楼梯工程直接费用见表 3-23：

表 3-23 现浇楼梯工程直接费用表

序号	定额编号	分部分项工程名称	单位	工程量	基价/元	合价/元
1	4-189	直形楼梯模板	m²	6.64	88.1	584.98
2	4-94	商品泵送混凝土直形楼梯	m²	6.64	83.1	551.78

7. 阳台、雨篷

(1) 悬挑阳台、雨篷混凝土工程量 = 挑出墙(梁)外体积。

特别提示

外挑牛腿(挑梁)、台口梁、高度小于 250mm 的翻沿均已合并到阳台、雨篷。阳台、雨篷梁按过梁相应规则计算，伸入墙内的拖梁按圈梁计算。

(2) 悬挑阳台、雨篷模板工程量 = 阳台、雨篷梁挑梁及台口梁外侧面范围的水平投影面积。

> **特别提示**
>
> 阳台、雨篷外梁上有线条时,另行计算线条模板增加费。

(3) 阳台、雨篷定额不分弧形、直形,弧形阳台、雨篷另计计算弧形板增加费。

> **特别提示**
>
> 阳台雨篷支模高度超高时按板定额计算。

(4) 水平遮阳板、空调板套用雨篷相应定额;拱形雨篷套用拱形板定额。

(5) 半悬挑及非悬挑的阳台、雨篷,按梁、板有关规则计算套用相应定额。

【例 3-23】计算广联达培训阳台的工程直接费,已知商品混凝土为 C20,钢筋不计。

【解】阳台模板工程量 $=1.2 \times 4.56 = 5.47 (m^2)$

阳台混凝土工程量 $=1.2 \times 4.56 \times 0.1 = 0.55 (m^3)$

现浇阳台工程直接费用见表 3-24:

表 3-24 现浇阳台工程直接费用表

序号	定额编号	分部分项工程名称	单位	工程量	基价/元	合价/元
1	4-193	阳台模板	m²	5.47	52.2	285.5
2	4-97	商品泵送混凝土阳台	m³	0.55	350.3	192.67

8. 栏板、翻沿

(1) 栏板、翻沿混凝土工程量=栏板、单独扶手、翻沿均按外围长度×设计断面面积,以体积计算。

(2) 栏板、翻沿模板工程量 $=V_{混凝土} \times 19.09$;或者按照栏板、翻沿混凝土与模板的接触面积计算。

> **特别提示**
>
> 花式栏板应扣除面积在 $0.3m^2$ 以上非整浇花饰孔洞所占面积,孔洞侧边并入计算,花饰另计。栏板柱并入栏板内计算。弧形、直行栏板连接时,分别计算。翻沿净高度小于 25 cm 时,并入所依附的项目内计。
>
> 栏板(含扶手)、翻沿净高按 1.2m 以内考虑,超过时套用墙相应定额。

【例 3-24】计算广联达培训栏板的工程直接费,已知商品混凝土为 C20,钢筋不计。

【解】阳台栏板混凝土工程量 $=(1.2 \times 2 + 4.56) \times 0.06 \times 0.9 = 0.38 (m^3)$

栏板模板 $=0.38 \times 19.09 = 7.25 (m^2)$

现浇栏板工程直接费用见表 3-25:

表 3-25 现浇栏板工程直接费用表

序号	定额编号	分部分项工程名称	单位	工程量	基价/元	合价/元
1	4-194	栏板模板	m²	7.25	21.75	157.69
2	4-98	商品泵送混凝土栏板	m³	0.38	375.4	142.65

9. 檐沟、挑檐

(1) 檐沟、挑檐混凝土工程量 = $V_{底板} + V_{侧板} + V_{与板整浇的挑梁}$

(2) 檐沟、挑檐模板工程量 = $V_{混凝土} \times$ 含模量；或者按照檐沟、挑檐混凝土与模板的接触面积计算。

> **特别提示**
>
> 屋面内天沟按梁板规则计算，套用梁板相应定额。
> 雨篷与檐沟相连时，梁板式雨篷按雨篷规则计算并套用相应定额，板式雨篷并入檐沟计算。
> 楼板及屋面平挑檐外挑小于 50cm 时，并入板内计算。
> 楼板及屋面平挑檐外挑大于 50cm 时，套用雨篷定额。
> 屋面挑出的带翻沿平挑檐套用檐沟、挑檐定额。

【例 3-25】计算广联达培训楼雨篷挑檐的工程直接费，已知商品混凝土为 C20，钢筋不计。

【解】此工程的雨篷为板式雨篷且与挑檐相连，挑檐又为带翻沿挑檐，故雨篷及挑檐均合并当挑檐计算。因雨篷上翻高度为 200mm，故合并到挑檐工程量中。

挑檐混凝土工程量 = $V_{底板} + V_{侧板}$
$= 0.6[(6.5+0.6+11.6+0.6) \times 2 + 4.56]0.1 + 0.2 \times 0.06$
$[(6.5+1.2+11.6+1.2)2+0.6 \times 2]$
$= 2.59 + 0.51 = 3.1(m^3)$

挑檐模板工程量 = $3.1 \times 18.50 = 57.35(m^2)$

现浇挑檐工程直接费用见表 3-26：

表 3-26 现浇挑檐工程直接费用表

序号	定额编号	分部分项工程名称	单位	工程量	基价/元	合价/元
1	4-196	挑檐模板	m²	57.35	27.83	1596.05
2	4-99	商品泵送混凝土挑檐	m³	3.1	376.6	1167.46

10. 台阶、散水、坡道

墙脚护坡（散水）、边明沟长度按外墙中心线计算，墙脚护坡按外墙中心线乘以宽度计算，不扣除每个长度在 5m 以内的踏步或斜坡。台阶及防滑坡道按水平投影面积计算。

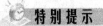**特别提示**

如台阶与平台相连时，平台面积在10m²以内时按台阶计算，平台面积在10m²以上时，平台按楼地面工程量计算套用相应定额，工程量以最上一级踏步30cm处为分界。

定额基价的选择范围为9-58~68，均为综合定额。模板均已包括在基价中，不再单独计算，当设计与定额不相符时可以采取单项定额分别计算造价。

弧形混凝土台阶按基础弧形边增加费另行计算，弧形砖砌筑台阶按砌筑工程规定调整砖块及其砌筑砂浆用量。

【例3-26】计算广联达培训楼台阶、散水的工程直接费。

【解】台阶工程量＝(2.7＋0.3×4)(1＋0.3×2)＝6.24(m²)

散水工程量＝(11.6－0.37＋6.5－0.37)×2×0.55＝19.1(m²)

台阶、散水工程直接费用见表3-27：

表3-27　台阶、散水工程直接费用表

序号	定额编号	分部分项工程名称	单位	工程量	基价/元	合价/元
1	9-66	混凝土台阶	m²	6.24	113.0	705.12
2	9-58	混凝土散水	m²	19.1	39.61	756.55

11. 小型构件、小型池槽、地沟、电缆沟

(1) 小型构件是指压顶、单独扶手、窗台、窗套线及定额未列项目且单件构件体积在0.05m³以内的其他构件。

(2) 小型池槽、地沟、电缆沟混凝土工程量＝$V_{底}＋V_{壁}＋V_{整浇的顶盖}$

注意：预制混凝土盖板应另行计算。

$$小型池槽模板工程量(m^3)＝V_{混凝土}\times 30.03m^2/m^3$$

$$地沟、电缆沟模板工程量(m^3)＝V_{混凝土}\times 8.00m^2/m^3$$

(3) 小型池槽外形体积大于2m³时套用构筑物水(油)池相应定额；梁板墙结构式水池分别套用梁、板、墙相应定额。

(4) 地池、电缆沟断面内空面积大于0.4m²时套构筑物地沟相应定额。

【例3-27】计算广联达培训楼女儿墙压顶的工程直接费。混凝土为C20商品混凝土，钢筋不计。

【解】压顶混凝土工程量＝0.3×0.06(11.6－0.24＋6.5－0.24)2＝0.63(m³)

压顶模板工程量＝0.63×9.13＝5.75(m²)

压顶属于小型构件，故含模量按照小型构件选择。同样，混凝土及模板基价也按小型构件选择。

现浇压顶工程直接费用见表3-28：

表 3-28 现浇压顶工程直接费用表

序号	定额编号	分部分项工程名称	单位	工程量	基价/元	合价/元
1	4-199	压顶模板	m²	5.75	36.18	208.04
2	4-100	商品泵送混凝土压顶	m³	0.63	390.6	246.08

12. 构筑物

(1) 除定额另有规定外，构筑物工程量均同建筑物计算规则。

(2) 用滑模施工的构筑物，模板工程量按构件体积计算。

(3) 水塔。

① 塔身与槽底以与槽底相连的圈梁为分界，圈梁底以上为槽底，以下为塔身。

② 依附于水箱壁上的柱、梁等构件均并入相应水箱壁计算。

③ 水箱槽底、塔顶分别计算，工程量包括所依附的圈梁及挑檐、挑斜壁等。

④ 倒锥形水塔水箱模板按水箱混凝土体积计算，提升按容积以座计算。

(4) 水（油）池、地沟。

① 池、沟的底、壁、盖分别计算工程量。

② 依附于池壁上的柱、梁等附件并入池壁计算；依附于池壁上的沉淀池槽另行列项计算。

③ 肋型盖的梁与板工程量合并计算；无梁池盖柱的柱高自池底表面算至池盖的下表面，工程量包括柱墩、柱帽的体积。

(5) 贮仓。

贮仓的立壁、斜壁混凝土浇捣合并计算，基础、底板、柱浇捣套用建筑物现浇混凝土相应定额。圆形仓模板按基础、底板、顶板、仓壁分别计算；隔层板、顶板梁与板合并计算。

13. 其他

(1) 设备基础二次灌浆按图示尺寸计算，不扣螺栓及预埋铁件体积。

(2) 沉井：

① 依附于井壁上的柱、垛、止沉板等均并入井壁计算。

② 挖土按刃脚底外围面积乘以自然地面至刃脚底平均深度计算。

③ 铺抽枕木、回填砂石井壁周长中心线长度计算。

④ 沉井封底按井壁（或刃脚内壁）面积乘以封底厚度计算。

⑤ 铁刃脚安装已包括刃脚制作，工程量按图示净用量计算。

⑥ 井壁防水层按设计要求，套相应章节定额，工程量按相关规定计算。

(3) 后张预应力构件不扣除灌浆孔道所占体积。

(4) 现浇混凝土构件的模板按照不同构件，分别以组合钢模、复合木模单独列项，模板的具体组成规格、比例、支撑方式及复合模板的材质等，均综合考虑；定额未注明模板类型的，均按木模考虑。

(5) 现浇混凝土浇捣按现浇现拌混凝土和商品泵送混凝土两部分列项，现拌泵送混凝土按商品泵送混凝土定额执行，混凝土单价按现场搅拌泵送混凝土组价。商品混凝土如非泵送时，套用泵送定额，其人工乘以表3-29中相应系数：

表3-29 人工系数表

序号	项目名称	人工调整系数	序号	项目名称	人工调整系数
一	建筑物		5	楼梯、雨篷、阳台、栏板及其他	1.05
1	基础与垫层	1.5	二	构筑物	
2	柱	1.05	1	水塔	1.5
3	梁	1.4	2	水(油)池、地沟	1.6
4	墙、板	1.3	3	贮仓	2

（6）商品混凝土的添加剂、搅拌、运输及泵送等费用均应列入混凝土单价内。

（7）定额混凝土的强度等级和石子粒径是按常用规格编制的，当混凝土的设计等级与定额不同时，应作换算。毛石混凝土子目中毛石的投入量按常规考虑。

（8）现浇小型构件是指压顶、单独扶手、窗台、窗套线及定额未列项目且单件构件体积在 $0.05m^3$ 以内的其他构件。

预制小型构件是指定额未列项目且每件体积在 $0.05m^3$ 以内的其他构件。

14. 构件的运输及安装

（1）构件运输、安装统一按施工图工程量以立方米计算，制作工程量以平方米计算的，按 $0.1m^3/m^2$ 折算。

（2）屋架工程量按混凝土构件体积计算，钢拉杆运输、安装不另计算。

（3）混凝土预制构件运输，划分为以下四类。Ⅰ、Ⅱ类构件符合其中一项指标的，均套用同一定额。

> **特别提示**
>
> Ⅰ类构件：单件体积≤$1m^3$ 以内、面积≤$5m^2$、长度≤6m；
> Ⅱ类构件：单件体积>$1m^3$ 以内、面积>$5m^2$、长度>6m；
> Ⅲ类构件：大型屋面板、空心板、楼面板；
> Ⅳ类构件：小型构件。

（4）本定额适用于混凝土构件由构件堆放场地或构件加工厂运至施工现场的运输；已综合考虑城镇、现场运输道路等级、道路状况等不同因素。

（5）构件运输基本运距为5km，工程实际运距不同，按每增减1km定额调整。定额不适用于运距超过 35 km 的构件运输。不包括改装车辆、搭设特殊专用支架、桥洞、涵洞、道路加固、管线、路灯迁移及因限载、限高而发生的加固、扩宽、公交管理部门措施费用等，发生时另行计算。

（6）现场预制的构件采用汽车运输时，按本章相应定额执行，运距500 m以内时，按运距1 km以内定额乘以系数0.85。

(7) 预制小型构件包括：桩尖、窗台板、压顶、踏步、过梁、围墙柱、地坪混凝土板、地沟盖板、池槽、浴厕隔断、窨井圈盖、通风道、烟道、花格窗、花格栏杆、碗柜、壁及单件体积小于 $0.05m^3$ 的其他构件。

(8) 采用现场集中预制的构件的构件，是按吊装机械回转半径内就地预制考虑的，如因场地条件限制，构件就位距离超过 15m 需用起重机移运就位的，运距在 50m 以内的，起重机械乘以系数 1.25，运距超过 50m，按构件运输相应定额计算。

(9) 构件吊装采用的吊装机械种类、规格按常规施工方法取定；如采用塔吊或卷扬机时，应扣除定额中的起重机台班，人工乘以系数(塔吊 0.66、卷扬机 1.3)调整，以人工代替机械时，按卷扬机计算。采用塔吊施工，因建筑物造型所限，部分构件不能就位时，该部分构件可按构件运输相应定额计算运输费。

(10) 定额按单机作业考虑，如因构件超重需双机塔吊时(包括按施工方案相关工序涉及的构件)，套相应定额，其人工、机械乘以系数 1.2。

(11) 构件如须采用跨外吊装时，除塔吊施工以外，按相应定额乘以系数 1.15。

(12) 构件安装高度以 20m 以内为准，如檐高在 20m 以内，构件安装高度超过 20m 时，除塔吊施工以外，相应定额乘以系数 1.2。

(13) 定额不包括安装过程中起重机械、运输机械场内行驶道路的修整、铺垫工作，发生时按实际内容另行计算。

(14) 现场制作采用砖胎膜的构件，安装相应人工、机械乘以系数 1.1。

(15) 构件安装定额已包括灌浆所需消耗，不另计算。

(16) 构件安装需另行搭设的脚手架按施工组织设计要求计算，并套用脚手架工程相应定额。

15. 钢筋工程

钢筋工程应区别构件及钢种，以理论质量计算，理论质量按设计图示长度、数量乘以钢筋单位理论质量计算，包括设计要求锚固、搭接和钢筋超定尺长度必须计算的搭接用量；钢筋的冷拉加工费不计延伸率不扣。

钢筋净用量＝设计长度×单位理论重量，单位：吨(t)。

1) 单根通长直钢筋长度

$$L = L_0 - a + L_G + n \cdot L_d + L_m$$

式中：L_0——构件长度；

　　　a——保护层厚度；

　　L_G——弯钩增加长度；不需要设弯钩的此项不计算。

　　　　其中Ⅰ级钢每只弯钩增加长度为：

　　　　180°计 $6.25d$；135°计 $4.9d$；90°计 $3.5d$。

　　L_d——钢筋搭接长度；钢筋搭接长度及数量应按设计图示、标准图集和规范要求计算。遇设计图示、标准图集和规范要求不明确时，钢筋的搭接及数量可按以下规则计算：

　　　　灌注桩钢筋笼纵向钢筋、大口径桩的钢筋笼及地下连续墙的钢筋网片按 $10d$ 计算，其余均按 $35d$ 计算。

　　　　n——搭接个数；

　　　　单根钢筋每 8m 一个搭接。

　　　　建筑物柱、墙、构件竖向钢筋搭接按自然层计算。

　　L_m——钢筋端部弯锚长度，按设计或规范要求计算。

2) 单根弯起钢筋长度

$$L=L_0-2a+2L_\mathrm{G}+n \cdot L_\mathrm{d}+L_\mathrm{m}+L_\mathrm{w}$$

式中：L_w——弯起钢筋斜边增加长度，取值为 $0.4H$，H 为梁高、板厚。

式中其他参数含义同单根通长直钢筋的计算。

3) 箍筋长度

$$L=单个箍筋长 \times N$$

式中：单个箍筋长——按照设计图示，标准图集和规范要求计算，遇设计图示、标准图集和规范要求不明确时，箍筋(板筋)的设计间距；拉筋的长度及数量可按以下规则计算：

(1) 墙板 S 形拉结钢筋长度按墙板厚度减保护层再加两端弯钩计算。

(2) 弯起钢筋不分弯起角度，每个斜边增加长度按梁高，(或板厚)乘以 0.4 计算。

(3) 箍筋(板筋)排列根数为柱、梁、板净长除以箍筋(板筋)的设计距离；设计有不同距离时，应分段计算。柱净长按层高计算，梁净长按混凝土规则计算，板净长指主(次)梁与主梁之间的净长。计算中有小数时，向上取整。

(4) 桩螺旋箍筋长度计算为螺旋箍筋长度加水平箍筋长度。

$$螺旋箍筋长度=\sqrt{((D-2C+d)\times\pi)^2+h^2}\times n$$

$$水平箍筋长度=\pi(D-2C+d)\times(1.5\times 2)$$

式中：D——桩直径(m)；

　　　C——主筋保护层厚度(m)；

　　　d——箍筋直径(m)；

　　　h——间距直径(m)；

　　　n——箍筋道数(桩中箍筋配置范围除以箍筋间距，计算中有小数时，向上取整)。

箍筋只数 N：

　　　无加密区段箍筋只数 $N=L_\mathrm{n}/@+1$　（N 非整数时，尾数进上取整数）

　　　一端有加密区段箍筋只数 $N=(L_\mathrm{n}-L_\mathrm{n1})/@+L_\mathrm{n1}/@_1+1$

　　　二端有加密区段箍筋只数 $N=(L_\mathrm{n}-2L_\mathrm{n1})/@+2L_\mathrm{n1}@_1+1$

式中：L_n——箍筋设置区域长度；

　　　L_n1——箍筋加密区长度。

@、$@_1$ 分别为非加密区段和加密区段箍筋的间距。

4) 双层钢筋撑脚长度

设计有规定，按设计规定计算；

$$设计无规定时，撑脚长度=n\times L_1$$

式中：n——撑脚在板里时，3 只/m²(板的净面积)，撑脚在基础底板里时，1 只/m²；

　　　L_1——单个撑脚长度，其中板为板厚$\times 2+0.1$m，基础为基础底板厚$\times 2+1$m。

> **特别提示**
>
> 撑脚按照所在构件最小钢筋计算重量,合并到所在构件钢筋里计算直接费。

5) 先张法预应力钢筋

先张法预应力钢筋长度按照预制构件本身设计长度计算。

6) 后张法预应力钢筋

后张法预应力钢筋长度与后张法钢筋张拉方法、张拉机具、锚具等有关,计算规则如下。

(1) 低合金钢筋两端均采用螺杆锚具时,钢筋长度按孔道长度减 0.35m 计算,螺杆另行计算。

(2) 低合金钢筋一端采用镦头插片、另一端采用螺杆锚具时,钢筋长度按孔道长度计算,螺杆另行计算。

(3) 低合金钢筋一端采用镦头插片、另一端采用帮条锚具时,钢筋长度按孔道长度增加 0.15m 计算;两端均采用帮条锚具时,钢筋长度按孔道长度增加 0.3m 计算。

(4) 低合金钢筋采用后张混凝土自锚时,钢筋长度按孔道长度增加 0.35m 计算。

(5) 低合金钢筋(钢绞线)采用 JM、XM、QM 型锚具,孔道长度在 20m 以内时,钢筋长度按孔道长度增加 1m 计算;孔道长度 20m 以外时,钢筋(钢绞线)长度按孔道长度增加 1.8m 计算。

(6) 碳素钢丝采用锥形锚具,孔道长度在 20m 以内时,钢丝束长度按孔道长度增加 1m 计算;孔道长在 20m 以上时,钢丝束长度按孔道长度增加 1.8m 计算。

(7) 碳素钢丝束采用镦头锚具时,钢丝束长度按孔道长度增加 0.35m 计算。

7) 预埋铁件

除模板使用铁件以外,混凝土的构件及砌体内预埋的铁件均按图示尺寸以净重量计算。

8) 分布钢筋

分布钢筋是固定负弯矩钢筋的构造钢筋,在结构图中不显示,通常做法是 $\phi 6@200$,分布。钢筋可按单根通长直钢筋长度计算。

表 3-30 所列的构件,其钢筋制作安装可按表中所列系数调整人工、机械用量。

表 3-30 钢筋制作安装人工、机械用量调整系数表

项目	预制构件		构筑物	
			贮仓	
系数范围	拱形、梯形屋架	托架梁	矩形	圆形
人工、机械调整系数	1.16	1.05	1.25	1.5

【例 3-28】计算图 3.34 中现浇单跨矩形梁的钢筋直接费,已知矩形梁共 10 根。

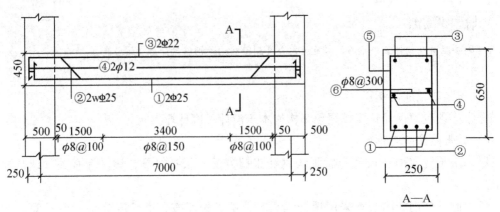

图 3.34 梁钢筋配筋图

【解】设计图中未明确时，本题保护层厚度按 25mm 计算，钢筋单根长度大于 8m 时，钢筋搭接长度按 35d 计算，箍筋及弯起筋按梁断面尺寸计算；锚固长度按图示尺寸计算。

① 2Φ25：$L = 7 + 0.25 \times 2 - 0.025 \times 2 + 0.45 \times 2$（锚固长度）$+ 0.025 \times 35$（搭接长度）
$\quad\quad\quad = 9.225$ (m)

$W_1 = 9.225 \times 2 \times 3.85 \times 10 = 710$ (kg)

② 2wΦ25：$L = 7 + 0.25 \times 2 - 0.025 \times 2 + 0.65 \times 0.4 \times 2 + 0.45 \times 2 + 0.025 \times 35$
$\quad\quad\quad = 9.745$ (m)

$W_2 = 9.745 \times 2 \times 3.85 \times 10 = 750$ (kg)

③ 2Φ22：$L = 7 + 0.25 \times 2 - 0.025 \times 2 + 0.45 \times 2 + 0.022 \times 35 = 9.12$ (m)

$W_3 = 9.12 \times 2 \times 2.98 \times 10 = 545$ (kg)

④ 2φ12：$L = 7 + 0.25 \times 2 - 0.025 \times 2 + 0.012 \times 12.5 = 7.6$ (m)

$W_4 = 7.6 \times 2 \times 0.888 \times 10 = 135$ (kg)

⑤ φ8@150/100：$L = (0.25 - 0.025 \times 2 + 0.65 - 0.025 \times 2) \times 2 + 4.9 \times 0.008 \times 2$
$\quad\quad\quad = 1.678$ (m/只)

$N = 3.4 \div 0.15 - 1 + (1.5 \div 0.1 + 1) \times 2 = 21.67 + 16 \times 2 = 53.67 = 54$（只）

$W_5 = 1.678 \times 0.395 \times 54 \times 10 = 358$ (kg)

⑥ φ8@300：$L = 0.25 - 0.025 \times 2 + 12.5 \times 0.008 = 0.3$ (m/只)

$N = (7 - 0.25 \times 2) \div 0.3 + 1 = 23$（只）

$W_6 = 0.3 \times 0.395 \times 23 \times 10 = 27$ (kg)

工程量汇总：Ⅰ级圆钢 $\sum W = 135 + 358 + 27 = 520$ (kg)

$\quad\quad\quad\quad$ Ⅱ级螺纹钢 $\sum W = 710 + 750 + 545 = 2005$ (kg)

梁钢筋工程直接费用见表 3-31：

表 3-31 梁钢筋工程直接费用表

序号	定额编号	分部分项工程名称	单位	工程量	基价/元	合价/元
1	4-416	现浇构件圆钢	t	0.520	4475	2327.00
2	4-417	现浇构件螺纹钢	t	2.005	4219	8459.01

16. 屋面及防水工程

屋面是房屋最上部起覆盖作用的外围构件，用来抵抗风霜、雪雨、冰雹的侵袭并减少日晒、寒冷。屋面的主要功能是防水、排水、保温及隔热。屋面是由结构层、找平层、保温隔热层、防水层、面层等组成的。按照屋面的坡度可分为平屋面、坡屋面，按照材料的不同可分刚性屋面、柔性屋面、瓦屋面、膜结构屋面等。

1) 刚性屋面的计量与计价

刚性防水屋面：以细石混凝土等刚性材料作为屋面防水层的叫刚性防水屋面。

刚性屋面的组成：找平层、保温层、防水层、面层、分隔缝等。

（1）刚性屋面找平层的计量与计价。

刚性屋面找平层主要有水泥砂浆和混凝土找平层，工程量按照找平层的水平投影面积计算。

（2）刚性屋面防水层的计量与计价。

刚性屋面防水层主要有细石混凝土，其工程量按照防水层的水平投影面积计算。

（3）刚性屋面保温层的计量与计价。

常用的保温隔热材料有石灰炉渣、水泥珍珠岩、加气混凝土和微孔硅酸钙等，还有预制混凝土板架空隔热层。保温隔热层工程量按体积计算，其厚度按隔热材料净厚度（不包括胶结材料厚度）尺寸计算。

（4）刚性屋面面层的计量与计价。

刚性屋面的面层主要有预制混凝土板保护层、水泥砂浆保护层、砾石保护层，其工程量均按照保护层的水平投影面积计算。

> **特别提示**
>
> 预制混凝土薄板的制作、运输另行按照预制构件计量与计价；水泥砂浆厚度以2cm为准，砾石厚以4cm为准，厚度不同，材料按比例换算。

2) 瓦屋面的计量与计价

瓦屋面是在木结构、钢筋混凝土结构或钢结构上用瓦做防水的屋面，分别见图3.35～图3.37。

（1）木结构瓦屋面的计量与计价。

木结构瓦屋面主要由木屋架、檩条、屋面木基层、瓦等组成，根据图纸的具体设计情况分别计算。

① 木屋架：木屋架的工程量按照图示体积计算，均不扣除孔眼、开榫、切肢、切边的体积。屋架体积包括剪刀撑、挑沿木、上下弦之间的拉杆、夹木等，不包括中立人在下弦上的硬木垫块。气楼屋架、马尾屋架、半屋架均按正屋架计算。

② 檩条：檩条工程量按照图示体积计算，檩条垫木包括在檩木定额中，不另计算体积。单独挑檐木，每根材积按0.018m³计算，套用檩木定额。

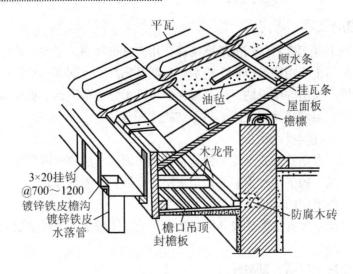

图 3.35 木结构瓦屋面构造示意图

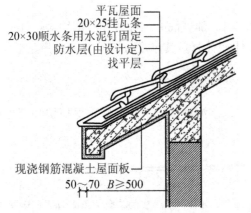

图 3.36 混凝土结构瓦屋面示意图   图 3.37 钢结构钢板彩瓦屋面构造示意图

③ 屋面木基层：屋面木基层分橼子基层与屋面板基层，工程量按屋面斜面积计算。不扣除房上烟囱、风帽底座、通风道、屋面小气窗、屋脊、斜沟、伸缩缝、屋面检查洞及 $0.3m^2$ 以内孔洞所占面积，除另有规定外洞口翻边也不加。

④ 瓦屋面：瓦屋面工程量按按屋面斜面积计算。不扣除房上烟囱、风帽底座、通风道、屋面小气窗、屋脊、斜沟、伸缩缝、屋面检查洞及 $0.3m^2$ 以内孔洞所占面积，除另有规定外洞口翻边也不加。

屋面挑出墙外的尺寸，按设计规定计算，如设计无规定时，彩色水泥瓦、粘土平瓦按水平尺寸加 70mm，小青瓦按水平尺寸加 50mm 计算。多彩油毡瓦工程量计算规则同屋面防水定额。

(2) 混凝土结构瓦屋面的计量与计价。

混凝土结构瓦屋面主要是由找平层、防水层、顺水条、挂瓦条、瓦等组成，瓦屋面同木结构瓦屋面的计算，其余均按图示尺寸以平方米计算。

(3) 钢结构瓦屋面的计量与计价。

钢结构瓦屋面主要是由钢屋架、钢檩条、钢瓦(彩钢板)等组成,依据图纸的具体设计情况分别计算。

① 钢屋架、钢檩条:钢屋架、钢檩条制作及安装的工程量按设计图纸的全部钢材几何尺寸以吨计算,不扣除孔眼、切边、切肢的重量,焊条、螺栓等重量不另增加,需要计算钢屋架和钢檩条的制作和安装两项内容。

② 钢瓦、钢屋面板:钢瓦、钢屋面板制作及安装工程量按设计图示尺寸的铺设(挂)面积计算,不扣除 $0.3m^2$ 以内孔洞的面积,其中楼板不扣除柱和垛,屋面板不扣风帽底座、风道、屋面小气窗和斜沟所占面积,但屋面小气窗也不另行计算。

3) 防水防潮的计量与计价

防水防潮层主要分布在屋面、墙面、地面、基础等部位。

(1) 屋面防水层的计量与计价。

屋面防水卷材和涂膜按露面实铺面积计算。天沟、挑檐按展开面积计算并入屋面防水工程量。不扣除房上烟囱、风帽底座、通风道、屋面小气窗、屋脊、斜沟、伸缩缝、屋面检查洞及 $0.3m^2$ 以内孔洞所占面积,除另有规定外洞口翻边也不加。

> **特别提示**
>
> 伸缩缝、女儿墙和天窗处的弯起部分,按图示尺寸计算,如设计无规定时,伸缩缝、女儿墙的弯起部分按250mm、天窗的弯起部分按500mm计算,并入相应防水工程量。卷材防水附加层,按图示尺寸展开计算,并入相应防水工程量。
>
> 涂膜屋面的油膏嵌缝、塑料油膏玻璃布盖缝按延长米计算。

(2) 平面、立面防水、防潮层的计量与计价。

平面防水、防潮层的工程量按主墙间净面积计算,应扣除凸出地面的构筑物、设备基础等所占的面积,不扣除柱、垛、间壁墙、附墙烟囱及每个面积在 $0.3m^2$ 内的孔洞所占面积。

立面防水、防潮层的工程量按实铺面积计算,应扣除每个面积在 $0.3m^2$ 以上的孔洞面积,孔侧展开面积并入计算。

防水砂浆防潮层按图示面积计算。

> **特别提示**
>
> 平面与立面连接处高度在500mm以内的立面面积应并入平面防水项目计算。立面高度在500mm以上,其立面全部均按立面防水项目计算。

4) 变形缝的计量与计价

变形缝包括沉降缝、伸缩缝。工程量均按延长米计算。

> **特别提示**
>
> 沉降缝，即将建筑物或构筑物从基础到屋面顶部分隔成段的竖直缝。
>
> 伸缩缝，又称为"温度缝"，即在长度较大的建筑物或构筑物中，在基础以上设置直缝，把建筑物或构筑物分隔成段，借以适应温度变化而引起的伸缩，以避免产生裂缝。
>
> 变形缝的构造做法分为嵌缝及盖缝。嵌缝及盖缝的工程量均按延长米计算，盖缝和嵌缝的立面是指垂直方向的盖缝，如墙面变形缝；盖缝和嵌缝的平面是指水平方向的盖缝，如天棚、楼地面变形缝。如果室内有变形缝，要计算该房间内天棚、地面、墙面的嵌缝与盖缝，同时还要计算房间外的墙面、楼板上表面的嵌缝与盖缝。
>
> 当室内变形缝用与地面同材质的材料覆盖后，盖缝项目不再大度计算。嵌缝项目根据图纸具体设计要求来确定是否计算。
>
> 断面或展开尺寸与定额不同时，材料用量按比例换算。

【例 3-29】 断面尺寸为 40×20mm 的伸缩缝，嵌建筑油膏，求其单价。

【解】 查定额得 7-88H=4.78+(40×20/30×20-1)×3.1935=5.84(元/m)

【例 3-30】 计算广联达培训楼屋面工程的工程直接费。已知大屋面的做法——1:2 水泥砂浆找平层；干铺炉渣找坡平均厚度 50mm；1:10 水泥珍珠岩保温层厚 100mm；1:2 水泥砂浆找平层；SBS 防水层上翻 250mm。檐沟做法——干铺炉渣找坡平均厚度为 50mm；1:2 水泥砂浆找平层；SBS 防水层外上翻 200mm、内上翻 250mm。

【解】（1）大屋面：

1:2 水泥砂浆找平层工程量=(11.6-0.24×2)(6.5-0.24×2)=66.94(m²)

查定额得 10-1　1:3 水泥砂浆找平层　781 元/100m²

查附录 1:2 水泥砂浆　228.22 元/m³，则单价换算后得：

10-1H=781+(228.22-195.13)×2.02=847.84(元/100m²)

干铺炉渣找坡工程量=66.94×0.05=3.35(m³)

1:10 水泥珍珠岩保温层工程量=66.94×0.1=6.69(m³)

1:2 水泥砂浆找平层工程量同第一层的水泥砂浆找平，在此计算省略。

SBS 防水层工程量=66.94+(11.12+6.02)×2×0.25=66.94+8.57=75.51(m²)

（2）檐沟：

干铺炉渣找坡工程量
=[(0.6-0.06)(11.6+0.54+6.5+0.54)×2+0.6(4.56-0.06×2)]×0.05
=(0.54×19.18×2+0.6×4.44)×0.05
=(20.71+2.66)×0.05=23.37×0.05=1.17(m³)

1:2 水泥砂浆找平层工程量=23.37(m²)

SBS 防水层工程量
=23.37+[(11.6+0.54×2+6.5+0.54×2)×2+0.6×2]×0.26+(11.6+6.5)×2×0.25
=23.37+(126.48×0.26+36.2×0.25)
=23.37+17.27=40.64(m²)

屋面工程直接费用见表 3-32：

表 3-32 屋面工程直接费用表

序号	定额编号	分部分项工程名称	单位	工程量	基价/元	合价/元
1	10-1H	1∶2水泥砂浆找平层	m²	66.94×2+23.37=157.25	8.4784	1332.68
2	8-46	干铺炉渣找坡层	m³	3.35+1.17=4.52	54.3	245.44
3	8-44	1∶10水泥珍珠岩保温层	m³	6.69	200.1	1338.67
4	7-57	SBS防水层	m²	75.51+40.64=116.15	33.57	3899.16

17. 防腐、保温、隔热工程

防腐工程分刷油防腐和耐酸防腐两类。刷油防腐是一种经济而有效的防腐措施。目前常用的防腐材料有：沥青漆、酚树脂漆、酚醛树脂漆、氯磺化聚乙烯漆、聚氨酯漆等。耐酸防腐是运用人工或机械将具有耐腐蚀性能的材料浇筑、涂刷、喷涂、粘贴或铺砌在应防腐的工程构件表面上，以达到防腐蚀的效果。常用的防腐材料有：水玻璃耐酸砂浆、混凝土；耐酸沥青砂浆、混凝土；环氧砂浆、混凝土及各类玻璃钢等。根据工程需要，可用防腐块料或防腐涂料做面层。

屋面保温隔热层的作用：减弱室外气温对室内的影响，或保持因采暖、降温措施而形成的室内气温。对保温隔热所用的材料，要求相对密度小、耐腐蚀并有一定的强度。常用的保温隔热材料有石灰炉渣、水泥珍珠岩、加气混凝土和微孔硅酸钙等，还有预制混凝土板架空隔热层。

1）耐酸防腐项目计量与计价

（1）耐酸防腐工程项目应区分不同材料种类及其厚度，按设计实铺面积以平方米计算，平面项目应扣除凸出地面的构筑物、设备基础等所占的面积，但不扣除柱、垛所占面积。柱、垛等突出墙面部份，按展开面积计算，并入墙面工程量内。

（2）踢脚板按实铺长度乘高以平方米计算，应扣除门洞所占的面积，并相应增加侧壁展开面积。

（3）平面砌双层耐酸块料时，按单层面积乘以系数2计算。

（4）硫磺胶泥二次灌缝按实体积计算。

2）保温隔热项目计量与计价

（1）墙柱面保温砂浆，聚氨酯喷涂、保温板铺贴面积按设计图示尺寸的保温层中心线长度乘以高度计算，应扣除门窗洞口和 $0.3m^2$ 以上的孔洞所占面积，不扣除踢脚线、挂镜线盒墙与构建胶结处面积。门窗洞口的侧壁和顶面、附墙柱、梁、垛、烟道等侧壁并入相应的墙面面积计算。

（2）按立方米计算的隔热层，外墙按围护结构的隔热层中心线、内墙按隔热层净长乘以图示尺寸的高度计厚度以立方米计算。应扣除门窗铜扣、管道穿窗铜扣所占体积。

（3）屋面保温砂浆、聚氨酯喷涂、保温板铺贴按设计图示面积计算，不扣除屋面排烟道、通风孔、伸缩缝、屋面检查洞及 $0.3m^2$ 以内孔洞所占面积，洞口翻边也不增加。

（4）天棚保温隔热、隔音按设计图示尺寸以水平投影面积计算，不扣除间壁墙（包括半砖墙)、垛、柱、附墙烟囱、检查口和管道所占的面积。带天棚,梁侧面的工程量并入天棚内计算。

(5) 楼地面的保温隔热层面积按围护结构墙间净面积计算,不扣除柱、垛及每个面积 $0.3m^2$ 内的孔洞所占面积。

(6) 保温隔热层的厚度。按隔热材料净厚度(不包括胶结材料厚度)尺寸计算。

(7) 柱包隔热层按图示柱的隔热层中心线的展开长度乘以图示高度及厚度以立方米计算。

(8) 软木板铺贴墙柱面、天棚,按图示尺寸以立方米计算。

(9) 柱帽保温隔热按设计图示尺寸并入天棚保温隔热工程量内。

(10) 池槽保温隔热,池壁并入墙面保温隔热工程量内,池底并入地面保温隔热工程量内。

(11) 保温层排气管按图示尺寸以延长米计算,不扣除管件所占长度,保温层出气孔按不同材料以个计算。

特别提示

本章定额中保温砂浆及耐酸的种类,配合比及保温板材料的品种、型号规格和厚度等与设计不同时,应按设计规定进行调整。

墙体保温砂浆子目按外墙保温考虑,如实际为外墙内保温,人工乘以系数 0.75,其余不变。

抗裂防护层中抗裂砂浆厚度设计与定额不同时抗裂砂浆与搅拌机定额用量按比例调整,其余不变。

抗裂防护层网格布(钢丝网)之间的搭接及门窗洞口周边加固,定额中已综合考虑,不另行计算。

本章中包含基层界面剂涂刷、找平层、基层抹灰及装饰面层、发生时套用相应子目另行计算。

弧形墙、柱、梁等保温砂浆抹灰、抗裂防护层抹灰、保温板铺贴按照相应项目人工乘以系数 1.15,材料乘以系数 1.05。

耐酸防腐整体面层、隔离层不分平面、里面,均按材料做法套用同一定额;块料面层以平面铺贴为准,立面铺贴套平面定额,人工乘以系数 1.38,踢脚线人工乘以系数 1.56,其余不变。

池、沟、槽瓷砖面层定额不分平、立面,适用于小型池、槽、沟(划分标准见第四章)。

耐酸定额是按自然养护考虑的,如需特殊养护者,费用另计。

耐酸面层均未包括踢脚线,如设计有踢脚线时,套用相应面层定额。

防腐卷材接缝、附加层、收头等人工材料已计入定额中,不再另行计算。

温层排气管按 $\phi 50$ UPVC 管及综合管件编制,排气孔:$\phi 50$ UPVC 管按 180°单出口考虑(2 只 90°弯头组成),双出口时应增加三通 1 只;$\phi 50$ 钢管、不锈钢管按 180°煨制弯考虑,当采用管件拼接时另增加弯头两只,管材用量乘以 0.7。管材、管件的规格、材质不同,单价换算,其余不变。

树脂珍珠岩板、天棚保温吸音层、超细玻璃棉、装袋矿棉、聚苯乙烯泡沫板厚度均按 50mm 编制,设计厚度不同单价可换算,其余不变。

本章定额中采用石油沥青作为胶结材料的子目均指使用于有保温、隔热要求的工业建筑及构筑物工程。

【例 3-31】墙面瓷砖耐酸沥青胶泥铺砌,厚度为 65mm。

【解】查定额 8-110H=11638+3452.9×0.38=12950.1(元/100m²)

【例 3-32】踢脚板瓷砖耐酸沥青胶泥铺砌,厚度为 20mm。

【解】查定额 8-111H= 10169+3655×0.56=12215.8(元/100m²)

18. 木结构

1) 基本概念

(1) 木屋架、钢木屋架：

木屋架是指全部杆件均采用如方木或圆木等木材制作的屋架。

钢木屋架是指受压杆件如上弦杆及斜杆均采用木材制作，受拉杆件如下弦杆及拉杆均采用钢材制作，拉杆一般用圆钢材料，下弦杆可以采用圆钢或型钢材料的屋架。

(2) 封檐板、檩条、椽子(橼条)、挂瓦条如图 3.36、图 3.37 所示。

(3) 毛料是指圆木经过加工而没有刨光的各种规格的锯材。

净料是指圆木经过加工刨光而符合设计尺寸要求的锯材。

断面是指材料的横截面，即按材料长度垂直方向剖切而得的截面。

2) 定额子目的划分

包括木屋架、檩木、覆木，屋面木基层、封檐板及其他 3 部分。

3) 工程量计算规则

(1) 计算木材材积，均不扣除孔眼、开榫、切肢、切边的体积。

(2) 屋架材积包括剪刀撑、挑沿木、上下弦之间的拉杆、夹木等，不包括中立人在下弦上的硬木垫块。气楼屋架、马尾屋架、半屋架均按正屋架计算。檩条垫木包括在檩木定额中，不另计算体积。单独挑檐木，每根体积按 $0.018m^3$ 计算，套用檩木定额。

(3) 屋面木基层的工程量，按设计图示尺寸以斜面积计算。不扣除房上烟囱、风帽底座、风道、小气窗和斜沟等所占的面积。屋面小气窗的出檐部分面积另行增加。

(4) 封檐板按延长米计算。

(5) 木楼地楞材积按立方米计算。木楼地楞定额已包括平撑、剪刀撑、沿油木的材积。

(6) 木楼梯按水平投影面积计算，不扣除宽度小于 300mm 的楼梯井，其踢脚、平台和伸入墙内部分，不另计算；但楼梯扶手、栏杆另行计算。

> **特别提示**
>
> 本章定额是按机械和手工操作综合编制的，实际不同均按定额执行。
>
> 本章定额采用的木材木种，除另有注明外，均按一、二类为准，如采用三、四类木种时，木材单价调整，门相应定额制作人工和机械乘以系数 1.3。
>
> 定额所注明的木材断面、厚度均以毛料为准，设计为净料时，应另加刨光损耗，板枋材单面刨光加 3mm，双面刨光加 5mm，圆木直径加 5mm，屋面木基层中的椽子断面是按杉圆木 $\phi 7$ 对开、松枋 40 乘以 60 确定的，如设计不同时，木材用量按比例计算，其余用量不变。屋面木基层中屋面板的厚度是按 15 确定的，实际厚度不同，单价换算。
>
> 本章定额中的金属件已包括刷一遍防锈漆的工料。
>
> 设计木门及木构件中的钢构件及铁件用量与定额不同时，按设计图示用量调整。

4) 相关换算

这部分定额计价中，当设计与定额一致时，直接套用定额基价，当设计与定额不一致时可以通过换算或编制补充定额解决基价问题。常见的几种应用如下：

(1) 木材种类的换算。

定额采用的木材木种,除另有注明外,均按一、二类木材为准,如采用三、四类木种时,木材单价调整,且相应定额制作人工和机械乘以系数1.3。

换算公式如下:

换算后基价＝原基价＋(设计木材单价－定额木材单价)
×定额用量＋人工、机械费的差价

> **特别提示**
>
> 木种分类如下。
> 一类、二类:红松、水桐木、樟子松、白松(云杉、冷杉)、杉木、杨木、柳木、椴木。
> 三类、四类:青松、黄花松、秋子木、马毛松、东北榆木、柏木、芳楝木、梓木、黄菠萝、椿木、楠木、柚木、樟木、榉木、橡木、核桃木、樱桃木。

(2) 木材材积的换算。

定额所注的木材断面、厚度均以毛料为准,设计为净料时,应另加刨光损耗,木材断面、厚度如设计与定额规定不同时,木材用量按比例计算,其余用量不变。

换算后基价＝原基价＋$\left(\dfrac{\text{设计木材断面或厚度}}{\text{定额木材断面或厚度}}-1\right)\times$定额木材消耗量×木材单价

【例3-33】已知屋面有油毡木基层,平口屋面板厚20mm,市场价为40元/m²,求基价。

【解】查定额5-15的基价为3275元/100m²。

换算后基价＝3275＋105×(40－22.4)＝5123.00(元/100m²)

> **特别提示**
>
> 屋面木基层中屋面板的厚度是按15确定的,实际厚度不同,单价换算。屋面板属于单面刨光。

(3) 钢材的换算。

定额取定的钢材品种、比例与设计不同时,可按设计比例调整;

19. 金属结构

1) 钢材类型

建筑结构常用钢材为普通碳素钢的Q235钢和普通低合金钢的Q335钢。按照钢材断面形态可以分为圆钢(ϕ一级钢、Φ二级钢)、方钢□、角钢∟、槽钢[、工字钢I、钢板或扁钢(一)、钢管。

2) 钢材理论重量的计算方法

(1) 各种规格型钢的计算:

各种型钢包括等边角钢、不等边角钢、槽钢、工字钢等,每米理论重量均可从型钢表中查得。

(2) 钢板的计算:

钢材的密度为$7850 kg/m^3$、$7.85 g/cm^3$。

1mm厚钢板每平方米重量为$7850\times0.001=7.85(kg/m^2)$

计算不同厚度钢板时其每平方米理论重量为 $7.850×δ$（$δ$ 为钢板厚度）

（3）扁钢、钢带的计算：

计算不同厚度扁钢、钢带时其每米理论重量为 $0.00785×a×δ$（a、$δ$ 为扁钢宽度及厚度）

（4）方钢的计算：

$$G=0.00617×a^2 \quad （a 为方钢的边长）$$

（5）圆钢的计算：

$$G=0.00617×d^2 \quad （d 为圆钢的直径）$$

（6）钢管的计算：

$$G=0.02466×δ×(D-δ) \quad （δ 为钢管的壁厚、D 为钢管的外径）$$

以上公式中 G 为每米长度的重量(kg/m)，其他计算单位均为 mm。

3）金属工程的计量与计价

金属工程按照构件的制作、运输、安装、刷油 4 个步骤计量与计价。

特别提示

金属构件制作、运输、安装的工程量均按设计图示尺寸以质量计算。不扣除孔眼、切边、切肢的重量，焊条、铆钉、螺栓等不另增加质量。不规则或多边形钢板以其面积乘以厚度乘以单位理论质量计算。

其他金属面构件的刷油工程量按照构件制作重量分别乘以各自的刷油系数以吨计算；金属面刷油工程量按照构件的展开面积以平方米计算。

（1）金属构件制作工程量说明。

① 金属构件制作工程量按设计图示尺寸以质量计算。不扣除孔眼、切边、切肢的重量，焊条、铆钉、螺栓等不另增加质量。不规则或多边形钢板以其面积乘以厚度乘以单位理论质量计算。

② 依附在钢柱上的牛腿及悬臂梁等并入钢柱工程量内。

③ 钢管柱上的节点板、加强环、内衬管、牛腿等并入钢管柱工程量内。

④ 制动梁、制动版、制动桁架、车档并入钢吊车梁工程量内。

⑤ 依附漏斗的型钢并入漏斗工程量内。

⑥ 钢平台的柱、梁、板、斜撑等的重量应并入钢平台重量内计算。依附于钢平台上的钢扶梯及平台栏杆重量，应按相应的构件另行列项计算。

⑦ 钢扶梯的重量，应包括楼梯平台、楼梯梁、楼梯踏步等种类。钢楼梯上的扶手、栏杆另行列项计算。

⑧ 钢栏杆的重量应包括扶手工程量，如为型钢栏杆、钢管扶手，则工程量应合并计算，套钢栏杆定额。

⑨ 屋楼面板按设计图示尺寸以铺设面积计算。不扣除单个面积 $≤0.3m^2$ 柱、垛及孔洞所占面积。

⑩ 墙面板按设计图示尺寸以铺挂面积计算。不扣除单个面积 $≤0.3m^2$ 的梁、孔洞所占面积，包角、包边、窗台泛水等不另加面积。

⑪ 机械除锈、构件运输、安装工程量同构件制作工程量。

⑫ 不锈钢天沟、彩钢板天沟、泛水、包边、包角，按图示延长米计算。
⑬ 螺栓及栓钉按设计图示以套计算。
(2) 金属构件制作计价说明。
① 本定额适用于现场加工制作，也适用于企业附属加工厂制作的构件。
② 本定额的制作是按焊接编制的，钢材及焊条以 Q235B 为准，如设计采用 Q345B 等，钢材及焊条单价作相应调整，用量不变。
③ 除螺栓、铁件以外，设计钢材规格、比例与定额不同时，可按实调整。
④ 构件制作包括分段制作和整体预装配的工料及机械台班，整体预装配及锚固零星构件使用的螺栓已包括在定额内。制作用的台座，按实际发生另行计算。
⑤ 定额内 H 型钢构件时按钢板焊接考虑编制的，如为定额 H 型钢，除主材价格进行换算外，人工、机械及其他材料乘以系数 0.95。
⑥ 本定额中网架，系平面网路结构，如设计成桐壳、地壳及其他曲面状，制作定额的人工乘以系数 1.3。
⑦ 焊接空心球网架的焊接球壁、管壁厚度大于 12mm 时，其焊条用量乘以系数 1.4，其余不变。
⑧ 本定额中按重量划分的子目均指单只构件重量。
⑨ 轻钢屋架是指单榀重量在 1t 以内，且用小型角钢或用钢筋、管材作为支撑拉杆的钢屋架。
⑩ 型钢混凝土劲性构件的钢构件套用本章相应定额子目，定额未考虑开孔费，如需开孔，钢构件制作定额的人工乘以系数 1.15。
⑪ 钢栏杆、钢管扶手定额与钢平台、钢走道板配套使用。其他部位的栏杆、扶手应套用楼地面工程相应定额。
⑫ 零星构件是指晒衣架、垃圾门、烟囱紧固件及定额未列项目且单件重量在 50kg 以内的小型构件。
⑬ 本定额金属构件制作、安装均未包括焊缝无损探伤（X 光透视、超声波、磁粉着色探伤等）及探伤固定支架制作和被检构件的退磁费用，发生时另行计算。
⑭ 钢支架套用钢支撑定额。
⑮ 本定额构件制作项目中，均已包括刷一遍红丹防锈漆的工料。如设计要求刷其他防锈漆，应扣除定额内红丹防锈漆、油漆溶剂油含量及人工 1.2 工日/t，其他防锈漆另行套用油漆工程定额。
⑯ 本定额构件制作已包括一般除锈工艺，如设计有特殊要求除锈（机械除锈、抛丸除锈等），另行套用定额。
⑰ 本定额中的桁架为直线形桁架，如设计为曲线、折线行桁架，制作定额的人工乘以系数 1.3。
(3) 金属构件安装说明。
① 本章未涉及的相关定额，按混凝土及钢筋混凝土构件安装有关规定执行。
② 网架安装需搭设脚手架，可按脚手架相应定额执行。
③ 构件安装高度均按檐度 20m 内考虑，如檐高在 20m 以内，构件安装高度超过 20m 时，除塔式起重机施工外，相应安装定额子目的人工，机械乘以系数 1.2。檐度超过 20m

时,有关费用按定额相应章节另行计算。

④ 钢柱安装在钢筋混凝土柱上,其人工、机械乘以系数1.43。

(4) 金属构件运输说明。

① 本章定额适用于构件从加工地点到现场安装地点的场外运输,未涉及的相关内容,按混凝土及钢筋混凝土构件运输有关规定执行。

② 构件运输按表3-33分类,套用相应定额。

表3-33 金属构件分类表

类别	构件名称
一	钢柱、屋架、托架梁、桁架、球节点网架
二	钢梁、檩条、支撑、拉条、栏杆、钢平台、钢走道、钢楼梯、钢漏斗、零星构件
三	墙架、挡风架、天窗架、轻钢屋架、其他构件

【例3-34】试计算图3.38所示的钢屋架水平支撑的工程直接费,已知,钢支撑共8榀,运距4km。

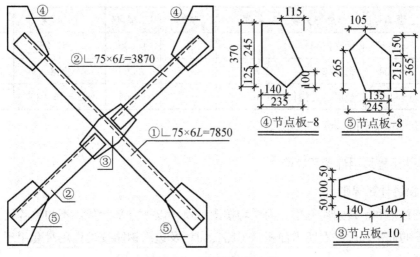

图3.38 钢屋架水平支撑

【解】(1) 钢支撑制作、安装、运输工程量:

① 号杆件∠75×6角钢重量=角钢长度×每米重量×根数
$$=7.85 \times 6.905 \times 8 = 433.63 (\text{kg})$$

② 号杆件∠75×6角钢重量=角钢长度×每米重量×根数
$$=3.87 \times 6.905 \times 2 \times 8 = 427.56 (\text{kg})$$

③ 号节点板-10钢板重量=③号钢板面积×10mm厚每平方米钢板重量×块数
$$=(0.20+0.10) \times 0.14 \div 2 \times 2 \times 7.85 \times 10 \times 8 = 26.38 (\text{kg})$$

④ 号节点板-8钢板重量=④号钢板面积×8mm厚每平方米钢板重量×块数
$$=[0.235 \times 0.37 - (0.14 \times 0.125 + 0.095 \times 0.10 + 0.115 \times 0.27) \div 2] \times 7.85 \times 8 \times 16$$
$$=58.20 (\text{kg})$$

⑤号节点板—8钢板重量=⑤号钢板面积×8mm 厚每平方米钢板重量×块数
$$=[(0.245×0.365-(0.11×0.265+0.105×0.10+0.14\\×0.15)÷2]×7.85×8×16$$
$$=59.38(kg)$$

屋架水平钢支撑工程量=(433.63+427.56+26.38+58.20+59.38)/1000=1.005(t)

其中:角钢比例=(433.63+427.56)÷1005×100%=85.69%

钢板比例=100%-85.69%=14.31%

(2) 定额基价换算:套用定额6-58H,查定额附录四,角钢预算价为3650元/t。

换算后的基价=5242+1.06×85.69%×3650-0.91×3850
  +(1.06×14.31%-0.15)×3800
  =5242+3315.35-3503.50+6.41=5060.26(元/t)

(3) 计算屋架钢支撑直接工程费见表3-34:

表3-34 屋架钢支撑直接费用表

序号	定额编号	分部分项工程名称	单位	工程量	基价/元	合价/元
1	6-58H	钢支撑制作	t	1.005	5060.26	5085.56
2	6-104	钢支撑安装	t	1.005	388	389.94
3	6-80H	金属二类构件运4km	t	1.005	352-15=337	338.69

注:运距4km需根据5km基价调整。

20. 其他工程项目计量与计价

1) 工程量计算规则

(1) 挖路槽和铺设道路基层、面层均按图示尺寸以平方米计算,不扣除各类井所占面积,带平石的面层扣除平石所占面积;道路传力杆及边缘钢筋按设计用量套用现浇构件钢筋相应定额。

(2) 挖道路边沟和铺设道路侧石、平石按图示尺寸以延长米计算。

(3) 铸铁花饰围墙按图示长度乘以高度计算。

(4) 排水管道工程量按图示尺寸以延长米计算,管道铺设方向窨井内径尺寸小于50cm 时不扣除每个长度在5cm 时不扣除窨井所占长度,大于50cm 时,按井壁内空尺寸扣除窨井所占长度。

(5) 洗涤槽以延长米计算,双面洗涤槽工程量以单面长度乘以2计算。

(6) 砖砌翼墙,单面为一座,双面按两座计算。

2) 应用说明

本定额适用于一般工业与民用建筑的厂区、小区及房屋附属工程;室外道路、排水项目如按市政要求单独设计的,套用市政工程定额。

特别提示

预制钢筋混凝土围墙的土方、基础、钢筋混凝土柱及薄板的制作、运输应按有关章节定额另列项目计算。

排水管每节实际长度不同不作调整。

窨井按浙 S1—91 标准图集编制，如设计不同，可参照相应定额执行，砖砌窨井井筒与井口内径不一致时，另行补充。

砖砌窨井按内径周长套用定额，井深 1m 编制，实际深度不同，套用"每增减 20cm"定额按比例进行调整。

化粪池按浙 S1—91 标准图集编制，如设计采用的标准图不同，可参照容积套用相应定额。隔油池按 93S217 图集编制。化粪池、隔油池池顶均按不覆土考虑。

小便槽不包括端部侧墙，侧墙砌筑及面层按设计内容另列项目计算，套用相应定额。

单独砖脚定额适用于成品水池下的砖脚。

台阶定额未包括面层，如发生应按设计面层做法，另行套用楼地面工程相应定额。

学习情境小结

本情境主要介绍了地下及地上工程项目的定额计价方法。这部分内容较多，相关规则较多，总结如下。

1. 建筑面积的计算规则是计算建筑面积的基准，具体应用时需注意以下问题。

(1) 按围护结构外围水平面积计算有单层及多层房屋、室外落地橱窗、门斗、挑廊、走廊、檐廊等。外围水平面积除另有规定以外，是指外围结构尺寸，不包括抹灰(装饰)层、凸出墙面的墙裙和梁、柱、垛及附墙的烟道和排气道等。

(2) 按结构底板水平投影面积计算有单层房屋内无围护结构的局部楼层、有永久性顶盖而无围护结构的挑廊及走廊、大厅内的回廊、围护结构不垂直于水平面而向外倾斜的建筑物等。

(3) 按结构顶板(或顶盖)水平投影面积计算有有永久性顶盖无围护结构的场馆看台、有永久性顶盖无围护结构的车棚、站台、加油站等。

(4) 按其他指定界线计算有作为外墙起围护作用的幕墙按幕墙外边线计算、外墙外侧有保温隔热层的，应按保温隔热层外边线计算等。同一建筑物不同层高要分别计算建筑面积时，其分界处的结构应计入结构相似或层高较高的建筑物内，如有变形缝时，变形缝的面积计入较低跨的建筑物内。

2. 地下工程项目定额计价法规则。

(1) 重点掌握土方工程、垫层、基础工程量的计算与基价的规则。

(2) 挖土与回填土计算的土方状态是不一样的，注意两者之间的转换方法和具体应用条件。

(3) 基础混凝土垫层的长度是按照实际垫层长度取定。

(4) 混凝土条形基础的长度是按照实际基础长度确定的，要单独考虑搭接体积的计算。

(5) 预制桩与灌注桩的计量与计价有各自的特点，注意他们之间的差异。

(6) 熟练应用预算定额，并要掌握预算定额的换算。

3. 地上土建工程项目造价是按照建筑物的组成，由下往上分别计算各个构件的造价，最后汇总而成的。在进行定额计价时应注意以下问题。

(1) 墙的高度、厚度、长度的确定。砌筑墙体扣除的体积主要有与墙具有平行关系的柱、梁、板及门窗洞口。混凝土墙内含的暗梁、暗柱均合并在墙里计算。

(2) 柱的高度的确定。框架柱、无梁板柱、构造柱各自的高度确定的标准是不同的。层高超过3.6m时要考虑柱模板超高增加费。

(3) 梁长的确定。梁模板与梁高有关,层高超过3.6m时要考虑梁模板超高增加费。有梁板里的梁单独计量。

(4) 平板、无梁板的区别,层高超过3.6m时要考虑板模板超高增加费。阳台、雨篷支模高度超过3.6米时,按照板模板定额套用,工程量按照阳台雨篷支模的接触面积考虑。

(5) 现浇混凝土构件模板按照接触面积法计算时,应扣除构件平行交接及$0.3m^2$以上构件垂直交接处的面积。

(6) 楼梯混凝土浇捣、模板工程量均按楼梯露明面的水平投影面积计算,注意底板厚度是否大于定额规定值。如为梁板式楼梯,底板下的梁要参与楼梯底板折实厚度的计算。楼梯的基础、栏杆、梯柱均单独计量与计价。

(7) 定额里的台阶、散水、坡道均是综合价格,如果设计与定额差距较大,需要按照单项定额分别计量与计价。

(8) 混凝土构件的运输按照类别计价。

(9) 本单元中钢筋的计量是根据工程造价固有的计算方法介绍的,不同于钢筋的施工下料长度。

(10) 刚性屋面、卷材防水屋面、瓦屋面的计量与计价,均按照其设计的构造层单独列项进行。

(11) 结构中的木材种类、断面尺寸、钢材种类和规格设计与定额不同时,需要对定额基价进行换算。

(12) 金属构件制作中包含了一遍防锈漆工艺。金属构件运输按照金属构件类别计价。

能力测试

1. 建筑面积的主要作用有哪些?
2. 室内楼梯、室外楼梯建筑面积如何计算?
3. 试述不计算建筑面积的范围。
4. 建筑物外的走廊、檐廊建筑面积如何计算?
5. 坡屋顶设计加以利用的建筑面积如何计算?
6. 建筑物内变形缝的建筑面积如何计算?
7. 图3.39为一幢7层住宅楼平面图,由3个单元组成,外墙厚度为240mm,求该幢住宅楼的建筑面积。
8. 某市区××学校实验室基础平面如图3.40所示。已知地基为二类土,地下常水位标高为-1.0m,设计室内地坪标高为±0.00m,设计室外地坪标高为-0.15m,交付施工的现场标高为0.05m;土方在场内予以平衡,堆放运距为150m。施工单位采用人工挖、运土方,基础为C25现浇现拌混凝土,垫层为C10现浇现拌混凝土,以本省现行定额计价。

(1) 计算2-2、J-1基础挖土方、混凝土基础、垫层的混凝土浇捣及模板的直接费,模板采用含模量法计算。(提示:-0.06标高以上为烧结多孔砖墙体、以下为烧结实心砖。)

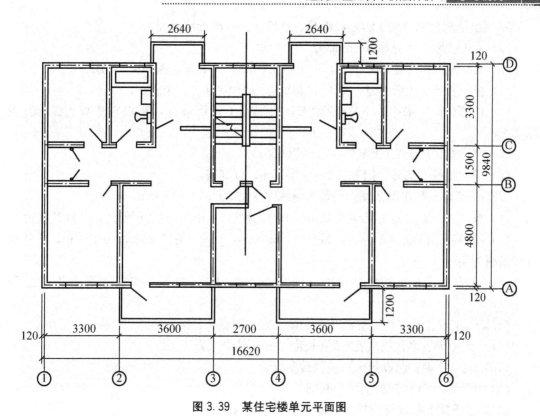

图 3.39　某住宅楼单元平面图

(2) 假设工程施工过程发生了设计变更，砖基础改为 M5 混合砂浆砌筑烧结水泥实心砖(规格同标准砖，价格为 300 元/千块)，请计算砖基础的工程直接费。

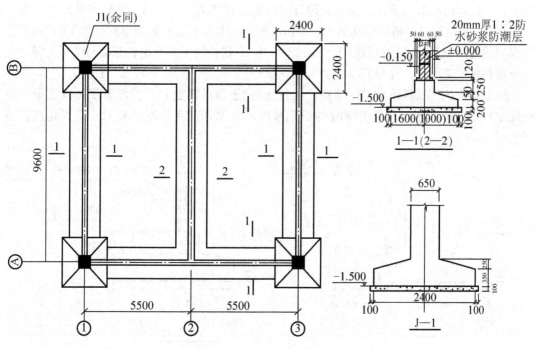

图 3.40　基础平面图、剖面图

9. 写出下列分部分项工程定额编号、基价,并写出计算过程。

(1) 人工挖墙基础局部深 5m 部分三类土方。

(2) 反铲挖掘机开挖房屋土方,三类湿土,含水率 40%,深 6m,下有桩基。

(3) 推土机推土上坡(坡度 18%),斜坡运距为 100m,三类土。

(4) 挖掘机挖含水率为 30% 的砂石,根据施工组织设计,要求在垫板上工作,挖深 3.8m。

(5) 铲运机铲运土方(土壤中含石率为 35%)。

(6) 房屋地槽人工综合挖三类湿土,深 5m,有桩基。

(7) $\phi 500$ 单头喷水泥浆搅拌桩每米桩水泥含量 50kg,加固土重 $1500kg/m^3$。

(8) 振动式沉管混凝土灌注桩 15m,单位工程量 $140m^3$,安放钢筋笼,计算其基价。

(9) 打预制钢筋混凝土方桩,截面 400mm×400mm,桩长 25m,共 100 根,方桩到现场价格为 400 元/m^3。

(10) 静压振拔式沉管灌注混凝土桩 C20(40),桩长 24m,(安放钢筋笼者),工程量 $140m^3$。

(11) 人工挖孔桩挖孔,桩径 800mm,桩长 18m。

(12) $\phi 800$ 钻孔灌注桩成孔(成孔长度 36m,其中入岩 1m)。

(13) M10 水泥砂浆砌筑弧形烧结砖基础。

(14) C25(40)现浇混凝土杯形基础。

(15) 地下室底板现场搅拌泵送混凝土 P6C25(40)。

(16) SMW 工法水泥搅拌桩(三搅三喷),水泥渗入量为 20%,设计要求全断面套打。

10. 某工程的基础平面及断面如图 3.41 和图 3.42 所示,已知 −1.40m 标高之上为二类土,−1.40m 标高之下为三类土;设计室内地坪标高为 ±0.00m,设计室外地坪标高为 −0.45m,交付施工的地坪标高为 −0.60m;土方在场内予以平衡,堆放运距 140m;工程要求采用商品混凝土。计算基础 1-1、2-2、J-1 基础的土方开挖、基础与垫层的混凝土浇捣及模板的工程量,并编制相应的工程直接费。

施工单位施工及报价方案:采用人工挖土(挖土放坡系数及工作面宽度按本省最新定额规定)、人力场内运土;基础和垫层分别采用 C30 泵送商品混凝土和 C10 非泵送商品混凝土。

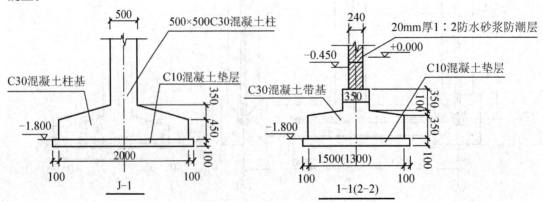

图 3.41 某工程的基础断面图

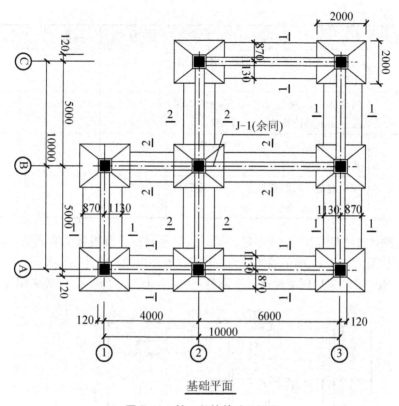

图 3.42 某工程的基础平面图

11. 混凝土灌注桩，C30 现拌混凝土钻孔灌注，100 根，桩长 45 米，桩径 D1000，设计桩底标高 −50m，桩顶标高 −5m，自然地坪标高 −0.6m，泥浆外运 5km，桩孔上部不回填，用本省最新预算基价试编制该灌注桩的工程直接费。

12. 人工挖孔混凝土灌注桩共 20 根；设计桩长 12m，桩径 1.00m，桩底标高 −14.5m；入岩总深度 1.2m，平底，入岩扩底上部直径 1.2m、下部直径 1.6m；自然地坪标高 −0.6m；桩芯灌注 C25 混凝土；C20 钢筋混凝土预制护壁外径 1.2m，平均厚度 100mm。用工料单价法计算该工程的工程直接费。

13. 定额套用与换算，写出完整的定额编号、计量单位、基价和基价计算式，完成表 3-35。

表 3-35 分部分项工程直接费用表

序号	定额编号	项目名称	计量单位	基价	计算式
1		M2.5 混合砂浆砌 1 砖厚烧结砖圆弧墙			
2		C25 商品（非泵送）混凝土浇捣女儿墙 H=1.2m（混凝土 260 元/m^3）			
3		预制柱安装（砖胎模制作），单件体积 $5m^3$ 内，就位运距 30m			

续表

序号	定额编号	项目名称	计量单位	基价	计算式
4		商品混凝土非泵送 C20(20)钢筋混凝土阳台			
5		砖砌窨井,内空尺寸 490×490,深度 1.3m(砖价格 240 元/千块)			
6		C20 非泵送商品混凝土坡屋面板,檐高 20m,坡度 27°			
7		现浇混凝土屋面板复合木模,屋面板坡度 45°,平均层高 5m			

14. 用定额计价法计算图 3.43 中柱、梁、板工程混凝土及模板的直接费。底层地面为±0.00,楼面标高为 3.3m,梁下墙体均为 240 墙,墙外边线与梁外侧平齐,室内无墙体。该楼层现浇梁、板、柱均采用现浇现拌 C25 混凝土浇捣,板厚 120mm,模板采用复合木模。

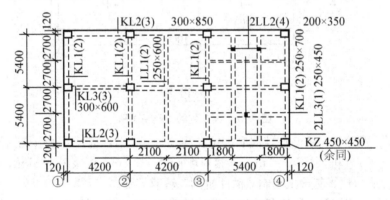

图 3.43 某工程标准层结构平面图

15. 用定额计价法计算图 3.44 中墙、梁、板、屋面工程直接费。已知挑檐突出墙面 600mm,底板厚 100mm,侧板高 500mm,侧板厚 60mm,屋面板标高处设 240×400 挑檐梁一道,屋面板采用 100mm 厚现浇混凝土板,混凝土构件均为商品泵送混凝土 C20。挑檐

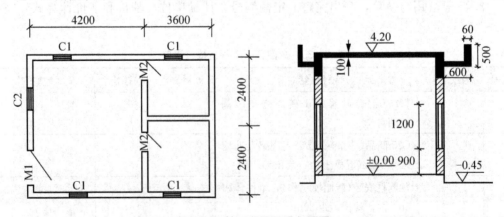

图 3.44 某工程平面及剖面图

底板顶标高 3.9m。门窗上过梁均为预制 C20 过梁,过梁高度为 120mm,过梁长度为门窗洞口宽加 500mm。过梁为现场制作、无焊接安装,M5.0 水泥砂浆砌筑烧结砖墙,内外墙体均为 240mm。窗为铝合金推拉窗,尺寸 C1 为 1200×1200,C2 为 1500×1200。门为不带纱胶合板门,其中 M1(有亮门)尺寸为 1000×2400,M2 为 900×2100。

16. 某工程屋面结构平面及雨篷剖面图如图 3.45 所示,已知层高 4.2m,雨篷板底面标高 2.7m,混凝土强度等级 QL 为 C20,其余均为 C30,①—②轴屋面板厚 100mm,②—③轴屋面板厚 80mm,雨篷翻沿外侧水泥砂浆镶贴外墙面砖,面砖规格及雨篷其余做法均按本省最新定额考虑。

(1) 计算该图中柱、梁、圈梁、板的混凝土浇捣工程量及直接工程费。
(2) 根据接触面积法计算以上相应构件(复合木模)模板部分的施工技术措施费。
(3) 计算雨篷混凝土浇捣及模板的直接工程费。

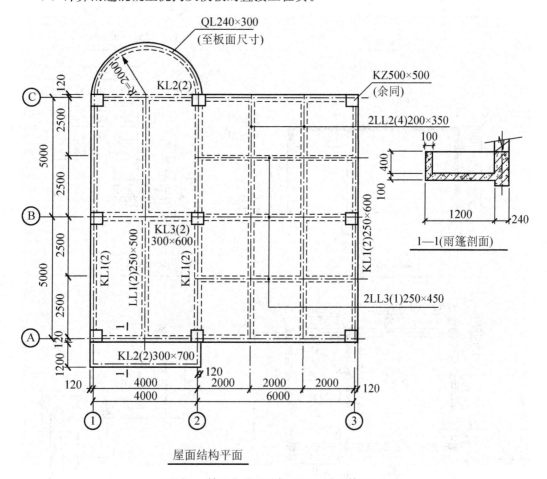

图 3.45 某工程屋面结构平面图及雨篷剖面图

17. 某工程局部施工图如图 3.46 所示,混凝土均为 C25 泵送商品混凝土。填充墙:地面以上填充墙采用蒸压粉煤灰加气混凝土砌块,M7.5 混合砂浆砌筑。过梁:门窗洞口设置现浇钢筋混凝土过梁,过梁宽度同墙厚,每边搁置长度为 250mm,梁高 $h=120$mm。

构造柱:按规定设置马牙槎。采用木模施工。完成三层平面图中柱、梁、板、墙体、及机房顶屋面工程的工程直接费。C25泵送商品混凝土市场价为317元/m³。

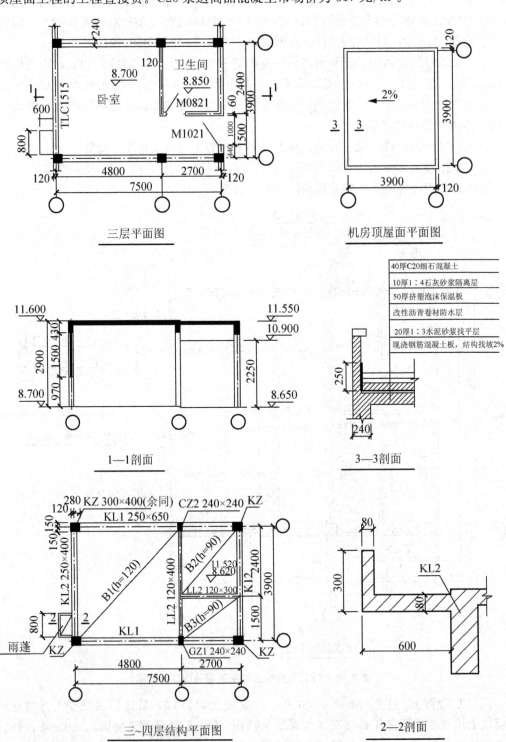

图3.46 某工程局部施工图

18. 某服务用房工程概况及设计说明如下,部分施工图如图 3.47 和图 3.48 所示。
工程概况及设计说明:
(1) 本工程为市区一般民用三类建筑工程。
(2) 除地面垫层采用现拌混凝土外,其他构件均采用 C20 商品混凝土;模板采用复合木模。
(3) 施工图中未注明的墙均为 240 厚烧结多孔砖墙。
(4) 门窗位置:门框均与开启方向墙面齐平,窗框居墙中布置,窗台高均为 900mm,门窗框断面尺寸均为 60×100mm。
(5) 部分建筑装修做法如下。
① 办事大厅地面:素土夯实,100 厚碎石垫层,80 厚 C15 混凝土垫层,15 厚 1∶3 水泥砂浆找平层,1∶3 水泥砂浆(厚度同本省最新定额取定)密缝铺贴 600×600 地砖。
② 卫生间地面:素土夯实,100 厚碎石垫层,80 厚 C15 混凝土垫层,1∶3 水泥砂浆找坡(平均厚度 25mm);水泥砂浆(配合比、厚度同本省最新定额)密缝铺贴 300×300 地砖。
③ 办公室墙面:1∶1∶6 混合砂浆底、纸筋灰面抹灰(厚度均同本省最新定额取定);满批二遍、复补一遍普通腻子,乳胶漆三遍饰面。
④ 卫生间墙面:15 厚 1∶3 水泥砂浆基层抹灰,1∶2 水泥砂浆 5mm 粘贴 150×220×5 瓷砖面层。(基层抹灰不抹到顶,瓷砖面层贴至吊顶底面,吊顶底面高度 3.2m。)
⑤ 办事大厅天棚:水泥石灰纸筋砂浆底、纸筋灰面抹灰(厚度均同本省最新定额取定)。

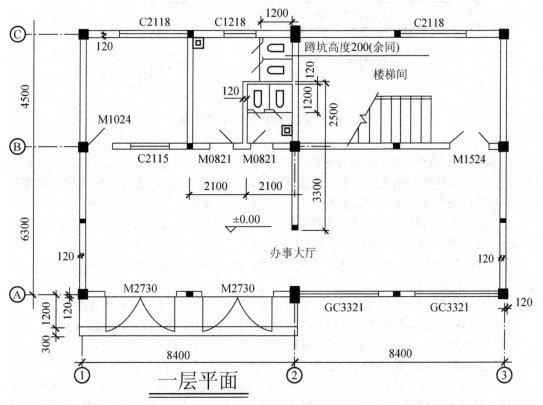

图 3.47 某服务用房一层平面图

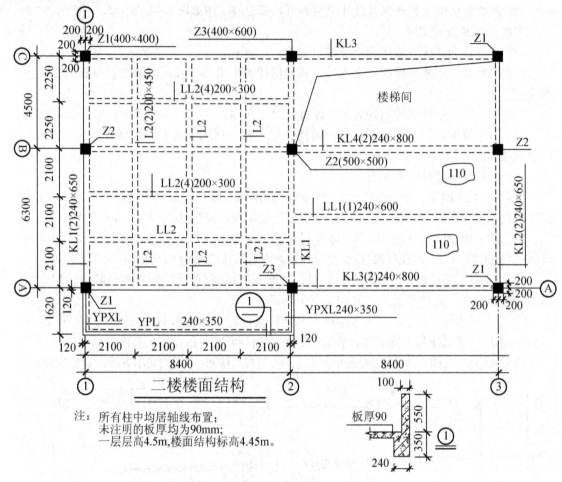

图 3.48 某服务用房二楼楼面结构图

要求:

按本省现行定额,如《浙江省建筑工程预算定额》(2010 版)的有关规定,完成该图梁、板、柱、雨篷混凝土浇捣、模板安拆工程直接费的计算(注:模板工程量按接触面积计算,应扣除板与梁侧水平交接面积,主梁不扣除与之垂直交接的次梁端面积)。

19. 某工程概况及设计说明:某高层住宅楼,屋顶机房层层高 3m,建筑与结构高差为 5cm,施工图如图 3.49~图 3.51 所示。已知:

(1) 主体结构采用 C20 泵送现浇商品混凝土,屋面为平屋面,板厚 150mm,屋顶四周设 650mm 高女儿墙;

(2) 过梁采用 C20 现浇现拌混凝土,过梁高度 120mm,宽度同墙砌体宽度;

(3) 墙体按轴线居中布置,采用 240 厚蒸压砂加气砌块,专用砌筑粘结剂砌筑;

(4) 窗离地高度 900mm(窗台顶至建筑地面高差);

(5) 天棚采用水泥砂浆粉刷,混凝土板采用有 107 胶素水泥浆基层处理。

试根据以上条件,计算混凝土构件及模板、砌体的定额工程量(其中模板工程量按定额中含模量参考表确定),并对定额分部分项工程套用相应的定额不含技术措施项目,计算工程直接费。

提示：《浙江省建筑工程预算定额》(2010版)中，墙体模板不分直形墙和电梯井壁，均套用统一定额，定额上册 127 页电梯井壁含模量应删除，设计未明确的均按同定额处理。

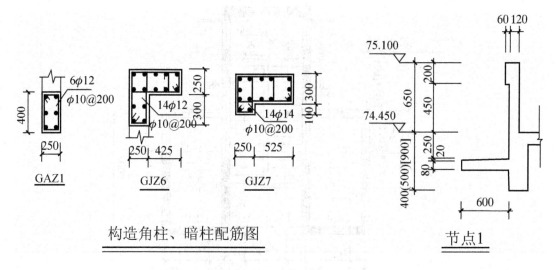

图 3.49 构造角柱、暗柱配筋图及节点详图

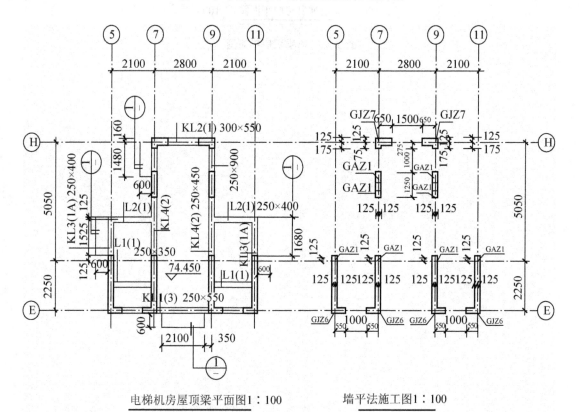

图 3.50 电梯机房结构平面图

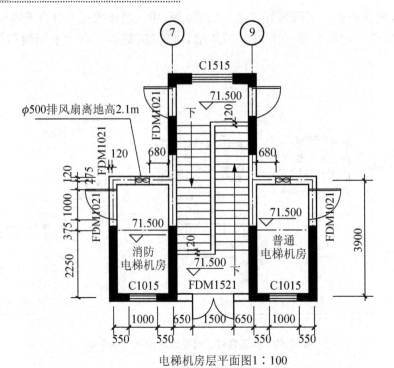

图 3.51 电梯机房平面图

学习情境 4

装饰装修工程工料单价法计价

学习目标

本情境主要介绍装饰装修工程工料单价法计价的基本原理和方法。要求学生通过本情境的学习，掌握装饰工程工料单价法分部分项工程工程量的计算规则，掌握装饰工程分部分项工程定额基价的确定，掌握装饰工程施工图预算编制的方法。

学习要求

知识要点	能力要求	比重
楼面工程计量与计价	掌握楼面工程工程量的计算规则，掌握楼面工程预算定额的应用。会熟练进行预算定额基价的换算	30%
墙面工程计量与计价	掌握墙面工程工程量的计算规则，掌握墙面工程预算定额的应用。会熟练进行预算定额基价的换算	30%
天棚工程计量与计价	掌握天棚工程工程量的计算规则，掌握天棚工程预算定额的应用。会熟练进行预算定额基价的换算	30%
门窗工程计量与计价	掌握门窗工程工程量的计算规则，掌握天棚工程预算定额的应用	5%
油漆及裱糊工程计量与计价	掌握油漆及裱糊工程工程量的计算规则及预算定额的应用	5%

▶▶ 案例引入

　　什么是装饰装修工程？通俗说法是给建筑物内部的六个面和外部的立面穿上若干层不同效果的"衣服"。装饰装修造价就是对这些"衣服"及相关构造应有的费用进行计算。根据房屋装修的等级不同，装饰装修工程造价在建筑工程总造价中占据的比例也不一样。

　　装饰装修工程造价主要包括室内6个面、室外立面及门窗油漆等分部项目的造价。从广联达培训楼施工图预算中可以看出，装饰装修工程直接费的组成为：楼地面项目直接工程费为15644.86元；墙柱面项目直接工程费为31100.75元；天棚项目直接工程费为3468.09元；门窗工程项目直接工程费为13970.83元。其中楼地面工程一共有32个分项工程项目构成，墙柱面工程一共有30个分项工程项目构成，天棚工程一共有8个分项工程项目构成，门窗工程一共有18个分项工程项目构成。而楼地面工程直接工程费就是由这32项分项工程的工程量分部乘以各自对应的基价，然后将32项分项工程的直接费合计后得到楼地面项目直接工程费为15644.86元。其余分部工程以此类推。

　　一项装饰装修工程造价的生成首先要懂得如何将每个分部工程里的分项工程提取出来，其次选择一个合理的基价，准确计算出分项工程的工程量，那么分部分项工程是如何确定的？工程量是如何计算？基价又是如何获得的呢？

▶▶ 案例拓展

工程造价管理的发展

　　从20世纪30年代到20世纪40年代，由于资本主义经济学的发展，使许多经济学的原理开始被应用到了工程造价管理领域。工程造价管理从一般的工程造价确定和简单的工程造价控制的初始阶段，开始向重视投资效益的评估、重视工程项目的经济和财务分析等方向发展。在20世纪30年代末期，已经有人将简单的项目投资回收期计算、项目净现值(NPV)分析与计算和项目内部收益率(IRR)分析与计算等现代投资经济与财务分析的方法应用到了工程项目投资的成本/效益评价中。并且创建了"工程经济学"（Engineering Economics，EE）"等与工程造价管理有关的基础理论和方法。同时，有人开始将加工制造业使用的成本控制方法进行改造，并引入到了工程项目的造价控制之中。工程造价的管理理论与方法的这些进步，使得工程项目的经济效益大大提高，也使得全社会逐步认识到工程造价管理科学及其研究的重要性，并且使得工程造价管理专业在这时期得到了很大的发展。尤其是在第二次世界大战后的全球重建时期，大量的工程项目上马为人们进行工程项目造价管理的理论研究与实践提供了许多的机会，有许多新理论与新方法在这一时期得以创建和采用，使得工程造价管理在这一时期取得了巨大的发展。

▶▶ 项目导入

　　作为工料单价法装饰装修工程造价的确定，首先要对装饰预算定额充分理解，并能灵活运用，其次要熟知装饰装修工程的施工工艺，再次对施工图纸的认知也是非常重要的环节。在这个学习情境中，共分为5个能力单元，详细介绍每个分部工程基本的施工流程、工程构造、工程量的计算、预算定额的应用等。通过这部分的学习，能掌握和了解工料单价法装饰装修工程造价的基本方法。

能力主题单元 4.1 楼地面工程计量与计价

4.1.1 楼地面工程概述

1. 地面构造

如图 4.1(a)所示,地面构造主要是由素土夯实、垫层、面层组成,其中素土夯实属于室内回填土的范围,这里不再计价。

> **特别提示**
>
> 垫层主要有混凝土、砂、炉渣、碎石等材料构成。
> 面层主要由水泥砂浆、混凝土、水磨石、石材、地砖、木材、塑料、橡胶、地毯等材料构成,在面层的下面常规做法里会有一道找平层。

2. 楼面构造

如图 4.1(b)所示,楼面构造主要是由面层、结合层、隔离层、填充层、找平层等组成。

> **特别提示**
>
> 结合层材料有水泥砂浆、干硬性水泥砂浆、粘结剂等。
> 隔离层材料有防水涂膜、热沥青、油毡等。
> 填充层材料有水泥炉渣、加气混凝土块、水泥膨胀珍珠岩块等。
> 找平层材料有水泥砂浆、混凝土。

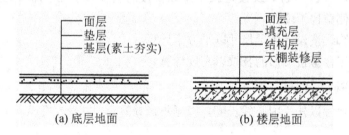

图 4.1 楼地面构造示意图

4.1.2 楼地面计量与计价

1. 整体面层

整体面层工程量按设计图示尺寸面积计算,应扣除凸出地面的构筑物、设备基础、室内铁道、地沟等所占面积,不扣除 0.3m² 以内的柱、垛、间壁墙附墙烟囱及孔洞所占面积,但门洞、空圈、壁的开口部分也不增加。间隔墙,指在地面面层做好再进行施工的墙体。

> **特别提示**
>
> 整体面层指:水泥砂浆找平层、混凝土找平层、水泥砂浆楼地面、混凝土楼地面、水磨石楼地面。

2. 块料、橡胶及其他材料面层

块料指:大理石、花岗岩、预制水磨石、缸砖、马赛克、地砖、广场砖、钢化玻璃、凸凹假麻石块楼地面;其他材料面层指:地毯、木地板、复合地板。块料、橡胶及其他材料等面层楼地面按设计图示尺寸以平方米计算,门洞、空圈的开口部分工程量并入相应的面层内计算。块料不扣除点缀所占面积,点缀按个计算。

镶贴块料拼花图案的工程量,按设计图案的面积计算。

3. 楼梯装饰面层

楼梯装饰面层的工程量按按设计图示尺寸以楼梯(包括踏步、休息平台以及500mm以内的楼梯井)水平投影面积计算;楼梯与楼地面相连时,算至梯口梁外侧边沿,无梯口梁者,算至最上一级踏步边沿加300mm。

4. 台阶、看台装饰面层

块料面层台阶工程量按设计图示尺寸以展开面积计算,整体面层台阶、看台按水平投影面积计算。如与平台相连时,平台面积在 $10m^2$ 以上时,台阶算至最上层踏步边沿加300mm,平台按楼地面工程量计算套用相应定额。

楼梯、台阶块料面层打蜡面积按水平投影面积以平方米计算。

5. 踢脚线

水泥砂浆、水磨石的踢脚线按延长米乘以高度计算,不扣除门洞、空圈的长度,门洞、空圈和垛的侧壁也不增加。

块料面层踢脚线按设计图示尺寸以平方米计算。

弧形踢脚线工程量按弧形的长乘以高度计算。

6. 扶手、栏板、栏杆

按设计图示尺寸以扶手中心线长度,以延长米计算。

4.1.3 其他规则

(1) 本章定额中凡砂浆、混凝土的厚度、种类、配合比及装饰材料的品种、型号、规格、间距设计与定额不同时,可按设计规定调整。

(2) 整体面层设计厚度与定额不同时,根据每增减子目按比例调整。

(3) 整体面层、块料面层中的楼地面项目,均不包括找平层,发生时套用找平层相应子目。

(4) 块料面层粘结层厚度设计与定额不同时，按水泥砂浆找平层厚度每增减子目进行调整换算。

(5) 块料面层结合砂浆如采用干硬性水泥砂浆的，除材料单价换算外，人工乘以系数 0.85。

(6) 除整体面层(水泥砂浆、现浇水磨石)楼梯外，整体面层、块料面层及地板面层等楼地面和楼梯子目均不包括踢脚线。水泥砂浆、现浇水磨石及块料面层的楼梯均包括底面及侧面抹灰。

(7) 楼地面如单独找平扫毛，每平方米增加人工费 0.04 工日，其他材料费 0.50 元。

(8) 现浇水磨石项目已包括养护和酸洗打蜡等内容。

(9) 块料面层铺贴定额子目包括块料安装的切割，未包括块料磨边及异形块的切割。如设计要求磨边者套用磨边相应子目，如设计弧形块贴面时，弧形切割费另行计算。

(10) 块料面层铺贴，设计有特殊要求的，应根据设计图纸调整定额损耗率。

(11) 块料离缝铺贴灰缝宽度均按 8mm 计算，设计块料规格及灰缝大小与定额不同时，面砖及勾缝材料用量相应调整。

(12) 块料面层点缀适用于每个块料在 0.05m^2 以内的点缀项目。

(13) 防静电地板、玻璃地面等定额均按成品考虑。

(14) 广场砖铺贴定额中所指拼图案，指铺贴不同颜色或规格的广场砖形成环形、菱形等图案。分色线性铺装按不拼图案定额套用。

(15) 踢脚线高度超过 30cm 者，按墙、柱面工程相应定额执行。弧形踢脚线按相应项目人工乘以系数 1.10，材料用量乘以系数 1.02。

(16) 螺旋形楼梯的装饰，套用相应定额子目，人工与机械乘以系数 1.1，块料面层材料用量乘以系数 1.15，其他材料乘以系数 1.05。

(17) 木地板铺贴基层如采用毛石地板的，套用细木工板基层定额，除材料单价换算外，人工含量乘以系数 1.05。

(18) 不锈钢踢脚线折边，洗槽费另计。

(19) 扶手、栏板、栏杆的材料品种、规格、用量设计与定额不同，按设计规定调整。铁艺栏杆、铜艺栏杆、铜艺栏杆、铸铁栏杆、车花木栏杆等定额均按成品考虑。

(20) 扶手、栏杆、栏板，适用于楼梯、走廊、回廊及其他装饰性栏杆、栏板，定额已包括弯头制作安装需要增加的费用，但遇整体木扶手、大理石扶手的弯头时弯头另行计算，扶手工程量按设计长度扣除，设计不明确者，每只整体弯头按 400mm 扣除。

(21) 零星项目适用于楼梯、台阶侧面装饰及 0.5m^2 以内少量分散的楼地面装修项目。

(22) 水泥砂浆礓磋面层工程量按设计图示尺寸以平方米计算。

4.1.4 典型换算

【例 4-1】求 3cm 1∶2.5 水泥砂浆大理石铺贴的定额基价。

【解】定额编号：10-16H

计量单位：100m^2

换算后定额基价＝14190＋139×2＋(210.26－195.13)×0.51×2
　　　　　　　＝14483.43(元/100m²)

【例4-2】求1∶2干硬性水泥砂浆铺贴600mm×600mm地砖(密缝)的定额基价。

【解】定额编号：10-31H

计量单位：m²

换算后定额基价＝96.86＋(232.07－195.13)×0.0204－0.2847×50×0.15
　　　　　　　＝95.47(元)

【例4-3】采用大理石铺贴地面，采用5mm厚1∶1水泥砂浆粘结，求其定额基价。

【解】定额编号：10-16－(10-2)×3

计量单位：100m²

换算后定额基价＝14190＋(262.93－210.26)×2.04－[139＋(262.93－195.13)
　　　　　　　　×0.51]×3
　　　　　　　＝14818.18(元)

【例4-4】求弧形金属板踢脚线的定额基价。

【解】定额编号：10-72H

计量单位：m²

换算后定额基价＝241.27＋22.62×0.1＋218.6522×0.02＝247.91(元)

【例4-5】求螺旋楼梯水泥砂浆贴花岗岩面层定额基价。

【解】定额编号：10-80H

计量单位：m²

换算后定额基价＝305.32＋(44.69＋0.3514)×0.1＋1.5402×160.00
　　　　　　　　×0.15＋(260.2769－1.5402×160)×0.05
　　　　　　　＝347.48(元)

【例4-6】直形硬木扶手铸铁栏杆，设计扁铁用量25kg/10m，铸铁花饰9.5m²/10m，求其定额基价。

【解】定额编号：10-99H

计量单位：10m

换算后定额基价＝1891＋(25－13.62)3.7＋(9.5－8.5)73.44＝2006.55(元)

【例4-7】1∶2白水泥白石子浆水磨石地面面层，12mm厚，掺水泥用量5%色粉，12元/kg，嵌铜条，求其定额基价。

【解】定额编号：10-9H

计量单位：100m²

换算后定额基价＝3584＋1.43×636×12×5%－4.68×23＋(472.61－258.23)×1.43
　　　　　　　＝4328.61(元)

嵌铜条定额为10-14，基价为1578元/100m。

4.1.5 综合案例

【例4-8】如图4.2所示房间外墙为490mm厚砖墙，室内独立柱断面为400×400，采用花岗岩铺贴地面，花岗岩板厚25mm，垫层为C10素混凝土厚60mm，1∶3水泥砂浆找平厚

25mm,采用 5mm 厚 1∶1 水泥砂浆粘结;并采用同品质花岗岩板镶贴踢脚线,高 100mm,1∶2 水泥砂浆 15mm 粘贴,门齐内墙面安装,门洞宽 900mm,门窗框 60mm×90mm。试计算地面及踢脚线的工程直接费。

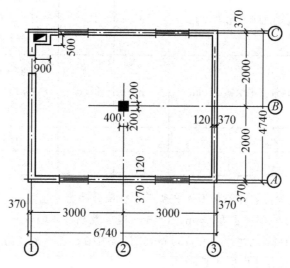

图 4.2 某工程平面图

【解】

(1) 花岗岩面层:

花岗岩面层工程量 = (6.74−0.49×2)×(4.74−0.49×2)−0.90×0.50−0.4×0.4
           = 21.05(m²)

1∶3 水泥砂浆找平层工程量 = (6.74−0.49×2)×(4.74−0.49×2)−0.90×0.50
           = 21.21(m²)

C10 素混凝土垫层工程量 = 21.05×0.06 = 1.26(m³)

(2) 踢脚线:

花岗岩踢脚线工程量 = [(6.74−0.49×2)×2+(4.74−0.49×2)×2−0.9+0.4×4
           +0.04×2(5−5)]×0.1
           = 1.97(m²)

特别提示

0.04 是踢脚线的构造厚度,5 为阴角和阳角的个数,踢脚线的面积为镶贴后的表面积。

(3) 工程直接费见表 4-1。

表 4-1 地面及踢脚线的工程直接费用表

序号	定额编号	分部分项工程名称	单位	工程量	基价/元	合价/元
1	10-1	水泥砂浆找平层 20mm 厚	m²	21.21	7.81	165.65
2	10-2	水泥砂浆找平层增 5mm 厚	m²	21.21	1.39	29.48
3	4-1	C10 素混凝土垫层	m³	1.26	227.2	286.27

续表

序号	定额编号	分部分项工程名称	单位	工程量	基价/元	合价/元
4	10-17H	花岗岩地面水泥砂浆粘贴	m²	21.05	182.94+(262.93 −210.26)×0.0204 =184.01	3873.41
5	10-2H	水泥砂浆找平层减15mm	m²	−21.05	[1.39+(262.93 −195.13)×0.0051] ×3=5.21	−109.46
6	10-65	花岗岩踢脚线	m²	1.97	186.70	367.80
7		小计	元			4613.15

【例 4-9】 某建筑物门前台阶如图 4.3 所示,台阶做法为毛面花岗岩面层厚 20mm,水泥砂浆擦缝;1∶1 水泥砂浆结合层厚 5mm;1∶3 水泥砂浆找平厚 20mm;C15 素混凝土垫层厚 100mm 向外排水坡度 1%,并在其下垫 150mm 厚压实碎石,每个踏步高 150mm。试编制台阶的工程直接费。(忽略块料结构层厚度)

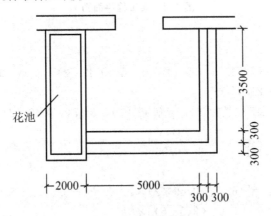

图 4.3 台阶平面图

【解】 台阶平台面积 $=5×3.5=17.5m^2>10m^2$,故,将台阶分成两部分计量计价。

(1) 台阶工程量 $=(5+0.3×2)×(3.5+0.3×2)−(5−0.3)×(3.5−0.3)$
$=22.96−15.04=7.92(m^2)$

台阶花岗岩面层工程量 $=7.92+(5+0.3×2+3.5+0.3×2)×3×0.15=12.29m^2$

(2) 平台碎石垫层工程量 $=(5−0.3)×(3.5−0.3)×0.15=2.26(m^3)$

平台混凝土垫层工程量 $=(5−0.3)×(3.5−0.3)×0.10=1.5(m^3)$

平台找平层工程量 $=(5−0.3)×(3.5−0.3)=15.04(m^2)$

平台面层工程量 $=(5−0.3)×(3.5−0.3)=15.04(m^2)$

(3) 工程直接费见表 4-2。

表4-2 台阶工程直接费用表

序号	定额编号	分部分项工程名称	单位	工程量	基价/元	合价/元
1	9-66	C15混凝土台阶	m²	7.92	113.00	894.96
2	10-119H	花岗岩台阶饰面	m²	12.29	191+(262.93-228.22)×0.023=191.80	2357.22
3	10-2H	1∶1水泥砂浆找平层减15mm厚	m²	-12.29	[1.39+(262.93-195.13)×0.0051]×3=5.21	-64.03
4	10-1	水泥砂浆找平层20mm厚	m²	15.04+7.92	7.81	179.32
5	4-1H	C15混凝土垫层	m³	1.5	235.95	353.93
6	3-9	150厚碎石垫层	m³	2.26	109.2	246.79
7	10-17H	平台花岗岩饰面	m³	15.04	182.94+(262.93-210.26)×0.0204=184.01	2767.58
8	10-2H	1∶1水泥砂浆找平层减15mm厚	m²	-15.04	[1.39+(262.93-195.13)×0.0051]×3=5.21	-78.36
9		小　计	元			5762.45

【例4-10】如图4.4所示为某两层办公楼的楼梯布置图，图中尺寸单位为mm。楼梯踏步贴芝麻白大理石面层厚20mm并以稀水泥浆擦缝，1∶3干硬性水泥砂浆结合层；楼梯井栏杆做法为型钢栏杆，DN50圆钢扶手，防锈漆底一遍，银粉漆面两遍。栏杆安装位置距离边线为

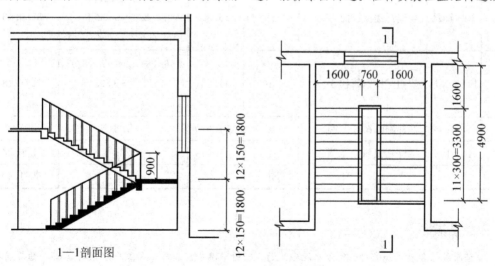

图4.4 楼梯平面图、剖面图

10mm,每10m扶手及栏杆的重量为89kg(其中,圆钢54kg,扁铁35kg)。试计算上述项目的工程直接费。

【解】楼梯装饰按设计图示尺寸以楼梯(包括踏步、休息平台及500mm以内的楼梯井)水平投影面积计算。因楼梯井的宽度超过500mm,故楼梯装饰面的工程量为

$$(1.6 \times 2 + 0.76) \times 4.9 - 0.76 \times 3.3 = 16.90 (m^2)$$

扶手、栏杆、栏板装饰按设计图示尺寸以扶手中心线长度(包括弯头长度)计算。在计算扶手长度时不能漏算二楼楼板水平部分长度。扶手中心线长度为

$$\sqrt{0.3^2 + 0.15^2} \times (11.5 + 12) + (0.76 + 0.02) \times 2 + (1.6 - 0.01) = 11.03 (m)$$

> **特别提示**
>
> 栏杆斜长部分当设计不明确时,按每个踏步斜长乘以踏步个数处理,踏步收尾分别考虑半个踏步数目,本题根据题意,第一跑楼梯栏杆由于没有从地面开始,故第一跑楼梯踏步个数按照11+0.5=11.5(个)考虑,第二跑按照11+0.5×2=12(个)考虑。

栏杆油漆工程量=11.03×8.9×1.71/1000=1.679(t)

> **特别提示**
>
> 89为栏杆金属构件的每10m重量,为设计数据;1.71为栏杆的油漆系数。

表4-3 楼梯工程直接费用表

序号	定额编号	分部分项工程名称	单位	工程量	基价/元	合价/元
1	10-79H	大理石楼梯饰面	m²	16.90	242.91+(199.35-228.22)×0.0276-43.89×0.15=235.53	3980.46
2	10-108H	型钢栏杆钢管扶手	m	11.03	96.1+(5.4-5.182)×3.85+(3.5-3.281)×3.7=97.75	1078.18
3	14-138	栏杆刷防锈漆一遍	t	1.679	123	206.52
4	14-141	栏杆刷银粉漆二遍	t	1.679	236	396.24
		小 计	元			5661.40

> **特别提示**
>
> 块料面层结合砂浆如采用干硬性水泥砂浆的,除材料单价换算外,人工乘以系数0.85,结合层砂浆厚度的调整增减项目也要做相应的调整。

能力主题单元 4.2 墙柱面工程计量与计价

4.2.1 墙柱面装饰构造

墙柱面装饰的基本构造是由底、中、面层组成的。
底层：经过对墙体表面做抹灰处理，将墙体找平并保证与面层连接牢固。
中层：底层与面层连接的中介，使连接牢固可靠，可防潮、防腐、保温隔热、通风。
面层：墙体装饰层。

> **知识链接**
>
> 墙柱面的面层主要构成材料：墙纸、墙布、木质板材、石材、金属板、瓷砖、镜面玻璃、织物、皮革、各类抹灰砂浆、涂料油漆等。
> 各类墙面装饰的做法：墙纸(布)是直接粘贴法；木质板材、软包面层、镜面玻璃、幕墙是通过龙骨、防潮、防火层、面层组成的；块料墙面是通过加胶水泥砂浆粘贴、干挂、湿挂而成。
> 墙面的一般抹灰是指石灰砂浆、水泥砂浆、混合砂浆。墙面的装饰抹灰是指斩假石、水磨石、拉条、拉毛墙面。

4.2.2 墙柱面的计量与计价

（1）墙面抹灰面积按设计图示尺寸计算，应扣除门窗洞口和 0.3m² 以上的孔洞所占面积，不扣除踢脚线、装饰线和墙与构件交接处的面积，门窗洞口和孔洞的侧壁及顶面也不增加面积。

> **特别提示**
>
> 附墙柱、梁、垛、烟道等侧壁并入相应的墙面面积内。
> 内墙抹灰有吊顶而不抹到顶者，高度算至天棚底面。

（2）女儿墙（包括泛水、挑砖）、栏板内侧抹灰（不扣除 0.3m² 以内的花格孔洞所占面积）按投影面积乘以系数 1.1 计算，带压顶者乘以系数 1.3。

（3）阳台、雨篷、水平遮阳板抹灰面积，按水平投影面积计算，檐沟、装饰线条的抹灰长度按檐沟及装饰线条的中心线长度计算。

（4）凸出的线条抹灰增加费以凸出棱线的道数不同分别按延长米计算，两条及多条线条相互之间净距 100mm 以内的，每两条线条按一条线条计算工程量。

（5）柱面抹灰按设计图示尺寸以柱断面周长乘以高度计算。零星抹灰按设计图示尺寸以展开面积计算。

（6）墙、柱、梁面镶贴块料按设计图示尺寸以实铺面积计算。

> **特别提示**
>
> 附墙柱、梁等侧壁并入相应的墙面面积内计算。
>
> 块料的实铺面积是镶贴后的表面积，应包括块料下面的构造层的厚度。

（7）大理石、花岗石柱墩、柱帽按其设计最大外径周长乘以高度，以平方米计算。

（8）墙面饰面的基层与面层面积按设计图示尺寸净长乘以净高计算，扣除门窗洞口及每个在 $0.3m^2$ 以上孔洞所占的面积；增加层按相应增加部分计算工程量。

（9）柱梁饰面面积按图示外围饰面面积计算。

（10）抹灰、镶贴块料及饰面的柱墩、柱帽（大理石、花岗石柱墩、柱帽除外）其工程量并入相应柱内计算，每个柱墩、柱帽另增加人工：抹灰增加 0.25 工日；镶贴块料增加 0.38 工日；饰面增加 0.5 工日。

（11）隔断按设计图示尺寸以框外围面积计算，扣除门窗洞口及每个在 $0.3m^2$ 以上孔洞所占面积。浴厕门的材质与隔断相同时，门的面积并入隔断面积内计算。

（12）幕墙面积按设计图示尺寸以外围面积计算。全玻幕墙带肋部分并入幕墙面积内计算。

4.2.3 定额应用说明

（1）本章定额中凡砂浆的厚度、种类、配合比及装饰材料的品种、型号、规格、间距等与设计不同时，可按设计规定调整。

（2）墙柱面一般抹灰定额均注明不同砂浆抹灰厚度；抹灰遍数除定额另有说明外，均按三遍考虑、实际抹灰厚度与遍数与设计不同时按以下原则调整。

① 抹灰厚度设计与定额不同时，按抹灰砂浆厚度每增减 1mm 定额进行调整。

② 抹灰遍数设计与定额不同时，每 $100m^2$ 人工增加（或减少）4.89 工日。

（3）墙柱面一般抹灰，设计基层需涂刷水泥砂浆或界面剂的，按本章相应定额执行。

（4）水泥砂浆抹底灰定额适用于镶贴块料面的基层抹灰，定额按两遍考虑。

> **知识链接**
>
> 女儿墙、阳台栏板的装饰按墙面相应定额执行；飘窗、空调搁板粉刷按阳台、雨篷按粉刷定额执行。
>
> 阳台、雨篷、檐沟抹灰定额中，雨篷翻檐高 250mm 以内（从板顶面起算），檐沟侧板高 300mm 以内定额已综合考虑，超过时按每增加 100mm 计算，如檐沟侧板高度超过 1200mm 时，套墙面相应定额。
>
> 阳台、雨篷、檐沟抹灰包括底面和侧板抹灰，檐沟包括细石混凝土找坡。水平遮阳板抹灰套用雨篷定额。檐沟宽以 500mm 以内为准，如宽度超过 500mm 时，定额按比例换算。
>
> 一般抹灰的"零星项目"适用于各种壁柜、碗柜、过人洞、暖气壁龛、池槽、花坛以及 $1m^2$ 以内的抹灰。
>
> 雨篷、沿沟等抹灰，如局部抹灰种类不同时，另按相应"零星项目"计算差价。

凸出柱、梁、墙、阳台、雨篷等混凝土线条，按其凸出线条的棱线道数不同套用相应定额，但单独窗台板、栏板扶手、女儿墙压顶上的单阶凸出不计线条抹灰增加费。线条断面为外凸弧形的一个曲面按一道考虑。

块料镶贴和装饰抹灰的"零星项目"适用于挑檐、天沟、腰线、窗台线、门套线、扶手、遮阳板、雨篷周边等。

干粉粘贴剂粘贴块料定额中粘结剂的厚度，除花岗岩、大理石为6mm外，其余均为4mm。设计与定额不同时，应进行调整换算。

外墙面砖灰缝均按8mm计算，设计面砖规格及灰缝大小与定额不同时，面砖及勾缝材料做相应调整。

弧形墙、柱、梁等抹灰、镶贴块料按相应项目人工乘以系数1.10，材料乘以系数1.02。

木龙骨基层定额木龙骨是按双向考虑的，如设计为单向时，人工乘以系数0.75，木龙骨用量作相应调整。

饰面、隔断定额内，除注明者外均未包括压条、收边、装饰线(板)，如设计要求时，应按相应定额执行。

不锈钢板、钛金板、铜板等的铣槽、折边费用另计。

玻璃幕墙设计有窗时，仍执行幕墙定额，窗五金相应增加，其他不变。

玻璃幕墙定额中的玻璃是按成品考虑的；幕墙中的避雷装置、防火隔离层定额已综合，但幕墙的封边、封顶等未包括。

弧形幕墙套幕墙定额，面板单价调整，人工乘以系数1.15，骨架弯弧费另计。

4.2.4 典型换算

【例4-11】某斩假石柱面，1:3水泥砂浆打底，1:1.5水泥白石屑浆面层，求基价。

【解】定额编号：11-15H

计量单位：m^2

换算后定额基价=53.42+(257.73-234.35)×0.0115=53.69(元)

【例4-12】墙面水泥砂浆抹灰3遍，1:3水泥砂浆+1:2.5水泥砂浆(14+8)

【解】定额编号：11-2H+11-26×2

计量单位：$100m^2$

换算后定额基价=1202+2×[39+(210.26-228.22)×0.12]=1275.69(元)

【例4-13】墙面水泥砂浆抹灰4遍，1:3水泥砂浆+1:2.5水泥砂浆(14+12)，求基价。

【解】定额编号：11-2H+11-26×6

计量单位：$100m^2$

换算后定额基价=1202+6×(39+(210.26-228.22)×0.12)+4.89×50=1668(元)

【例4-14】求弧形砖墙面抹水泥砂浆的基价。

【解】定额编号：11-2H

计量单位：$100m^2$

换算后定额基价=1202+713×0.1+466.11×0.02=1282.62(元)

【例4-15】单向龙骨平面九夹板基层设铝板墙面，2个洞/平方米，开洞费20元/个，求基价。

【解】定额编号：11-113H

计量单位：$100m^2$

换算后定额基价=4301+874×(0.75-1)-1.08×1450.00/2+2×100×20
=7299.5(元)

【例4-16】 弧形墙面水泥砂浆湿挂大理石(钢筋骨架),求单价。

【解】 (1) 基层基价查定额为11-69H

换算后定额基价=7124+3031×0.1+4093.3×0.02=7508.966(元/t)

(2) 面层基价查定额为11-44H

换算后定额基价=175.64+33.14×0.1+141.953×0.02=181.79(元/m^2)

4.2.5 综合实例

【例4-17】 已知某建筑物钢筋混凝土柱14根,构造如图4.5所示,柱面采用挂贴大理石面层,厚20mm,灌缝砂浆为1∶3水泥砂浆厚50mm,计算柱工程直接费。

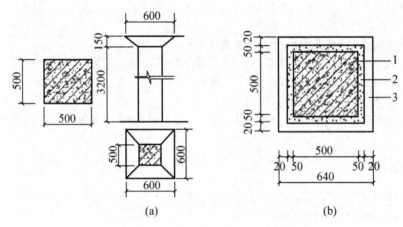

图4.5 某建筑混凝土柱及柱面示意图

(a) 混凝土柱构造图;(b) 柱挂贴花岗岩板断面

【解】 (1) 柱身挂贴大理石工程量为

$$0.64×4×3.2×14=114.69(m^2)$$

(2) 大理石柱帽工程量按图示尺寸展开面积,本例柱帽为倒置四棱台,即应计算四棱台的斜表面积,公式为

四棱台全斜表面积=1/2×斜高×(上面的周边长+下面的周边长)

按图示尺寸代入,柱帽展开面积为

$$\frac{\sqrt{0.15^2+0.05^2}}{2}×(0.64×4+0.74×4)×14=6.11(m^2)$$

(3) 柱面、柱帽工程量合并计算,即 114.69+6.11=120.8(m^2)

(4) 每个镶贴块料柱帽需增加人工0.38个工日,则共增加人工0.38×14=5.32(工日)

(5) 柱工程直接费见表4-4。

> **特别提示**
>
> 设计砂浆厚度为50mm,定额砂浆厚度为35mm,故按照每增1mm墙面水泥砂浆抹灰项目增补15mm。

表 4-4 柱装饰工程直接费用表

序号	定额编号	分部分项工程名称	单位	工程量	基价/元	合价/元
1	11-73	大理石柱面	m²	120.8	183.78	22200.62
2	11-26H	抹灰砂浆厚度调整抹灰层每增15mm水泥砂浆，换为水泥砂浆1:3	m²	120.8	5.19	626.95
3		镶贴柱帽增加人工费	工日	5.32	50	266
4		小计	元			23093.57

【例 4-18】某雨篷如图 4.6 所示，内侧面为水泥砂浆抹灰，侧板外侧为斩假石抹灰，底面为石灰纸筋灰砂浆抹灰。试求雨篷抹灰直接工程费。

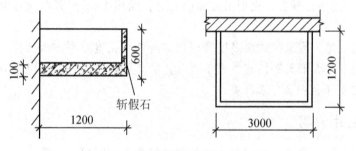

图 4.6 雨篷平面及剖面图

【解】(1) 雨篷水泥砂浆抹灰：
$S = 1.2 \times 3 = 3.6 (m^2)$
查定额 11-29+30×3 基价为 $46.5 + 6.16 \times 3 = 64.98 (元/m^2)$
抹灰直接费用 $= 3.6 \times 64.98 = 233.928 (元)$

(2) 斩假石抹灰差价：
斩假石抹灰工程量 $= 0.6(1.2 \times 2 + 3) = 3.24 (m^2)$
查定额 11-21，水泥砂浆零星项目基价为 $23.46 (元/m^2)$
查定额 11-23，斩假石零星项目基价为 $85.34 (元/m^2)$
差价为：$85.34 - 23.46 = 61.88 (元/m^2)$
斩假石抹灰直接工程费 $= 61.88 \times 3.24 = 200.49 (元)$

能力主题单元 4.3 天棚工程计量与计价

4.3.1 天棚装饰概述

天棚亦称顶棚，在室内是占有人们较大视域的一个空间界面，其装饰处理对于整个室内装饰效果有相当大的影响，同时对于改善室内物理环境也有显著作用。常用的做法有喷浆、抹灰、涂料、吊顶等。

天棚分直接式天棚和悬吊式天棚。直接式天棚指抹灰、刷（喷）浆、粘贴天棚；悬吊式天棚指吊顶，是由骨架和饰面组成。骨架包括吊筋和龙骨，吊筋通常用圆钢制作，龙骨可用木、钢和铝合金制作。饰面层常用纸面石膏板、夹板、铝合金板、塑料扣板、金属板等。

4.3.2 天棚的计量与计价

（1）天棚抹灰面积，按设计图示尺寸以水平投影面积计算。不扣除间壁墙、垛、柱、附墙烟囱、检查口和管道所占的面积。带梁天棚，梁两侧抹灰面积并入天棚面积内。板式楼梯底面抹灰按斜面积计算，锯齿形楼梯底板抹灰按展开面积计算。

（2）天棚吊顶不分跌级天棚与平面天棚，基层和饰面工程量均按设计图示尺寸以展开面积计算，不扣除间壁墙、检查口、附墙烟囱、柱、垛和管道所占面积，扣除单个 0.3m² 以外的独立柱、孔洞（石膏板、夹板天棚面层的灯孔面积不扣除）及与天棚相连的窗帘盒所占的面积。

（3）天棚侧龙骨工程量按跌级高度乘以相应的跌级长度以平方米计算。

（4）拱形及下凸弧形天棚按起拱或下弧起止的范围，按展开面积以平方米计算。

（5）灯槽按展开面积平方米计算。

4.3.3 定额应用说明

（1）天棚定额抹灰厚度及砂浆配合比如设计定额不同时可以换算。

（2）天棚抹灰，设计基层需涂刷水泥浆或界面剂的，按第十一章相应定额执行，人工乘以系数 1.10。

（3）楼梯底面单独抹灰，套天棚抹灰定额。

（4）天棚定额龙骨、基层、面层材料的种类、间距、规格和型号，如设计与定额不同时，材料用量或单价可以调整。

（5）天棚吊顶定额按打眼安装吊杆考虑，如设计为预埋铁件时另行换算。

（6）在夹板基层上贴石膏板，套用每增加一层石膏板定额。

（7）天棚不锈钢板嵌条、镶块等小型块料套用零星、异形贴面定额。

（8）定额中玻璃按成品玻璃考虑，送风口和回风口以成品安装考虑。

（9）定额已综合考虑石膏板、木板面层上开孔灯、检修孔等孔洞的费用，如在金属板、玻璃、石材面板上开孔时，费用另行计算。检修孔、风口等洞口加固的费用已包含在吊天棚定额中。

（10）天喷吊筋高安 1.5m 以内综合考虑。如设计需做二次支撑时，应另行计算。

（11）灯槽内侧板板高度在 15cm 以内的套用灯槽子目，高度大于 15cm 的套用天棚侧板子目。

4.3.4 综合实例

【例 4-19】某工程天棚平面如图 4.7 所示，设计为某客厅 U38 不上人型轻钢龙骨、细木工板基层、纸面石膏板面层吊顶，计算天棚装饰直接工程费。

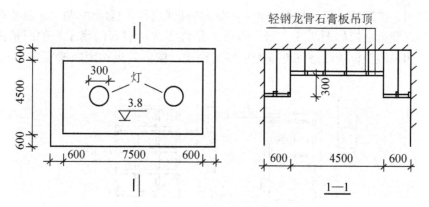

图 4.7 吊顶示意图

【解】(1) 天棚骨架工程量计算：

平面工程量 $=(4.5+0.6\times2)(7.5+0.6\times2)=49.59(m^2)$

侧面工程量 $=0.3(4.5+7.5)\times2=7.2(m^2)$

(2) 天棚基层工程量计算：

平面工程量 $=49.59(m^2)$

侧面工程量 $=0.3\times(4.5+7.5)\times2=7.2(m^2)$

(3) 天棚饰层工程量计算：

饰层工程量 $=49.59+7.2=56.79(m^2)$

(4) 工程直接费见表 4-5。

表 4-5 天棚装饰工程直接费用表

序号	定额编号	分部分项工程名称	单位	工程量	基价/元	合价/元
1	12-16	U38 型轻钢龙骨平面	m^2	49.59	22.30	1106
2	12-17	U38 型轻钢龙骨侧面	m^2	7.20	20.09	145
3	12-32	细木工板钉在轻钢龙骨平面上	m^2	49.59	35.00	1736
4	12-33	细木工板钉在轻钢龙骨侧面上	m^2	7.20	38.53	277
5	12-44	石膏板面层	m^2	56.79	16.90	960
6		小计	元			4224

能力主题单元 4.4　门窗工程计量与计价

4.4.1　门窗工程基础知识

门是重要的建筑构件，也是重要的装饰部件。门的种类按材料分有木门、钢门、铝合金门、塑料门、玻璃门、复合材料门等。门通常需做门套，门套有木制、金属或石材制。

镶板门、胶合板门如图4.8所示，镶板门是将实木板嵌入门扇木框的凹槽内装配而成，木框上用来装镶板的凹槽宽度依镶板厚度而定，镶嵌后板边距底槽应有2mm左右的间隙。

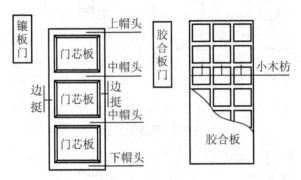

图4.8 镶板门、胶合板门

半截玻璃门如图4.9所示；连窗门如图4.10所示；自由门如图4.11所示，全玻璃门在公共建筑中采用较多。全玻璃门是用厚10mm以上的平板玻璃或钢化玻璃直接加工成门扇，一般无门框。全玻璃门有手动和自动两种类型，开启方式有平开和推拉两种。

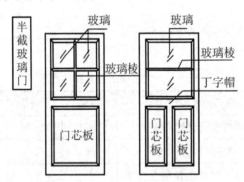

图4.9 半截玻璃门

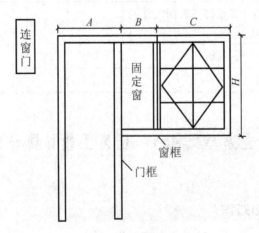

图4.10 连窗门

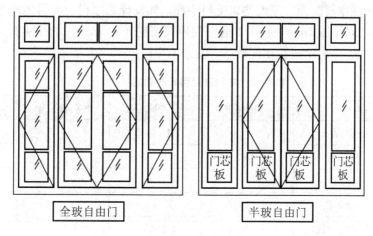

图 4.11 自由门

窗的材质有木材、铝合金、塑钢等，开启方式有平开和推拉等。

4.4.2 门窗工程计量与计价

（1）普通木门窗按设计门窗洞口面积计算，单独木门框按设计框外围尺寸以延长米计算。装饰木门扇工程量按门扇外围面积计算。成品木门工程量按扇计算。

（2）金属门窗安装，工程量按设计门窗洞口面积计算。其中，纱窗扇按扇外围面积计算。防盗窗按外围展开面积计算，不锈钢拉栅门按框外围面积计算。

（3）金属卷帘门按设计门洞面积计算。电动装置按套计算，活动小门按个计算。

（4）木板大门、钢木大门、特种门及铁丝门的制作与安装工程量，均设计门洞口面积计算。无框门按扇外围面积计算。

（5）全钢板大门及大门钢骨架制作工程量，按设计图纸的全部钢材几何尺寸以"t"计算，不包括电焊条重量，不扣除孔眼、切肢、切边的重量。

（6）电子电动门按"樘"计算。

（7）无框玻璃门按门窗外围面积计算，固定门扇与开启门扇组合时，应分别计算工程量。

（8）无框玻璃门门框及横梁的包面工程量以实包面积展开计算。

（9）弧形门窗工程量展开面积计算。

（10）门与窗相连时，应分别计算工程量，门算至门框外边线。

（11）门窗套按设计图示尺寸以张开面积计算。

（12）窗帘盒基层工程量按单面展开面积计算，饰面板按实铺面积计算。

4.4.3 定额应用说明

（1）本章中木门窗、厂库房大门等定额按现场制作安装编制；金属门窗定额按现场制作安装于成品安装两种形式编制；金属卷帘门、特种门等定额按成品安装编制。

（2）采用一、二类木材木种编制的定额，如设计采用三、四类木种时，除木材单价调整外，定额人工和机械乘以系数 1.35。

(3) 定额所注木材断面、厚度均以毛料为准，如设计为净料，应另加刨光损耗：板枋材单面加 3mm，双面加 5mm，其中普通门门板双面刨光加 3mm。木材断面、厚度如设计与表 4-6 不同时，木材用量按比例调整，其余不变。

表 4-6 木门窗用料断面规格尺寸表　　　　　　　　　　　单位：cm

门窗名称		门窗框	门窗扇立框	纱门窗立框	门板
普通门	镶板门	5.5×10	4.5×8	3.5×8	1.5
	胶合板门		3.9×3.9		
	半玻门		4.5×10		1.5
自由门	全玻门	5.5×12	5×10.5		
	带玻胶合板门	5.5×10	4.5×6.5		
厂库房木板大门	带框平开门	5.3×12	5×10.5		2.1
	不带框平开门		5.5×12.5		
	不带框推拉门				
普通窗	平开窗	5.5×8	4.5×6	3.5×6	
	翻窗	5.5×9.5			

知识链接

装饰木门门窗与门框分别立项，发生时应分别套用。

厂库房大门、特种门定额的门扇上锁用铁件均已列入，除成品门附件以外，墙、柱、楼地面等部位的预埋件，按设计要求另行计算。

厂库房大门、特种门定额取定的钢材品种、比例与设计不同时，可按设计比例调整；设计木门中的钢构件及铁件用量与定额不同时，按设计图示用量调整。

厂库房大门、特种门定额中的金属件已包括刷一遍防锈漆的工料。

普通木门窗一般小五金，如普通折页、蝴蝶折页、铁插销、风钩、铁拉手、木螺丝等已综合在五金材料费内，不另计算。地弹簧、门锁、门拉手、闭门器及、铜合页另套相应定额计算。

木门窗定额采用普通玻璃，如设计玻璃品种与定额不同时，单价调整；厚度增加时，另按定额的玻璃面积每 10m² 增加玻璃工 0.73 工日。

铝合金门窗制作安装定额子目中，如设计门窗所用的型材重量与定额不同时，定额型材用量进行调整，其他不变；设计玻璃品种与定额不同时，玻璃单价进行调整。

断桥铝合金门窗成品安装套用相应铝合金门窗定额，除材料单价换算外，人工乘以1.1。

弧形门窗套相应定额，人工乘以系数 1.15；型材弯弧形费用另行增加；内开内侧窗套用平开窗相应定额，人工乘以系数 1.1。

门窗木贴脸、装饰线套用第十五章"其他工程"中相应定额。

4.4.4　典型换算

【例 4-20】某工程有亮镶板门，采用硬木制作，求基价。

【解】查定额 13-1 基价为 117.39 元/m²

换算后基价＝117.39＋(3600－1450)×(0.01908＋0.01632＋0.01016＋0.00461)
　　　　　　＋(31.435＋1.0625)×35%
　　　　　＝382.12(元/m²)

其中：3600 为硬木框扇料预算单价，31.435、1.0625 分别为定额的人工费和机械费。

【例 4-21】某工程杉木平开窗，设计断面尺寸(净料)窗框为 5.5cm×8cm，窗扇梃为 4.5cm×6cm，求基价。

【解】设计为净料尺寸，加刨光损耗后的尺寸为

窗框：(5.5＋0.3)×(8＋0.5)＝5.8×8.5(cm)

窗扇梃：(4.5＋0.5)×(6＋0.5)＝5×6.5(cm)

设计木材用量按比例调整：

查定额 13-90，窗框杉木含量为 0.02015m³，窗扇梃为 0.01887m³。

窗框：5.8×8.5/5.5×8×0.02015＝0.02257(m³)

窗扇梃：5×6.5/4.5×6×0.01887＝0.02271(m³)

基价换算：查定额 13-90，基价为 116.79 元/m²

换算后基价＝116.79＋(0.02257－0.02015＋0.02271－0.01887)×1450
　　　　　＝116.79＋9.077＝125.87(元/m²)

【例 4-22】有亮半截玻璃镶板门安装 5 厚平板玻璃，求基价。

【解】定额编号：13-2H

计量单位：100m²

换算后定额基价＝12244＋42×(28－23)＋0.73×50×42/10＝12607.3(元)

【例 4-23】无亮镶板门带小玻璃口，求基价。

【解】定额编号：13-4H

计量单位：m²

换算后定额基价＝107.51＋0.16×23＋0.14×4.5＋0.001×4.36＋0.019×50
　　　　　　　＝112.77(元)

【例 4-24】平开木窗制作安装，采用 5mm 普通玻璃，硬木制作，求基价。

【解】定额编号：13-90H

计量单位：100m²

换算后定额基价＝(3027.5＋98.42)×1.35＋1.35×0.73×7.4×50(玻璃工)
　　　　　　　＋8553.08＋74×(28－23)(玻璃)＋(2.015＋1.887)×(3600－1450)
　　　　　　　＝4219.992＋364.64＋8553.08＋370＋8389.3＝21897.01(元)

能力主题单元 4.5　油漆及裱糊工程计量与计价

4.5.1　油漆、涂料、裱糊工程基础知识

涂敷于物体表面能与基体材料很好地粘结并形成完整而坚韧保护膜的物料称为涂料。

而涂料最早以天然植物油脂、天然树脂如亚麻子油、桐油、松香、生漆等为主要原料，故称为油漆。根据科学技术发展的实际情况，合成树脂在很大范围内已经或正在取代天然树脂。所以我国已正式命名为涂料，而油漆仅仅是涂料中的油性涂料。

建筑用涂料的分类方法很多，如按涂料使用的部位分类常分为：外墙涂料、内墙涂料、地面涂料、顶棚涂料和屋面涂料。按照主要成膜物质的性质分类可分为：有机涂料，如丙烯酸酯外墙涂料；无机高分子涂料，如硅溶胶外墙涂料；有机无机复合涂料，如硅溶胶—苯丙外墙涂料。

壁纸也是目前国内外使用广泛的墙面装饰材料。

油漆、涂料组成：油漆涂料是一种胶体液态混合剂，主要由胶粘剂、溶剂（稀释剂）、颜料、催干剂、增韧剂等材料组成。油漆涂料从材料性能上分为油质涂料和水质涂料两大类，其中水质涂料一般用于抹灰面或混凝土面的粉刷。常用的油漆有：清油、清漆、调和漆、防锈漆、乳胶漆等。

油漆涂料施工工艺：基层处理→刷底油→刮腻子→磨光→涂刷油漆（刷涂、喷涂、擦涂、揩涂）。

各种基层油漆等级划分及其组成见表4-7。

表4-7 油漆等级划分表

基层种类	油漆名称	油漆等级		
		普通	中级	高级
木材面	混色油漆	底层：干性油 面层：一遍厚漆	底层：干性油 面层：一遍厚漆 　　　一遍调和漆	底层：干性油 面层：一遍厚漆 　　　二遍调和漆 　　　一遍树脂漆
	清漆		底层：酯胶清漆 面层：酯胶清漆	底层：酚醛清漆 面层：酚醛清漆
金属面	混色油漆	底层：防锈漆 面层：防锈漆	底层：防锈漆 面层：一遍厚漆 　　　一遍调和漆	
抹灰面	混色油漆		底层：干性油 面层：一遍厚漆 　　　一遍调和漆	底层：干性油 面层：一遍厚漆 　　　一遍调和漆 　　　一遍无光漆

4.5.2 喷刷浆（粉刷）工程基础知识

喷刷浆工程是用水质涂料喷刷在抹灰面、混凝土面的施工过程。

水质涂料种类：石灰浆、大白浆、可赛银、水泥色浆、聚合物水泥浆、水溶性有机硅。

刷浆方法：刷涂、喷涂、滚涂。

4.5.3 油漆及裱糊工程计量与计价

（1）楼地面、墙柱面、天棚的喷(刷)涂料及抹灰面油漆，其工程量的计算，除本章定额另有规定外，按设计图示尺寸以面积计算。

（2）混凝土栏杆、花格窗按单面垂直投影面积计算；套用抹灰面油漆时，工程量乘以系数 2.5。

（3）木材面油漆、涂料的工程量按预算定额所列各系数表计算方法计算。

4.5.4 定额应用说明

（1）定额中油漆不分高光、半哑光、哑光，定额综合考虑。

（2）定额未考虑做美术图案，发生时另行计算。

（3）调和漆定额按二遍考虑，聚酯清漆、聚酯混漆定额按三遍考虑，磨退定额按五遍考虑。硝基清漆、硝基混漆按五遍考虑，磨退定额按十遍考虑。木材面金漆按底漆一遍、面漆(金漆)二遍考虑。设计遍数与定额取定不同时，按每增减一遍定额调整计算。

（4）裂纹漆做法为腻子两边，硝基色漆三遍，喷裂纹漆一遍和喷硝基清漆三遍。

（5）木线条、木板条适用于单独木线条、木板条油漆。

（6）隔墙、护壁、柱、天棚面层及木地板刷防火涂料，执行其他木材面刷防火涂料相应子目。

（7）乳胶漆定额中的腻子按满刮一遍、复补一遍考虑。

（8）乳胶漆线条定额适用于木材面、抹灰面的单独线条面刷乳胶漆项目。

（9）金属镀锌定额是按热镀锌考虑的。

（10）本定额中的氟碳漆子目仅适用于现场涂刷。

能力主题单元 4.6　广联达培训楼装饰工程综合案例

背景资料：根据广联达培训楼施工图纸，完成广联达培训楼装饰工程项目的工程量计算。具体装饰设计要求详见附录 B 表 B-1～表 B-3。具体工程量计算结果见表 4-8。

在工程门窗均考虑居中安装，无门窗套。

表 4-8 装饰工程造价计算分解表

做法	名称	详细做法	工程量计算式	工程量	定额编号
地 25A	硬实木复合地板地面（接待室）	1. 9.0mm厚复合木地板	$(4.5-0.24)(3.9-0.24)-(0.4-0.24)/2\times(0.5-0.37)\times2-2\times[(0.4-0.24)/2]^2$	15.56m²	10-56
		2. 25mm厚C15细石混凝土随打随抹平	$(4.5-0.24)(3.9-0.24)$	15.59m²	10-7H-(10-8H)×0.5
		3. 1.0mm厚聚氨酯涂膜防潮层	$(4.5-0.24)(3.9-0.24)$	15.59m²	7-79
		4. 50mm厚细石混凝土随打随抹平	15.56×0.05	0.778m³	4-73H
		5. 150mm厚3:7灰土	15.56×0.15	2.33m³	3-11
		6. 素土夯实	室内回填土计算范围		
地 9-1	铺地砖地面（图形及钢筋培训室）	1. 10mm厚铺 600×600 地砖，稀水泥浆抹缝	$(3.3-0.24)(6-0.24)\times2-4\times(0.5-0.37)^2-2\times0.4\times(0.4-0.24)/2-4\times(0.5-0.37)\times(0.4-0.24)/2+0.9\times0.24\times1$	35.29m²	10-36-(10-2H)×1.5
		2. 5mm厚1:2水泥砂浆粘贴层			
		3. 20mm厚1:3水泥砂浆找平			
		4. 素水泥结合层一道			
		5. 50mm厚C15混凝土垫层	$(3.3-0.24)(6-0.24)\times2$	35.25m²	10-1
		6. 150mm厚3:7灰土	35.51×0.05	1.78m³	4-73H
		7. 素土夯实	35.51×0.15	5.33m³	3-11
			室内回填土计算范围		

续表

做法	名称	详细做法	工程量计算式	工程量	定额编号
地 2A	水泥地面（一层楼梯间地面）	1. 20mm厚1:2.5水泥砂浆抹平压实赶光	(4.5−0.24)(2.1−0.24)	7.92m²	10−3H
		2. 15mm厚水泥砂浆找平层，素水泥浆一道	(4.5−0.24)(2.1−0.24)	7.92m²	10−1−(10−2)
		3. 50mm厚C15混凝土垫层	7.92×0.05	0.40m³	4−73H
		4. 150mm厚3:7灰土	7.92×0.15	1.19m³	3−11
		5. 素土夯实	室内回填土计算范围		
楼 8 D−1	铺地砖楼面（会客室、阳台）	1. 10mm厚铺600×600地砖，稀水泥浆抹缝	(4.5−0.24)(3.9−0.24)−(0.4−0.24)/2×(0.5−0.37)×2−2×[(0.4−0.24)/2]² + (4.56−0.06×2)×(1.2−0.06)+0.37×0.9	20.95m²	10−36−(10−2H)×1.5
		2. 5mm厚1:2水泥砂浆粘贴层			
		3. 素水泥浆一道			
		4. 30mm厚1:2水泥砂浆找平层	(4.5−0.24)(3.9−0.24)+(4.56−0.06×2)×(1.2−0.06)	18.55m²	10−1H+(10−2H)×2
		5. 钢筋混凝土楼板	现浇平板计算范围		
楼 2D	水泥楼面（清单及预算培训室、二层楼梯间部分楼面）	1. 20mm厚1:2.5水泥砂浆抹平压实赶光	(3.3−0.24)(6−0.24)×2+(0.93−0.24)(2.1−0.24)	36.53m²	10−3H
		2. 30mm厚1:3水泥砂浆找平层	36.53	36.53m²	10−1+(10−2)×2
		3. 素水泥浆一道			
		4. 钢筋混凝土楼板	现浇平板计算范围		

续表

做法	名称	详细做法	工程量计算式	工程量	定额编号
踢10A	大理石踢脚线（图形、钢筋培训室及会客室）	1. 10mm厚大理石，稀水泥浆抹缝 2. 10mm厚1:2水泥砂浆粘贴层 3. 5mm厚1:2水泥砂浆打底扫毛	$0.12\times[(4.26+3.66)\times2-0.9\times4+(3.06+5.76)\times4-0.9\times2+0.025\times2\times(14+9-9\times2-5)]+0.12\times0.12\times8$	5.60m²	10—64
踢2A	水泥踢脚（清单、预算培训室及楼梯间）	1. 15mm厚1:3水泥砂浆抹平压实赶光 2. 素水泥浆一道 3. 14mm厚水泥砂浆打底扫毛	$[(4.26+1.86)2+(3.06+5.76)\times2\times2+(0.93-0.24)\times2+(2.1-0.24)]\times0.12$	6.09m²	10—61
			属于内墙抹灰计算范围		
		1. 聚酯清漆三遍	油漆工程量=12.77×1.07	13.66m²	14—75
裙10A	胶合板墙裙（接待室）	2. 3mm厚胶合板基层，木龙骨30×40，间距300×300，红榉板饰面 3. 聚氨酯防水涂料2.0mm厚 4. 5mm厚1:2.5水泥砂浆找平 5. 9mm厚1:3水泥砂浆打底扫毛	$S_{基层}=[(4.5-0.24+3.9-0.24)\times2-0.9\times3-2.4]\times1.2$ $S_{饰面}=12.89+0.022\times2\times(4-5)\times1.2$ $S_{防潮}=[(4.5-0.24+3.9-0.24)\times2-0.9\times3-2.4]\times1.2$	12.89m² 12.84m² 12.89m²	11—112 11—117 7—81
			属于内墙5A计算范围		

续表

做法	名称	详细做法	工程量计算式	工程量	定额编号
内墙5A	水泥砂浆墙面	1. 乳胶漆两遍 2. 满刮两遍腻子，复补一遍	$S_{乳胶漆} = S_{抹灰} - S_{踢脚线} - S_{楼梯斜段与墙面交接处} + S_{门窗洞侧壁}$ $= 387.71 - 11.87 - 12.84 + 20.35 = 383.35(m^2)$ $S_{抹灰} = 386.36(m^2)$ $S_{踢脚线} = [(3.3 - 0.24 + 6 - 0.24) \times 2 \times 4 + 0.24 \times 8 - 0.9 \times 4 + (4.5 - 0.24 + 3.9 - 0.24) \times 2 - 0.9 \times 4 + (0.93 - 0.24) \times 2 + (2.1 - 0.24) - 0.9 + 0.24 \times 2 + (0.9 - 0.24) \times 2 + (2.1 - 0.24) + (2.1 - 0.24 + 4.5 - 0.24) \times 2 - 0.9 + 0.24 \times 2] \times 0.12 = 11.87(m^2)$ $S_{墙裙} = 12.84(m^2)$ $S_{楼梯斜段与墙面交接处}$（包括斜段踢脚线）（本题未计算在内） $S_{门窗洞侧壁} = [(0.9 + 2.1 \times 2) \times 2 + (0.9 + 2.4 \times 2) \times 4] \times 0.24 + (1.5 + 1.8) \times 0.185 \times 2 \times 8 + (1.8 + 1.8) \times 0.185 \times 2 \times 2 = 7.92 \times 2 + 9.768 + 2.664 = 20.35(m^2)$	383.35m^2	14—155 14—161
外墙5A	水泥砂浆墙面（女儿墙）	3. 5mm厚1:2.5水泥砂浆找平 4. 9mm厚1:3水泥砂浆打底扫毛	$S = (3.6 - 0.1) \times [(3.06 + 5.76) \times 2 \times 4 + (4.26 + 3.66) \times 2 \times 2 + (4.26 + 1.86) \times 2 \times 2] -$ $(2.7 \times 0.9 + 1.5 \times 1.8 + 0.9 \times 2.4 \times 8 + 0.9 \times 2.1 \times 4 + 1.5 \times 1.8 + 1.8 \times 1.8 \times 2) - 3.5 \times 126.72 - (5.13 + 17.28 + \frac{(0.4 - 0.24) \times 4 \times (3.6 - 0.1)}{墙面突出柱侧边面积}) - 门窗洞洞口面积$ $7.56 + 21.6 + 6.48] + 2.24$	387.71m^2	11—2H
		1. 5mm厚1:2.5水泥砂浆面层，刷外墙丙烯酸涂料	女儿墙内侧面抹灰（有压顶）工程量 $= 0.6(11.6 - 0.24 + 6.5 - 0.24) \times 2 \times 1.3$	27.49m^2	11—2H—(11—26H)×2—(11—26H)×1
		2. 12mm厚1:3水泥砂浆打底扫毛	女儿墙内侧面刷涂料工程量 $= (0.6 - 0.02 \times 2 - 0.05 - 0.1 - 0.25 + 0.03 + 0.3)(11.6 - 0.24 + 6.5 - 0.24) \times 2$	17.27m^2	14—167

续表

做法	名称	详细做法	工程量计算式	工程量	定额编号
棚26	纸面石膏板吊顶（接待室）	1. 乳胶漆两遍 2. 满刮两遍腻子，复补一遍 3. 板缝贴胶带、点锈 4. 石膏板面层 5. U50型轻钢龙骨	$(4.5-0.24)(3.9-0.24)-(0.4-0.24)/2\times(0.5-0.37)\times2-2\times[(0.4-0.24)/2]^2$ $S=(4.5-0.24)\times(3.9-0.24)$ $S=(3.3-0.24)\times(6-0.24)\times4+(4.5-0.24)\times(3.9-0.24)+(2.1-0.24)\times(4.5-0.24)+(0.93-0.24)\times(2.1-0.24)-8\times(0.5-0.37)^2-4\times0.4\times(0.4-0.24)+\dfrac{0.4\times(0.4-0.24)\times4/2}{2}-5\times[(0.4-0.24)/2]^2$ $-13\times(0.5-0.37)\times(0.4-0.24)/2-5\times[(0.4-0.24)/2]^2$ $=95.3-0.1352-0.128-0.1352-0.032=94.740$ 增楼梯底板刷乳胶漆（本案例忽略不计）	15.56m² 15.56m² 15.56m² 15.59m² 15.59m² 94.740m²	14—155 14—161 14—117 12—40 12—18 14—155
棚2B	板底喷涂顶棚	1. 乳胶漆面层两遍 2. 满刮两遍腻子，复补一遍 3. 混合砂浆抹灰，砂浆配合比及厚度同定额	同上 $S=(3.3-0.24)\times(6-0.24)\times4+(4.5-0.24)\times(3.9-0.24)+(2.1-0.24)\times(4.5-0.24)+(0.93-0.24)\times(2.1-0.24)$	94.870m² 95.30m²	14—161 12—3
外墙27A1	贴外墙面砖	1. 1:1水泥砂浆勾缝 2. 5mm厚1:2.5水泥石砂浆镶贴50×230×10mm墙面砖	外墙毛面积$=(11.6+6.5)\times2\times(0.45+7.8)=298.65(m^2)$ 扣除门窗洞口面积$=2.4\times2.7+1.5\times1.8\times8+1.8\times1.8\times2+0.9\times2.7+1.5\times1.8=39.69(m^2)$ 外墙抹灰面积$=298.65-39.69=258.96(m^2)$	258.96m²	11—8

续表

做法	名称	详细做法	工程量计算式	工程量	定额编号
外墙 27A1	贴外墙面砖	3. 15mm厚1:3水泥砂浆打底扫毛	门窗洞口增加面积=2.4×2.7−(2.4−0.03×2)×(2.7−0.03)+1.5×1.8×8−(1.5−0.03×2)×(1.8−0.03×2)×8+1.8×1.8×2−(1.8−0.03×2)×(1.8−0.03×2)×2+0.9×2.7+1.5×1.8−(0.9−0.03)×(1.8−0.03)−(0.9−0.03×2)×0.9−(1.5−0.03)(1.8−0.03×2) =6.48−6.25+21.6−20.04+6.48−6.06+5.13−2.32−2.56=2.46(m²) 门窗洞口侧面增加面积=(0.185+0.03)×[(1.5−0.3×2+1.8−0.3×2)×2×8+(1.8−0.3×2)×4×2]+0.37×(2.4+2.7×2)+0.37×[(2.7−0.03)+(0.9+0.03)+(1.8−0.03×2)+(2.4−0.03×2)+(1.5+0.03−0.03)]=10.152+2.886+3.3966=16.43(m²) 压顶底增加面积=0.03×(11.6+0.03+6.5+0.03)×2=1.09(m²) 减墙与构件交接处面积=4.56×0.1+0.06×0.9×2+0.08×[(11.6+6.5)×2−(2.7+0.3×4)+(2.7−0.3×4)×2+2.7×0.3×2+2.7]×0.15+0.1×(11.6+6.5)×2=0.456+0.108+2.584+1.485+3.62=8.25(m²) 镶贴面砖总面积=258.96+2.46+16.43+1.09−8.25=270.69(m²)	270.69m²	11−61H−(11−26H)×1.5
其他	1. 楼梯装饰	1. 水泥砂浆楼梯饰面	水泥砂浆楼梯面装饰工程量=同楼梯混凝土工程量	6.64m²	10−76
		2. 硬木直形扶手型钢栏杆, 其中圆钢30kg/10m, 扁铁50kg/10m, 栏杆刷防锈漆两遍, 氟碳漆三遍, 扶手刷清漆三遍, 栏杆距楼梯踏步边20mm	栏杆长度=$\sqrt{0.27^2+0.18^2}$×(9.5+10)+(0.12+0.02×2)+(0.12+0.02+0.99−0.12) 扶手油漆工程量=7.49(m) 栏杆油漆工程量=(3+5)×7.49/1000×1.71=0.1(t)	7.49m	10−97H 14−38 14−143+(14−138)×2

续表

做法	名称	详细做法	工程量计算式	工程量	定额编号
	2.水泥砂浆台阶饰面	水泥砂浆台阶饰面	$3.9 \times 1.6 = 6.24 (m^2)$	6.24m²	10-123
	3.阳台	1.底板底面为棚2B，乳胶漆改为外墙丙烯酸涂料	$S = 4.56 \times 1.2 = 5.472 (m^2)$	5.472m²	12-3 14-167 14-161
		2.阳台栏板内侧为外墙5A	抹灰面积 $= 0.9 \times (1.2 - 0.06 + 4.56 - 0.06 \times 2 + 1.2 - 0.06) \times 1.1$	6.65m²	11-2H-(11-26H)×2-(11-26H)×114-167
		3.阳台栏板外侧为15mm厚1:2水泥砂浆底；绿色仿石涂料面层	抹灰面积 $= 1 \times (1.2 + 4.56 + 1.2)$	6.96m²	11-8H 14-169
其他	4.雨篷	1.水泥砂浆抹雨篷	$S = 4.56 \times 1.2$	5.47m²	11-29
		2.雨篷底刷丙烯酸涂料	$S = 4.56 \times 1.2$	5.47m²	14-167
		3.雨篷侧板外刷仿石涂料	$S = 0.3 \times (4.56 + 0.6 \times 2)$	1.73m²	14-169
	5.挑檐	1.水泥砂浆抹挑檐	$L = (11.6 + 0.6 + 6.5 + 0.6) \times 2 - 4.56$	34.04m	(11-31)×(600/500)
		2.挑檐侧板外刷仿石涂料	$S = 0.3 \times [(11.6 + 1.2 + 6.5 + 1.2) \times 2 - 4.56]$	10.93m²	14-169
		3.挑檐板底刷丙烯酸涂料	$S = 0.6 \times [(11.6 + 0.6 + 6.5 + 0.6) \times 2 - 4.56]$	20.42m²	14-167
	6.门窗	1.M-1有亮镶板门，配双开执手锁一副，金属拉手两副，暗装大门插销一副，清漆三遍	门工程量 $= 2.4 \times 2.7$	6.48m²	13-1
			双开执手锁工程量 = 1	1副	13-142
			金属拉手工程量 = 1	1副	13-148
			插销工程量 = 1	1副	13-153
			清漆工程量 $= 6.48 \times 1$	6.48m²	14-1

续表

做法	名称	详细做法	工程量计算式	工程量	定额编号
其他	6. 门窗	2. M-2有亮胶合板门，配单开执手锁一副，门吸一副，清漆三遍	门工程量=0.9×2.4×4	8.64m²	13-3
			单开执手锁工程量=1×4	4副	13-143
			门吸工程量=1×4	4副	13-159
			油漆工程量=8.64×1	8.64m²	14-1
		3. M-3无亮胶合板门，配单开执手锁一副，门眼一副，清漆三遍	门工程量=0.9×2.1×2	3.78m²	13-6
			单开执手锁工程量=1×2	2副	13-143
			门眼工程量=1×2	2副	13-161
			油漆工程量=3.78×1	3.78m²	14-1
		4. MC-1平开塑钢门连窗	门工程量=0.9×2.7	2.43m²	13-48
			窗工程量=1.5×1.8	2.70m²	13-105
		5. C-1, 2平开塑钢窗	窗工程量=1.5×1.8×8+1.8×1.8×2	24.48m²	13-105

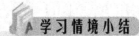

学习情境小结

本学习情境主要介绍了装饰装修工程的计量与计价。装饰装修工程造价的流程是按照装饰面的组成，以分层法进行计量计价的。在进行定额计价时应注意的问题如下：

(1) 楼地面工程中砂浆标号及厚度的调整。整体面层与块料面层的计算区别。熟悉楼地面装饰的施工工艺。

(2) 墙面抹灰中应区分一般抹灰与装饰抹灰的区别；零星镶贴块料及零星抹灰的隶属范围。墙面抹灰遍数及抹灰厚度与定额不同时需求区别对待。

(3) 天棚抹灰中注意砂浆标号、厚度的调整；吊顶中注意侧面与平面的区别。吊顶中龙骨间距、材质发生变化时要注意换算。

(4) 门窗工程中现在基本是以商品门窗的形式到现场，门窗的计价基本上只有安装、五金、刷油的问题。

能力测试

1. 定额套用与换算，写出完整的定额编号、计量单位、基价和基价计算式，完成表 4-9。

表 4-9 分项工程直接费费用表

序号	定额编号	项目名称	计量单位	基价	计算式
1		30mm 厚 1∶2 水泥砂浆找平层			
2		18mm 厚 1∶1.5 白水泥彩色石子浆普通水磨石地面，带图案有嵌条			
3		螺旋形楼梯水泥砂浆贴大理石面层			
4		1∶3 干硬性水泥砂浆铺贴菱形广场砖			
5		圆弧形墙面水泥砂浆贴文化石			
6		混凝土墙面四遍石灰砂浆抹灰厚 18mm+5mm			
7		1∶1.5 水泥白石子屑浆斩假石砖墙面			
8		有亮胶合板门带小玻璃口			
9		单独木门框，断面 8cm×12cm（毛料）			
10		带铁栅钢窗油漆（红丹一遍，银粉漆二遍）			
11		弧形混凝土墙面 12 厚 1∶1∶6 混合砂浆底，6 厚 1∶1∶4 混合砂浆面			
12		30mm 厚非泵送 C30 商品混凝土（信息价为 300 元/m³）楼地面			

2. 某工程如图 3.44 所示，墙体采用 1 砖厚 M5.0 水泥砂浆砌筑烧结砖，屋面板标高处设 240×400 挑檐梁一道。屋面板采用 100 厚现浇混凝土板。窗为铝合金推拉窗，尺寸 C1 为 1200×1200，C2 为 1500×1200。门为不带纱胶合板门，其中 M1（有亮门）尺寸为

1000×2400，M2 为 900×2100，木门油漆采用调和漆，门窗均居中安装。内墙面为混合砂底纸筋灰面抹灰，刷内墙涂料。天棚面为混合砂底纸筋灰面抹灰，外墙水泥砂浆抹面刷丙烯酸涂料，地面采用 600×600 防滑地砖面层，密缝粘贴，地砖厚 8mm，水泥砂浆结合层厚 5mm，20mm 厚水泥砂浆找平，80mm 厚 C15 混凝土垫层，70mm 厚碎石垫层，踢脚材质同地面高度为 150mm，砂浆结合层厚度为 15mm。已知挑檐突出墙面 600mm，底板厚 100mm，侧板高 500mm，侧板厚 60mm。挑檐底板顶标高 3.9m。门窗上过梁均为预制过梁，过梁高度为 120mm，过梁长度为门窗洞口宽加 500mm。过梁为现场制作、无焊接安装。求该工程的室内外装饰工程直接费。

3. 根据学习情境 3 的能力测试第 16 题的条件，完成雨篷饰面及抹灰的直接工程费。如果室内天棚的饰面设计为：基层刷 107 胶素水泥浆，面层为水泥石灰纸筋砂浆，平面图所示为一间房间，外墙均为 240mm，外墙与梁、柱外皮齐平。试计算该工程室内天棚抹灰的直接工程费。

4. 根据学习情境 3 的能力测试第 17 题，完成某工程第三层室内室外墙面、地面、天棚工程的直接费，室内外装饰设计为

1）卫生间

墙面：水泥砂浆打底不到顶，水泥砂浆粘贴 150mm×220mm×50mm 瓷砖到吊顶底；

天棚：平面双层木龙骨吊顶，三夹板基层，铝塑板面层，吊顶底面高度为 10.9m。

地面：15mm 厚 1∶3 水泥砂浆找平层，1∶2.5 水泥砂浆粘贴 50mm×300mm×300mm 防滑地砖。

2）卧室

墙面：基层刷 107 胶素水泥浆，1∶3 水泥砂浆 12mm 厚底层，1∶2 水泥砂浆 8mm 面层，刮腻子三道，刷乳胶漆两道。

天棚：基层刷 107 胶素水泥浆，面层为水泥石灰纸筋砂浆（配合比及厚度同定额），刮腻子三道，刷乳胶漆两道。

地面：15mm 厚 1∶3 水泥砂浆找平层，平口硬木长条木地板 10mm 厚，40×40 龙骨沿长尺寸单方向铺设，间距 300mm，木地板市场价为 210 元/m²，龙骨损耗率为 5%。

踢脚线：120mm 高，构造总厚度 50mm，木龙骨九夹板基层，成品木踢脚线面层，120mm 成品木踢脚线市场价为 50 元/m。

3）外墙面

15mm 1∶3 水泥砂浆打底，5mm 1∶3 水泥砂浆粘贴 50mm×230mm 外墙面砖，1∶1 水泥砂浆勾缝，外墙面砖市场价为 3 元/块。

5. 根据学习情境 3 的能力测试第 18 题，完成室内相关部分装饰部分工程直接费的计算，设计未说明的按照同定额处理，楼梯间装饰不计。

6. 根据学习情境 3 的能力测试第 19 题（图 3.50、图 3.51），已知楼梯为地砖饰面（材料及做法同定额），楼梯井宽 150mm，楼梯踏步单跑净宽 1.2mm，每个踏步宽 150mm，共计 12 个踏步，楼梯休息平台净宽 2m，楼梯与楼层板连接梁宽 240mm，栏杆安装位置距楼梯井 50mm，采用镀锌钢管扶手型钢栏杆，其中扁铁设计含量为 5kg/m，圆钢 4kg/m，型钢刷防锈漆两道，银粉漆两道。计算电梯机房天棚抹灰、楼梯饰面及栏杆的直接工程费。

学习情境 5

措施项目计量与计价

学习目标

本情境主要介绍措施项目工程工料单价法计价的基本原理和方法。要求学生通过本情境的学习，掌握措施项目工程工料单价法分部分项工程工程量的计算规则，掌握措施项目工程分部分项工程定额基价的确定，掌握措施项目施工图预算编制的方法。

学习要求

知识要点	能力要求	比重
措施项目的构成	掌握措施项目的基本构成，熟悉技术措施项目、组织措施项目的分类及专业技术措施项目的组成	20%
组织措施费计量与计价	掌握组织措施费计算的基本规则和方法，会熟练计取组织措施费率	40%
技术措施费计量与计价	掌握技术措施费计算的基本规则和方法，会熟练技术措施费项目的工程量，会熟练确定预算基价	40%

▶▶ 案例引入

在工程现场，随处可以看到钢管搭设的架子、吊装用的塔吊、运输用的施工电梯、浇筑混凝土用的各种模板、打桩用的打桩机、用来降水的井管、基坑维护中的挡土板等等，这些材料机械在工程完工后，会撤出工地，并没有形成新建筑的任何部分，在工程造价中是如何考虑这些消耗的呢？

每个工地都会有临时设施，如办公室、宿舍、仓库、加工场所、围墙、临时性的道路、临时性的水电等等，工程完工后它们就结束历史使命，被拆除，那么这部分的消耗又是怎样体现在工程造价里呢？

上述项目都被称为措施项目，措施项目分两种：技术措施、组织措施，这两种措施项目是如何划分的、如何计量的、如何计价的呢？广联达施工图预算中组织措施费共计4121.35元，这些费用是如何计算出来？

▶▶ 案例拓展

工程造价管理的发展

20世纪50年代，澳大利亚工料测量师协会宣告正式成立(1951年)。在这一时期前后，其他一些发达国家的工程造价管理协会的专业人员，对工程造价管理中的工程造价确定、工程造价控制、工程风险造价的管理等许多方面的理论与方法开展了全面的研究。同时，他们还与一些大专院校和专业研究团体合作，深入地进行工程造价管理理论体系与方法论方面的研究。在创立了工程造价管理的基本理论与方法体系的基础上，发达国家的一些大专院校和专业研究团体合作，深入的进行工程造价管理理论体系与方法论方面的研究。在创立了工程造价管理的基本理论与方法体系的基础上，发达国家的一些大专院校又建立了相应的工程造价管理的专科、本科，甚至硕士生的专业教育，开始全面培养工程造价管理方面的专门人才。这使得20世纪50年代到60年代，成了工程造价管理从理论与方法的研究，到专业人才的培养和管理实践推广等各个方面的都有很大发展的时期。

▶▶ 项目导入

工程造价除了包括地下工程、地上主体工程、装饰装修工程三大部分的造价外，还包括技术措施费和组织费，那么措施项目的造价是如何计入工程总造价的？本学习情境主要介绍了措施项目的构成，详细阐述了每种措施费的计量与计价。

学习能力单元5.1　措施项目费的基本构成

措施项目是为完成工程项目施工，发生于该工程施工准备和施工过程中的技术、生活、安全、环境保护等方面的非工程实体项目，是为完成实体工程项目所必须发生的施工准备和施工过程技术、生活、安全、环境保护等方面的非工程实体项目的总称。主要分技术措施和组织措施两大类，同时还分通用措施费和专业措施费，通用措施费是所有工程必须计价的内容，专业措施费是各专业工程依据各自施工的特点进行增减计价。我国现行措施项目组成见表5-1。

表5-1 措施项目费构成表

措施项目费	施工技术措施费	1. 大型机械设备进出场及安拆费		通用措施费项目
		2. 施工排水降水费		
		3. 地上、地下设施、建筑物的临时保护设施费		
		4. 专业工程施工技术措施费		
		5. 其他施工技术措施费		
		其中：专业工程措施费项目	混凝土、钢筋混凝土模板及支架	建筑工程
			脚手架	
			垂直运输机械	
			脚手架	装饰装修工程
			垂直运输机械	
			室内空气污染测试	
	施工组织措施费	1. 安全文明施工费		通用措施费项目
		2. 检验试验费		
		3. 冬雨季施工增加费		
		4. 夜间施工增加费		
		5. 已完工程及设备保护费		
		6. 二次搬运费		
		7. 行车、行人干扰增加费		
		8. 提前竣工增加费		
		9. 优质工程增加费		
		10. 其他施工组织措施费		

学习能力单元5.2 措施项目费计量与计价

措施费中的组织措施费按照施工取费定额规定的费率计算，技术措施费按照定额计价法，分别根据各自的分部分项工程内容进行计量与计价。

5.2.1 组织措施费的计量与计价

1. 安全文明施工费

安全文明施工费是指按照国家现行的建筑施工安全、施工现场环境与卫生标准和有关规定，购置和更新施工安全防护用具及设施、改善安全生产条件和作业环境所需要的费用。是由《建筑安装工程费用项目组成》（建标[2003]206号）中措施费所含的文明施工费、环境保护费、临时设施费和安全施工费组成，不得作为竞争性费用，编制招标控制价的，安全文明施工措施费用应按中值费率计算。

> **特别提示**
>
> 对安全文明施工有特殊要求和危险性较大的工程，需增加安全防护、文明施工措施及安全防护措施方案论证等所发生的费用由施工企业另列项目计算。

安全文明施工费＝[∑分部分项工程（人工费＋机械费）＋
∑施工技术措施费（人工费＋机械费）]×安全文明施工费率

安全防护、文明施工措施费率见表5-2。

表5-2 安全文明施工措施费率表

定额编号	项目名称	计算基数	安全文明施工措施费费率/%		
			下限	中值	上限
A1-1	安全文明施工费				
A1-11	非市区工程	人工费＋机械费	4.01	4.46	4.91
A1-12	市区一般工程	人工费＋机械费	4.73	5.25	5.78
A1-13	市区临街工程	人工费＋机械费	5.44	6.04	6.64

2. 检验试验费

检验试验费是指对建筑材料、构件和建筑安装物进行一般鉴定、检查所发生的费用，包括建设工程质量见证取样检测费、建筑施工企业配合检测及自设试验室进行试验所耗用的材料和化学药品等费用。

> **特别提示**
>
> 不包括新结构、新材料的试验费和建设单位对具有出厂合格证明的材料进行检验，对构件做破坏性试验及其他有特殊要求需要检验试验的费用。

检验试验费＝[∑分部分项工程（人工费＋机械费）
＋∑施工技术措施费（人工费＋机械费）]×检验试验费率

检验试验费率见表5-3。

表5-3 检验试验费率表

定额编号	项目名称	计算基数	安全文明施工措施费费率/%		
			下限	中值	上限
A1-6	检验试验费	人工费＋机械费	0.88	1.12	1.35

3. 冬雨季施工增加费

冬雨季施工增加费是指施工单位在施工规范规定的冬季气温条件下施工增加的费用，包括人工与机械的降效费用。雨季施工增加费是指在雨季施工时，为防滑、防雨、防雷、排水等增加的费用和人工、机械降效补偿费用。

> **特别提示**
>
> 不包括雷击、洪水造成的人员与财产损失费用。
>
> 冬雨季施工增加费指在冬雨季施工中需增加的临时设施（如防雨、防寒棚等）、劳保用品、防滑、排除雨雪的人工及劳动效率降低等费用（不包括冬雨季施工的蒸汽养护费）。

冬雨季施工增加费＝[Σ分部分项工程（人工费＋机械费）
　　　　　　　　　＋Σ施工技术措施费（人工费＋机械费）]×冬雨季施工增加费率

冬雨季施工增加费费率见表5-4。

表5-4 冬雨季施工增加费费率表

定额编号	项目名称	计算基数	安全文明施工措施费费率/%		
			下限	中值	上限
A1-7	冬雨季施工增加费费率	人工费＋机械费	0.10	0.20	0.30

4. 夜间施工增加费

夜间施工增加费是指因夜间施工所发生的夜班补助费、夜间施工降效、夜间施工照明设备摊销及照明用电等费用。

夜间施工增加费＝[Σ分部分项工程（人工费＋机械费）
　　　　　　　　＋Σ施工技术措施费（人工费＋机械费）]×夜间施工增加费率

夜间施工增加费率见表5-5。

表5-5 夜间施工增加费率表

定额编号	项目名称	计算基数	安全文明施工措施费费率/%		
			下限	中值	上限
A1-2	夜间施工增加费	人工费＋机械费	0.02	0.04	0.08

5. 已完工程及设备保护费

已完工程及设备保护费是指竣工验收之前，对已完工程及设备进行保护所需的费用。

已完工程及设备保护费＝[Σ分部分项工程（人工费＋机械费）＋Σ施工技术措施费
　　　　　　　　　　　（人工费＋机械费）]×已完工程及设备保护费率

已完工程及设备保护费率见表5-6。

表5-6 已完工程及设备保护费率表

定额编号	项目名称	计算基数	安全文明施工措施费费率/%		
			下限	中值	上限
A1-5	已完工程及设备保护费	人工费+机械费	0.02	0.05	0.08

6. 二次搬运费

二次搬运费是指因施工场地狭小等特殊情况而发生的二次搬运费用。

$$二次搬运费=[\sum 分部分项工程(人工费+机械费)+\sum 施工技术措施费(人工费+机械费)]\times 二次搬运费率$$

二次搬运费率见表5-7。

表5-7 二次搬运费率表

定额编号	项目名称	计算基数	安全文明施工措施费费率/%		
			下限	中值	上限
A1-4	二次搬运费	人工费+机械费	0.71	0.88	1.03

7. 提前竣工增加费

是指提前竣工要求所发生的施工增加费,包括夜间施工增加费、周转材料加大投入量所增加的费用等。

$$提前竣工增加费=[\sum 分部分项工程(人工费+机械费)+\sum 施工技术措施费(人工费+机械费)]\times 提前竣工增加费率$$

特别提示

提前竣工增加费率按照工期缩短比例10%、20%、30%分别计取。

工期缩短的比例=[(定额工期-合同工期)]/[定额工期]×100%

缩短工期比例在30%以上者,应由专家委员会审定其措施方案及相应的费用。计取提前竣工增加费的工程不应同时计取夜间施工增加费。实际工期比合同工期提前的,根据合同约定计算,合同没有约定的可参考本规定计算。

提前竣工增加费率见表5-8。

表5-8 提前竣工增加费率表

定额编号	项目名称		计算基数	安全文明施工措施费费率/%		
				下限	中值	上限
A1-3	提前竣工增加费					
A1-31	其中	缩短工期10%以内	人工费+机械费	0.01	0.92	1.83
A1-32		缩短工期20%以内		1.83	2.27	2.71
A1-33		缩短工期30%以内		2.71	3.15	3.59

8. 优质工程增加费

优质工程增加费是指建筑施工企业在生产合格建筑产品的基础上,为生产优质工程而增加的费用。

$$优质工程增加费=优质工程增加费前造价×优质工程增加费率$$

优质工程增加费率见表 5-9。

表 5-9 优质工程增加费率

定额编号	项目名称	计算基数	安全文明施工措施费费率/%		
			下限	中值	上限
A1-8	优质工程增加费率	优质工程增加费前造价	2.00	3.00	4.00

> **特别提示**
>
> 优质工程增加费应根据合同约定计取。获国家、省或市的优质工程,或其他能证明其工程优质的应计取优质工程增加费。
>
> 优质工程一般在工程竣工后评定且不一定发生,编制招标控制价时不计算该项费用。
>
> 合同要求为优质工程而实际未达到优质工程的,其优质工程的增加费可根据工程的实际质量,按优质工程增加费下限费率的 15%~75%计算;合同没有优质工程要求而实际获得优质工程的,可按优质工程增加费下限费率的 75%~100%计算。

5.2.2 技术措施费的计量与计价

1. 大型设备进出场及安拆费

大型设备进出场及安拆费是指机械整体或分体自停放地点运至施工现场或由一个施工地点运至另一个施工地点时,发生的机械进出场运输和转移的费用、大型机械在施工现场进行安装、拆卸所需的人工费、材料费、机械费、试运转费和安装所需的辅助设施的费用。

> **特别提示**
>
> 需要根据现场大型机械使用情况分别计量与计价。
>
> 大型设备包括起重机、打桩机、混凝土搅拌站、挖土机、施工电梯等。

【例 5-1】某办公楼檐高 30m,建筑面积 15000m^2,施工采用一台轨道式 60kN·m 塔式起重机,轨道为双轨,长 150m,计算该建筑的大型设备进出场及安拆费。

【解】(1) 塔式起重机基础费用:

查《浙江省建筑工程预算定额》附录(二),定额编号 1002,基价为 218.20 元/m

基础费用=150×218.20=32730(元)

(2) 安装拆卸费:

查附录(二),定额编号 2001,基价为 6756.73 元/台次

安装拆卸费＝6756.73×1＝6756.73(元)

(3) 场外运输费：

查附录(二)，定额编号3017，基价为8406.86元/台次

场外运输费＝8406.86×1＝8406.86(元)

该建筑工程大型设备进出场及安拆费＝32730＋6756.73＋8406.86＝47893.59(元)

建筑工程大型设备进出场及安拆费用见表5－10。

表5－10 建筑工程大型设备进出场及安拆费用表

序号	定额编号	分部分项工程名称	单位	工程量	基价/元	合价/元
1	1002	塔式起重机基础费用	m	150	218.20	32730
2	2001	塔式起重机安装拆卸费	台次	1	6756.73	6756.73
3	3017	塔式起重机场外运输费	台次	1	8406.86	8406.86
4		小　计	元			47893.59

2. 施工排水费

施工排水费是指为了确保工程在正常条件下施工，采取各种排水措施所发生的费用。

知识链接

施工排水的方法有明排水法等，主要是通过截断水流、疏干积水、集水井抽水的方法进行排水。排水工程量为被挖湿土的体积，计价选择为1—110。

3. 施工降水费

施工降水费是指为了确保工程在正常条件下施工，采取的降水措施所发生的费用。

知识链接

施工降水的方法有轻型井点、喷射井点、电渗井点、管井井点及深井泵井点等。

轻型井点以50根为一套，喷射井点以30根为一套，使用时累计根数轻型井点少于25根，喷射井点少于15根，使用费用按相应定额乘以系数0.7。

施工降水分别从安拆和使用两个方面计算，具体规则如下：

① 使用天数据以每昼夜24h为一天，并按施工组织设计要求的使用天数计算。

② 轻型井点、喷射井点排水的井管安装、拆除以根为单位计算，使用以套·天计算；真空深井、自流深井排水的安装拆除以每口井计算，使用以每口井·天计算。

③ 井管间距应根据地质条件和施工降水条件要求，按施工组织设计确定，施工组织设计未考虑时，可按轻型井点管距1.2m，喷射井点管距2.5m确定。

施工降水费计价的选择为1—99～109。

【例5-2】某土方工程采用轻型井点降水，施工组织设计井点竖管根数为65根，使用天数为15天，试计算该工程轻型井点降水措施费用。

【解】安拆工程量＝65(根)

使用工程量共2套,一套竖管50根,一套竖管15根。

2套均为1×15＝15(套·天)

分项工程直接费计价见表5-11。

表5-11 分项工程直接费计价表

序号	定额编号	分部分项工程名称	单位	工程量	基价/元	合价/元
1	1-99	井点安拆	根	65	133.30	8665
2	1-100	井点使用	套·天	15	256.00	3840
3	1-100H	井点使用(不足25根)	套·天	15	256.00×0.7＝179.20	2688
4		小计	元			15193

4. 地上、地下设施、建筑物的临时保护设施费

地上地下设施、建筑物的临时保护设施费根据工程实施情况计量与计价,是指竣工验收前,对地下、地上设施、建筑物进行临时保护所需的费用。

特别提示

根据具体情况列入措施费内计算。

5. 混凝土、钢筋混凝土模板及支架

混凝土、钢筋混凝土模板及支架费是指混凝土施工过程中需要的各种钢模板、木模板、支架等的支、拆、运输费用及模板、支架的摊销(或租赁)费用。

知识链接

现浇混凝土构件模板及支架的计量有两种方法:接触面积法和含模量法。接触面积法是将模板与混凝土接触的面积计为模板工程量;含模量法是将构件的混凝土量先算出来,查出该构件每立方混凝土体积中模板的含量,即含模量,用混凝土体积乘以含模量得模板工程量。当合同没有特别约定时,首选接触面积法计算模板措施费。

预制构件模板均按构件混凝土体积以立方米计算。

模板费用的计算在学习情境3中已涉及,此处省略。

6. 脚手架费

脚手架是指为高空施工作业、堆放和运送材料,并保证施工安全而设置的操作平台和架设的工具费用。脚手架有木脚手架、毛竹脚手架和金属脚手架。

特别提示

定额分综合脚手架、单项脚手架、烟囱和水塔脚手架3部分。适用于房屋工程、构筑物及附属工程的脚手架,钢结构建筑物脚手架另行补充。

1) 综合脚手架计量与计价

综合脚手架适用于房屋工程及地下室脚手架，不适用与房屋加层脚手架、构筑物及附属工程脚手架。

(1) 综合脚手架工程量按房屋建筑面积计算，有地下室时，按地下室与上部建筑面积分别计算，套用相应定额。半地下室面积并入上部建筑物总面积里计算。

> **特别提示**
>
> 综合脚手架应区分不同檐高将各自范围内建筑面积合并套用各自的定额。
> 计算综合脚手架时应另行加入以下面积。
> ① 骑楼、过街楼下的人行通道和建筑物通道，以及无围护结构的架空层，层高在2.2m及以上者按墙(柱)外围水平面积计算；层高不足2.2m者计算1/2面积。
> ② 设备管道夹层(原称技术层)层高在2.2m及以上者按墙外围水平面积计算；层高不足2.2m者计算1/2面积。
> ③ 有墙体、门窗封闭的阳台，按其外围水平投影面积计算。

综合脚手架计价选择为16－1～28。

(2) 综合脚手架已综合内、外墙砌筑脚手架，外墙抹灰脚手架，高度20m内的斜道和上料平台。高度在3.6m以内的内墙及天棚装饰脚手架费已包含在定额内。

(3) 地下室综合脚手架中已综合了基础超深脚手架。

(4) 综合脚手架定额房屋层高以6m内为准，层高超过6m，另按每增加1m以内定额计算；檐高30m以上的房屋，层高超过6m时，按檐高30m以内每增加1m定额执行。

(5) 综合脚手架定额未包括以下内容。

① 高度在3.6m以上的内墙和天棚饰面或吊顶安装脚手架。

② 基础深度超过2m(自设计室外地坪起)的混凝土运输脚手架。

③ 电梯安装井道脚手架。

④ 人行过道防护脚手架。

上述未包括内容发生时，按单项脚手架规定另列项目计算。

2) 单项脚手架计量与计价

单项脚手架适用于房屋加层脚手架、构筑物及附属工程脚手架。

单项脚手架工程量计算规则如下。

(1) 砌墙脚手架工程量按内、外墙面积计算(不扣除门窗洞口、空洞等面积)。外墙乘以系数1.15，内墙乘以系数1.1。

(2) 围墙脚手架高度自设计室外地坪算至围墙顶，长度按围墙中心线计算，洞口面积不扣，砖垛(柱)，也不折加长度。

(3) 满堂脚手架工程量按天棚水平投影面积计算，工作面高度为房屋层高；斜天棚(屋面)按平均高度计算；局部高度超过3.6m的天棚，按超过部分面积计算。

无天棚的屋面构架等建筑构造的脚手架，按施工组织设计规定的脚手架搭设的外围水平投影面积计算。

(4) 电梯安装井道脚手架，按单孔（一座电梯）以座计算。

(5) 人行过道防护脚手架，按水平投影面积计算。

(6) 砖（石）柱脚手架按柱高以米计算。

(7) 基础深度超过 2m 的混凝土运输满堂脚手架工程量，按底层外围面积计算；局部加深时，按加深部分基础宽度每边各增加 50cm 计算。

(8) 混凝土、钢筋混凝土构筑物高度在 2m 以上，混凝土工程量包括 2m 以下至基础顶面以上部分体积。

(9) 烟囱、水塔脚手架分别高度，按座计算。

(10) 采用钢滑模施工的钢筋混凝土烟囱筒身、水塔筒式塔身、贮仓筒壁是按无井架施工考虑的，除设计采用涂料工艺外不得再计算脚手架或竖井架。

(11) 网架安装脚手架按网架水平投影面积计算。

知识链接

外墙脚手架定额未综合斜道和上料平台，发生时另列项目计算。

高度超过 3.6m 至 5.2m 以内的天棚抹灰或吊顶安装，按满堂脚手架基本层计算。高度超过 5.2m 另按增加层定额计算。如仅勾缝、刷浆或油漆时，按满堂脚手架定额，人工乘以系数 0.4，材料乘以系数 0.1。满堂脚手架在同一操作地点进行多种操作时（不另行搭设），只可计算一次脚手架费用。

外墙外侧饰面应利用外墙砌筑脚手架，如不能利用须另行搭设时，按外墙脚手架定额人工乘以系数 0.6，材料乘以系数 0.3。如仅勾缝、刷浆、油漆时，人工乘以系数 0.4，材料乘以系数 0.1。采用吊篮施工时，应按施工组织设计规定计算并入套用相应定额。吊篮按桩拆除以套为单位计算，使用以套·天计算，如采用吊篮在另一垂直面上工作的方案，发生的整体挪移费按吊篮按拆定额扣除载重汽车台班后乘以系数 0.7 计算。

高度在 3.6m 以上的内墙抹灰脚手架，如不能利用满堂脚手架，须另行搭设时，按内墙脚手架定额，人工乘以系数 0.6，材料乘以系数 0.3。如仅勾缝、刷浆、或油漆时，人工乘以系数 0.4，材料乘以系数 0.1。

砖墙厚度在 1 砖半以上，石墙厚度在 40cm 以上，应计算双面脚手架，外墙套外脚手架，内面套内墙脚手架定额。

电梯井高度按井坑底至井道顶板底的净空高度再减去 1.5m 计算。

防护脚手架定额按双层考虑，基本使用期为 6 个月，不足或超过 6 个月按相应定额调整，不足 1 个月按 1 个月计。

砖柱脚手架适用于高度大于 2m 的独立砖柱；房上烟囱高度超出屋面 2m 者，套砖柱脚手架定额。

围墙高度在 2m 以上者，套内墙脚手架定额。

基础深度超过 2m 时（自设计室外地坪起）应计算混凝土运输脚手架（使用泵送混凝土除外），按满堂脚手架基本层定额乘以系数 0.6。深度超过 3.6m 时，另按增加层定额乘以系数 0.6。

构筑物钢筋混凝土贮仓（非滑模的）、漏斗、风道、支架、通廊、水（油）池等，构筑物高度在 2m 以上者，每 $10m^3$ 混凝土（不论有无抹灰）的脚手架费用 99 元（其中人工 1.2 个工日）计算。

网架安装脚手架高度（指网架最低支点的高度）按 6m 以内为准，超过 6m 按每增加 1m 定额计算。

钢筋混凝土倒锥形水塔的脚手架，按水塔脚手架的相应定额乘以系数 1.3。

屋面构架等建筑构造的脚手架,高度在 5.2m 以内时,按满堂脚手架基本层计算。高度超过 5.2m 另按增加层定额计算。其高度在 3.6 以上的装饰脚手架,如不能利用满堂脚手架,须另行搭设时,按内墙脚手架定额,人工乘以系数 0.6,材料乘以系数 0.3。构筑物砌筑按单项定额计算砌筑脚手架。

二次装饰、单独装饰工程的脚手架,按施工组织设计规定的内容计算单项脚手架。

钢结构专业工程的脚手架发生时套用相应的单项脚手架定额,对有特殊要求的钢结构专业工程脚手架应根据施工组织设计规定计算。

【例 5-3】某工程的主体建筑剖面图如图 5.1 所示,某市区临街公共建筑工程,地上三层及地下室各层建筑面积均为 1200m²,其中天棚投影面积为 960 m²;4 至 18 层各层建筑面积均为 800m²,其中天棚投影面积为 640m²,屋顶电梯机房建筑面积为 50m²,其中天棚投影面积为 40m²,基坑底标高为 -5.0m,自然地坪标高 -1.0m;临街过道防护架 300m²,使用期限为 10 个月。各层无吊顶,楼板厚 120mm。采用泵送混凝土。两部电梯,电梯井高度为 72m。试计算该工程脚手架措施费。

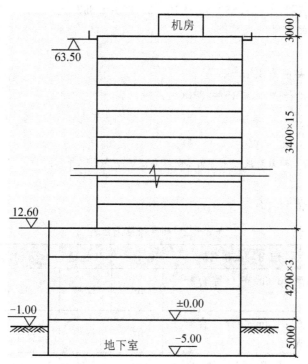

图 5.1 主体建筑剖面图

【解】建筑物檐高 = 63.5 + 1 = 64.69(m)

(1) 综合脚手架费:

地下部分:S = 1200(m²) 定额套用 16-26 基价为 9.0 元/m²

地上部分有两个檐高,应分两部分按照各自所包含的建筑面积分别计算:

檐高 13.6m,S_1 = (1200 - 800) × 3 = 1200(m²)

定额套用 16-5 基价为 15.46(元/m²)

檐高 64.5m，$S_2 = 800 \times 18 + 50 = 14450(m^2)$

定额套用 16-12 基价为 35.95(元/m^2)

地上檐高 13.6m 部分综合脚手架费 = $1200 \times 15.46 = 18552$(元)

地上檐高 64.5m 部分综合脚手架费 = $14450 \times 35.95 = 519477.5$(元)

地下部分综合脚手架费 = $1200 \times 9 = 10800$(元)

(2) 3.6m 以上天棚抹灰脚手架费：

层高 4.2m 的 1 至 3 层及层高为 5m 的地下室，需要计算满堂脚手架基本层。

$S = 960 \times 3 + 960 = 3840(m^2)$

定额套用 16-40 基价为 6.03 元/m^2

3.6m 以上天棚抹灰脚手架费 = $3840 \times 6.03 = 23155.2$(元)

(3) 过道防护架使用费：

套定额 16-61 基价为 2263 元/100m^2

套定额 16-62×4 基价为 $259 \times 4 = 1036$(元/100m^2)

防护脚手架使用直接费 = $22.63 \times 300 + 10.36 \times 300 = 9897$(元)

(4) 电梯井脚手架费用：

工程量 = 2(座)

套定额 16-45 基价为 4915 元/座

电梯井脚手架直接费 = $2 \times 4915 = 9830$(元)

特别提示

因采用泵送混凝土，故基坑混凝土浇捣不计算超深满堂脚手架费。

脚手架措施费见表 5-12：

表 5-12 脚手架措施费表

序号	定额编号	分部分项工程名称	单位	工程量	基价/元	合价/元
1	16-5	檐高 13.6m 部分综合脚手架费	m^2	1200	15.46	18552
2	16-12	檐高 64.5m 部分综合脚手架费	m^2	14450	35.95	519477.5
3	16-26	地下一层综合脚手架费	m^2	1200	9.00	10800
4	16-40	3.6m 以上天棚抹灰脚手架费	m^2	3840	6.03	23155.2
5	16-61H	防护脚手架使用费	m^2	300	22.63+2.59×4=32.99	9897
6	16-45	电梯井脚手架费	座	2	4915	9830
7		小计	元			591711.7

【例 5-4】计算广联达培训楼综合脚手架的费用。

【解】培训楼建筑面积＝(11.6×6.5+4.56×1.2/2)×2＝156.27(m²)
檐口高度＝7.2+0.45－0.1＝7.55(m)
查定额得16－3，基价＝12.32(元/m²)
综合脚手架费＝12.32×156.27＝1925.25(元)

7. 垂直运输工程费

垂直运输费是指建筑物、构筑物在垂直方向采用大型运输机械进行运输而发生的费用。

1) 地下室垂直运输费的计量与计价

地下室垂直运输以首层室内地坪以下的建筑面积计算，半地下室并入上部建筑物计算。

基价的选择为17－1～3。

2) 上部建筑物垂直运输费的计量与计价

上部建筑物的垂直运输以首层室内地坪以上建筑面积计算，另应增加按房屋综合脚手架计算规则规定增加内容的面积。

特别提示

建筑物层高超过3.6m时，按每增加1m相应定额计算，超过1m的，每增加1m相应定额按比例调整。地下室层高已综合考虑。

基价的选择为17－4～27。

3) 构筑物垂直运输费的计量与计价

非滑模施工的烟囱、水塔，根据高度按座计算；钢筋混凝土水(油)池及贮仓按基础底板以上实体积以立方米计算。

特别提示

滑模施工的烟囱、水塔、筒仓，按筒座或基础底板上表面以上的筒身实体积以立方米计算。

水塔根据高度按座计算，包括水箱及所有依附构件体积。

构筑物垂直运输费基价选择为17－28～45。

4) 定额应用说明

垂直运输费工程定额适用于房屋工程、构筑物工程的垂直运输。

(1) 本定额包括单位工程在合理工期内完成全部工作所需的垂直运输机械台班。但不包括大型机械的场外运输、安装拆卸及轨道铺拆和基础等费用，发生时另按相应定额计算。

(2) 建筑物的垂直运输，定额按常规方案以不同机械综合考虑，除另有规定或特殊要求者外，均按定额执行。

(3) 垂直运输机械采用卷扬机带塔时，定额中塔吊台班单价换算，数量按塔吊台班数量乘以系数1.5。

(4) 檐高 3.6m 以内的单层建筑，不计算垂直运输机械台班。

(5) 建筑物层高超过 3.6m 时，按每增加 1m 相应定额计算，超高不足 1m 的，每增加 1m 相应定额按比例调整。地下室层高已综合考虑。

(6) 同一建筑物檐高不同时，应根据不同高度的垂直分界面分别计算建筑面积，套用相应定额。

(7) 如采用泵送混凝土施工时，定额子目中的塔吊台班应乘以系数 0.98。

(8) 加层工程按加层建筑面积和房屋总高套用相应定额。

(9) 构筑物高度指设计室外地坪至结构最高点的高度。

(10) 钢筋混凝土水(油)池套用贮仓定额乘以系数 0.35 计算。贮仓或水(油)池池壁高度小于 4.5m 时，不计算垂直运输项目费用。滑模施工的贮仓定额只适用于圆形仓壁，其底板及顶板套用普通贮仓定额。

【例 5-5】以例 5-3 为背景，计算该工程的垂直运输费，垂直运输大型机械进出场及安拆费忽略不计。

【解】(1) 檐高 13.6m 部分的垂直运输费：

工程量=(1200-800)×3=1200(m²)

> **特别提示**
>
> 工程量同综合脚手架的计算，由于层高超过 3.6m，还需计算层高超过 3.6m 每增加 1m 的垂直运输费。超高高度=4.2-3.6=0.6(m)。
>
> 采用的是泵送混凝土施工，故定额子目中的塔吊台班应乘以系数 0.98。

定额套用 17-4+23

基价=92.44×(0.076+0.0116×0.6)+165.92×(0.0224+0.0025×0.6)×0.98
　　=11.56(元/m²)

檐高 13.6m 部分的垂直运输费=(1200-800)×3×11.56=13872.00(元)

(2) 檐高 64.5m 部分的垂直运输费：

S=14450m²　超高部分的面积=800×3=2400(m²)

层高超高高度=4.2-3.6=0.6(m)

定额套用17-9　基价=35.10+0.048×413.73×(0.98-1)=34.70(元/m²)

　　　　　17-25　基价=4.03×0.6+0.0053×413.73×(0.98-1)×0.6=2.39(元/m²)

檐高 64.5m 部分的垂直运输费=14450×35.70+2400×2.39=521601(元)

(3) 地下部分垂直运输费：

S=1200m²　地下室层高超高部分不再单独计算，定额已综合考虑。

定额套用 17-1　基价=29.37+0.071×413.73×(0.98-1)=28.78(元/m²)

地下部分垂直运输费=1200×28.78=34536(元)

【例 5-6】计算广联达培训楼垂直运输费，已知采用一台 20kN·m 塔式起重机，一台 1m³ 履带式挖掘机。

【解】(1) 垂直运输费：

工程量同脚手架的计算，故 $S=156.27(m^2)$

由于此工程混凝土均为商品泵送，故定额子目中的塔式起重机台班应乘以系数 0.98。

定额套用 17-4　基价 $=92.44×0.076+165.92×0.0224×(0.98-1)=6.95(元/m^2)$

垂直运输费 $=156.27×6.95=1086.25(元)$

(2) 大型设备基础费：

定额套用 1001　基价 $=5510.97(元/座)$

塔式起重机基础费 $=5510.97×1=5510.97(元)$

(3) 塔式起重机安装拆卸费：

20kN·m 塔式起重机按 60kN·m 塔式起重机乘以系数 0.4。

定额套用 2001　基价 $=6756.73×0.4=2702.69(元/台次)$

塔式起重机安装拆卸费 $=2702.69×1=2702.69(元)$

(4) 塔式起重机场外运输费：

20kN·m 塔式起重机按 60kN·m 塔式起重机乘以系数 0.4。

定额套用 3017　基价 $=8406.86×0.4=3362.74(元/台次)$

塔式起重机场外运输费 $=3362.74×1=3362.74(元)$

(5) 履带式挖掘机场外运输费：

定额套用 3001　基价 $=2954.58(元/台次)$

履带式挖掘机场外运输费 $=2954.58×1=2954.58(元)$

8. 建筑物超高施工增加费

建筑物超高施工增加费是指建筑物檐口高度超过 20m 时，人工和机械效率降低、施工供水需要增加加压水泵、垂直运输的时间加长等方面造成的增加费用。这项费用的计价是分别按照人工降效和机械降效计算的。

$$人工降效费=规定内容中的全部人工费×相应子目系数$$
$$机械降效费=规定内容中的全部机械台班费×相应子目系数$$

> **特别提示**
>
> 规定内容指建筑物首层室内地坪以上的全部工程项目，不包括垂直运输、各类构件单独水平运输、各项脚手架、预制混凝土及金属构件制作项目。
>
> 同一建筑物檐高不同时，应分别计算套用相应定额，并根据不同高度建筑物面积占总建筑物面积的比例分别计算不同高度的人工费及机械费。
>
> 建筑物施工用水加压增加的水泵台班，按首层室内地坪以上建筑面积计算。

【例 5-7】某工程主楼设计为 7 层，层高 3m，裙楼设计为 3 层，层高为 4m，室外设计地坪标高为 -0.6；主楼每层建筑面积为 $600m^2$，裙楼每层建筑面积为 $1000m^2$；主楼檐沟底标高为 32.4m，已知该工程地上部分人工费总计为 220 万元（包括脚手架人工 3 万元）；机械费为

160万元(包括垂直运输费19万元、脚手架机械费0.5万元),计算该建筑物的超高施工增加费及建筑物超高加压水泵台班费。

【解】 该建筑主楼檐口高度为 32.4+0.6=33(m)

该建筑裙楼檐口高度为 4×3+0.6=12.6(m)

由于该建筑有两个檐高,主楼檐高超过20m,裙楼没有超过,故只计算主楼的超高施工增加费。

主楼建筑面积占总面积的比例=600×10/(600×7+1000×3)=6000/7200=0.83

超高部分的人工费及机械费按照超高部分建筑占总建筑面积的比例进行分配。

(1) 建筑物超高人工降效增加费:

定额套用18-2,定额基价:454元/万元。

人工降效费=(220-3)×0.83×454=81769.94(元)

(2) 建筑物超高机械降效增加费:

定额套用18-20,定额基价:454元/万元

机械降效费=(160-19-0.5)×0.83×454=52943.21(元)

(3) 建筑物超高加压水泵台班及其他费用:

定额套用18-38,定额基价:289元/100m²。

加压水泵台班及其他费用=600×10×2.89=17340(元)

(4) 建筑物层高超过3.6m增加加压水泵台班费:

建筑层高超过3.6m的建筑面积=600×3=1800(m²)

> **特别提示**
>
> 层高超过3.6m的建筑面积不包括檐高20m及以下的建筑面积。

定额套用18-55,定额基价:11元/100m²。

建筑物层高超过3.6m增加加压水泵台班费=1800×0.11×(4-3.6)=79.2(元)

(5) 分部分项工程直接费见表5-13。

表5-13 分部分项工程直接费用表

序号	定额编号	分部分项工程名称	单位	工程量	基价/元	合价/元
1	18-2	建筑物超高人工降效增加费	万元	180.11	454	81769.94
2	18-20	建筑物超高机械降效增加费	万元	116.62	454	52943.21
3	18-38	建筑物层高超加压水泵台班及其他费	m²	6000	2.89	17340
4	18-55H	建筑物层高超过3.6m加压水泵台班费	m²	1800	0.11×0.4 =0.044	79.2

学习情境小结

本情境介绍了措施费的构成及计量与计价，应用时注意以下几点。
(1) 定额计价法中组织措施费按照施工取费定额规定的费率范围确定。在费率范围内属于竞争性费用。
(2) 定额计价法中技术措施费应按照单项定额分别计量与计价。其中，模板计量采用接触面积法，在合同有具体约定时，也可以使用含模量法计算，但两者不能同时运用。
(3) 措施费中除了通用项目以外，如果还发生其他措施费，则按照发生情况独立列项计入措施费中。
(4) 建筑物超高施工增加费只计算首层地坪以上的人工、机械降效费，檐高 20 米以内的建筑物不需要计算此费用。

能力测试

1. 施工技术措施费有哪些？施工组织措施费有哪些？
2. 通用措施项目与专业措施项目有何区别？
3. 已知某市区一综合大楼建筑工程(图 5.2)，各部分建筑面积见表 5-14。地上项目人工费总计为 500 万元，其中垂直运输人工费为 20 万元。机械费总计为 300 万元，其中脚手架机械费为 30 万元。

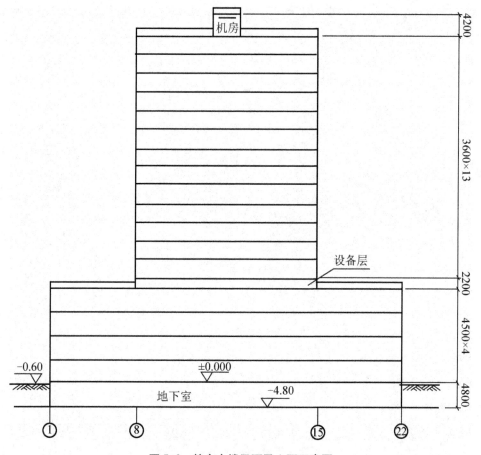

图 5.2 综合大楼平面及立面示意图

表 5-14 综合大楼建筑面积汇总表

楼层	建筑面积/m²		
	(1)—(8)	(8)—(15)	(15)—(22)
地下室	500	500	500
1~4 层	500×4	500×4	500×4
5~17 层		500×13	
机房		25	
小计	2500	9025	2500
合计	14025		

注：设备层结构外围水平投影面积为 500m²。

试计算该综合办公楼的综合脚手架工程、垂直运输工程、超高施工增加费、超高加压水泵台班费，并套用相应的定额。

学习情境 6

建筑工程造价构成及其计算

学习目标

本情境主要介绍建筑工程造价计算的基本原理和方法。要求学生通过本情境的学习,掌握建筑工程造价工料单价法的计算程序,能完成建筑工程造价的计算。掌握综合单价法建筑工程造价的计算程序并能熟练应用。

学习要求

知识要点	能力要求	比重
建筑工程造价的构成	掌握建筑工程造价的构成	20%
工料单价法建筑工程造价计算程序	掌握工料单价法建筑工程造价的计算,能熟练应用	40%
综合单价法建筑工程造价计算程序	掌握综合单价法建筑工程造价的计算,能熟练应用	40%

▶▶ 案例引入

建筑工程造价最终的数额不是简单的加减乘除，它有其特有的内部规律，从广联达施工图预算中的单位工程总价表中可以得知工程总造价为 238228.67 元，它是直接工程费与施工技术措施费（207088.22 元）、施工组织措施费（4121.41 元）、企业管理费（8199.11 元）、利润（4646.16 元）、规费（5946.62 元）、税金（8227.15 元）六项费用之和，这六项费用各自是如何计算出来的？都有哪些规律可遵循？

▶▶ 案例拓展

20 世纪 80 年代末和至 90 年代初，人们对工程造价管理理论与实践的研究进入了综合与集成的阶段。各国纷纷在改进现有工程造价确定与控制理论和方法的基础上，借助其他管理领域在理论与方法上最新的发展，开始了对工程造价管理进行更为深入而全面的研究。在这一时期中，以英国工程造价管理学界为主，提出了"全生命周期造价管理"的工程项目投资评估与造价管理的理论与方法。英国皇家特许测量师协会为促进这一先进的工程造价管理的理论与方法的研究、完善和提高而付出了很大的努力。稍后一段时间，以美国工程造价管理学界为主，推出了"全面造价管理"这一涉及工程项目战略资产管理、工程项目造价管理的概念和理论。自从 1991 年有人在美国造价工程师协会的年会上提出全面造价管理这一名称和概念以后，美国造价工程师协会为推动自身发展和工程造价管理理论与时间的进步，在这一方面开展了一系列的研究和探讨，在工程造价管理领域全面造价管理理论与方法的创立与发展上作出了巨大的努力。美国造价工程师协会为推动全面造价管理理论与方法的发展，还于 1992 年更名为"国际全面造价管理促进协会"从此，国际上的工程造价管理研究与实践就进入了一个全新的阶段，而这一阶段的主要标志之一就是对于工程项目全面造价管理理论与方法的研究。

但是，自 20 世纪 90 年代初提出工程项目全面造价管理的概念至今，全世界对于全面造价管理的研究仍然处在有关概念和原理的研究上。在 1998 年 6 月于美国新新纳提举行的国际全面造价管理促进协会 1998 年度的学术学会上，国际全面造价管理促进协会仍然把这次会议的主题定为"全面造价管理——21 世纪的工程造价管理技术"。这一主题一方面告诉我们，全面造价管理的理论和技术方法是面向未来的，另一方面也告诉我们全面造价管理的理论和方法至今尚未成熟，但是它是 21 世纪的工程造价管理的主流方法。在这一年会的整个会议期间，与会各国工程造价管理界的专业人士所发表的学术论文，多数也仍然是处于对全面造价管理基本概念的定义和全面造价管理范畴的界定方面。因此，可以说 20 世纪 90 年代是工程造价管理步入全面造价管理的阶段。

▶▶ 项目导入

建筑工程造价的计算有两种方法：工料单价法和工程量清单计价法，在不同的计价模式下建筑工程总造价的最终数值是如何构成和计算的？本学习情境主要介绍了建筑工程总造价的构成，详细阐述了两种计价模式下建筑工程总造价计算方法。

学习能力单元 6.1　建筑工程造价构成

建筑工程造价由直接费、间接费、利润和税金组成，见表 6-1。

表 6-1　建筑工程造价构成表

建筑工程造价	直接费	直接工程费		1. 人工费
				2. 材料费
				3. 施工机械使用费
		措施费	技术措施费	1. 大型机械设备进出场及安拆费
				2. 施工排水费、施工降水费
				3. 地上、地下设施、建筑物的临时保护设施
				4. 专业工程施工技术措施费（具体内容见表 5-1）
				5. 其他施工技术措施费
			组织措施费	1. 安全文明施工措施费
				2. 检验试验费
				3. 冬雨季施工增加费
				4. 夜间施工费增加费
				5. 已完工程及设备保护费
				6. 二次搬运费
				7. 行车、行人干扰增加费
				8. 提前竣工增加费
				9. 优质工程增加费
				10. 其他施工组织措施费
	间接费	规费		1. 工程排污费
				2. 社会保障费（养老保险费、失业保险费、医疗保险费、生育保险费）
				3. 住房公积金
				4. 民工工伤保险费
				5. 危险作业意外伤害保险费
		企业管理费		1. 管理人员工资
				2. 办公费
				3. 差旅交通费
				4. 固定资产使用费
				5. 工具用具使用费

续表

			6. 劳动保险费
建筑工程造价	间接费	企业管理费	7. 工会经费
			8. 职工教育经费
			9. 财产保险费
			10. 财务费
			11. 税金
			12. 其他
	利润		
	税金		

6.1.1 直接费

直接费是建筑工程的制造成本,由直接工程费和措施费组成。

1. 直接工程费

直接工程费是指工程施工过程中耗费的构成工程实体的各项费用,包括人工费、材料费、施工机械使用费。

(1) 人工费:直接从事建设工程施工的生产工人开支的各项费用。内容包括以下5项。

① 基本工资:发放给生产工人的基本工资。

② 工资性补贴:按规定标准发放的物价补贴,煤、燃气补贴,交通补贴,住房补贴,流动施工津贴。

③ 辅助工资:生产工人年有效施工天数以外非作业天数的工资,包括职工学习、培训期间的工资,调动工作、探亲、休假期间的工资,因气候影响的停工工资,女工哺乳期间的工资,病假在六个月以内的工资及产、婚、丧假期的工资。

④ 福利费:按规定标准计提的职工福利费。

⑤ 劳动保护费:按规定标准发放的劳动保护用品的购置费及修理费,服装补贴,防暑降温费,在有碍身体健康环境施工的保健费用等。

(2) 材料费:施工过程中耗用的构成工程实体的原材料、辅助材料、构配件、零件、半成品的费用。内容包括以下4种。

① 材料原价(或供应价格)。

② 材料运杂费:材料自来源地运至工地仓库或指定堆放地点所发生的全部费用。

③ 运输损耗费:材料在运输装卸过程中不可避免的损耗。

④ 采购及保管费:为组织采购、供应和保管材料过程中所需要的各项费用。包括:采购费、仓储费、工地保管费、仓储损耗。

(3) 施工机械使用费:施工机械作业所发生的机械使用费以及机械安拆费和场外运输费。施工机械台班单价应由下列7项费用组成。

① 折旧费:施工机械在规定的使用年限内,陆续收回其原值及购置资金的时间价值。

② 大修理费：施工机械按规定的大修理间隔台班进行必要的大修理，以恢复其正常功能所需的费用。

③ 经常修理费：施工机械除大修理以外的各级保养和临时故障排除所需的费用。包括为保障机械正常运转所需替换设备与随机配备工具附具的摊销和维护费用，机械运转中日常保养所需润滑与擦拭的材料费用及机械停滞期间的维护和保养费用等。

④ 安拆费及场外运费：施工机械在现场进行安装与拆卸所需的人工、材料、机械和试运转费用以及机械辅助设施的折旧、搭设、拆除等费用；场外运费指一般施工机械（不包括大型机械）整体或分体自停放地点运至施工现场或由一施工地点运至另一施工地点的运输、装卸、辅助材料及架线等费用。

⑤ 人工费：机上司机（司炉）和其他操作人员的工作日人工费及上述人员在施工机械规定的年工作台班以外的人工费。

⑥ 燃料动力费：施工机械在运转作业中所消耗的固体燃料（煤、木柴）、液体燃料（汽油、柴油）及水、电等。

⑦ 其他费用：主要包括养路费及车船使用税，它是指施工机械按照国家规定和有关部门规定应缴纳的养路费、车船使用税、保险费及年检费等。

2. 措施费

措施费：为完成工程项目施工，发生于该工程施工前和施工过程非工程实体项目的费用。由施工技术措施费和施工组织措施费组成。

（1）施工技术措施费内容包括以下内容。

① 大型机械设备进出场及安拆费：大型设备进出场及安拆费是指机械整体或分体自停放地点运至施工现场或由一个施工地点运至另一个施工地点时，发生的机械进出场运输和转移的费用、大型机械在施工现场进行安装、拆卸所需的人工费、材料费、机械费、试运转费和安装所需的辅助设施的费用。

② 施工排水费：为了确保工程在正常条件下施工，采取各种排水措施所发生的费用。

③ 施工降水费：为了确保工程在正常条件下施工，采取的降水措施所发生的费用。

④ 地上、地下设施、建筑物的临时保护设施费：竣工验收前，对地下、地上设施、建筑物进行保护所需的费用。

⑤ 已完工程及设备保护费：

⑥ 混凝土、钢筋混凝土模板及支架费：混凝土施工过程中需要的各种钢模板、木模板、支架等的支、拆、运输费用及模板、支架的摊销（或租赁）费用。

⑦ 脚手架费：为高空施工作业、堆放和运送材料，并保证施工安全而设置的操作平台和架设的工具费用。

⑧ 垂直运输机械费：建筑物、构筑物在垂直方向采用大型运输机械进行运输而发生的费用。

⑨ 室内空气污染测试费：装饰装修工程完工后，对室内空气质量进行的测试所耗费的费用。

（2）施工组织措施费包括以下内容。

① 安全防护、文明施工费：按照国家现行的建筑施工安全、施工现场环境与卫生标

准和有关规定,购置和更新施工安全防护用具及设施、改善安全生产条件和作业环境所需要的费用。它由《建筑安装工程费用项目组成》(建标[2003]206号)中措施费所含的文明施工费、环境保护费、临时设施费和安全施工费组成。

② 检验试验费：对建筑材料、构件和建筑安装物进行一般鉴定、检查所发生的费用。包括建设工程质量见证取样检测费、建筑施工企业配合检测及自设试验室进行试验所耗用的材料和化学药品等费用。不包括新结构、新材料的试验费和建设单位对具有出厂合格证明的材料进行检验(规范另有要求的除外)，不包括对构件做破坏性试验及其他有特殊要求需检验试验的费用。

③ 冬雨季施工费：施工单位在施工规范规定的冬季气温条件下施工增加的费用，包括人工与机械的降效费用。

④ 夜间施工费：因夜间施工所发生的夜班补助费、夜间施工降效。夜间施工照明设备摊销及照明用电等费用。

⑤ 已完工程及设备保护费：竣工验收之前，对已完工程及设备进行保护所需的费用。

⑥ 二次搬运费：因施工场地狭小等特殊情况而发生的二次搬运费用。

⑦ 提前竣工增加费：缩短工期要求所发生的施工增加费，包括夜间施工增加费、周转材料加大投入量所增加的费用等。

⑧ 优质工程增加费：建筑施工企业在生产合格建筑产品的基础上，为生产优质工程而增加的费用。

6.1.2 间接费

1. 规费

规费是指政府和有关权力部门规定必须缴纳的费用,包括以下内容。

(1) 工程排污费：施工现场按规定缴纳的工程排污费。

(2) 社会保障费包括养老保险费、失业保险费、医疗保险费、生育保险费。

① 养老保险费：企业按规定标准为职工缴纳的基本养老保险费。

② 失业保险费：企业按照国家规定标准为职工缴纳的失业保险费。

③ 医疗保险费：企业按规定标准为职工缴纳的基本医疗保险费。

④ 生育保险费：企业按照规定标准为职工缴纳的生育保险费。

(3) 住房公积金：企业按规定标准为职工缴纳的住房公积金。

(4) 民工工伤保险费：企业按照规定标准为民工缴纳的工伤保险费。

(5) 危险作业意外伤害保险：按照《中华人民共和国建筑法》规定，企业为从事危险作业的建筑安装施工人员支付的意外伤害保险费。

2. 企业管理费

企业管理费是指施工企业组织施工生产和经营管理所需的费用。

(1) 管理人员工资：管理人员的基本工资、工资性补贴、职工福利费、劳动保护费等。

（2）办公费：企业管理办公用的文具、纸张、账表、印刷、邮电、书报、会议、水电、烧水和集体取暖（包括现场临时宿舍取暖）用煤等费用。

（3）差旅交通费：职工因公出差、调动工作的差旅费、住勤补助费、市内交通费和误餐补助费，职工探亲路费，劳动力招募费，职工离退休、退职一次性路费，工伤人员就医路费，工地转移费以及管理部门使用的交通工具的油料、燃料、养路费及牌照费等。

（4）固定资产使用费：管理和试验部门及附属生产单位使用的属于固定资产的房屋、设备仪器等的折旧、大修、维修或租赁费。

（5）工具用具使用费：管理使用的不属于固定资产的生产工具、器具、家具、交通工具和检验、试验、测绘、消防用具等的购置、维修和摊销费。

（6）劳动保险费：企业支付离退休职工的异地安家补助费、职工退职金、六个月以上的长病假人员工资、职工死亡丧葬补助费、抚恤费、按规定支付给离休干部的各项经费。

（7）工会经费：企业按职工工资总额计提的工会经费。

（8）职工教育经费：企业为职工学习先进技术和提高文化水平，按职工工资总额计提的费用。

（9）财产保险费：施工管理用财产、车辆保险。

（10）财务费：企业为筹集资金而发生的各种费用。

（11）税金：企业按规定缴纳的房产税、车船使用税、土地使用税、印花税等。

（12）其他包括技术转让费、技术开发费、业务招待费、绿化费、广告费、公证费、法律顾问费、审计费、咨询费等。

6.1.3 利润

利润是指施工企业完成所承包工程获得的盈利。

6.1.4 税金

税金是指国家税法规定的应计入建筑工程造价内的营业税、城乡维护建设税、教育费附加及按浙江省规定应缴纳的水利建设专项资金等。

学习能力单元 6.2　建筑工程造价计算程序

6.2.1　工料单价法（定额计价法）的建筑工程造价计算程序

1. 工料单价法计价程序

工料单价是指完成一个规定计量单位的分部分项工程项目所需的人工费、材料费、施工机械使用费。工料单价法是指分部分项工程项目单价按工料单价（直接工程费单价）计算，施工组织措施项目费、企业管理费、利润、规费及税金等单独列项计算的一种方法。

工料单价法计算工程造价程序见表6-2。

表6-2 工料单价法计算工程造价程序表

序号	费用项目		计算方法
一	预算定额分布分项工程费		
	其中	1. 人工费+机械费	Σ(定额人工费+定额机械费)
二	施工组织措施费		
	其中	2. 安全文明施工措施费	1×费率
		3. 检验试验费	
		4. 冬雨季施工增加费	
		5. 夜间施工费增加费	
		6. 已完工程及设备保护费	
		7. 二次搬运费	
		8. 行车、行人干扰增加费	
		9. 提前竣工增加费	
		10. 其他施工组织措施费	按相关规定计算
三	企业管理费		1×费率
四	利润		
五	规费		11+12+13
	11. 排污费、社保费、公积金		1×费率
	12. 民工工伤保险费		按各市有关规定计算
	13. 危险作业意外伤害保险费		
六	总承包服务费		(14+160)或(15+16)
	14. 总承包管理和协调费		分包项目工程造价×费率
	15. 总承包管理、协调和服务费		
	16. 甲供材料、设备管理服务费		(甲供材料费、设备费)×费率
七	风险费		([一]+[二]+[三]+[四]+[五]+[六])×费率
八	暂列金额		([一]+[二]+[三]+[四]+[五]+[六]+[七])×费率
九	税金		Σ([一]~[八])×费率
十	建设工程造价		Σ([一]~[九])

2. 工料单价法工程造价计算步骤

1) 熟悉施工图纸及准备有关资料

熟悉并检查施工图是否齐全、尺寸是否清楚，熟悉建筑图、结构图，掌握工程全貌。搜集图纸中涉及到的相关图集、会审纪要、承包合同、造价员工作相关工具资料。

2) 了解施工组织设计及施工现场情况

施工的组织与实施方式不同直接影响到工程造价，造价员对施工工艺及现场的熟悉对准确确定工程造价具有十分重要的意义。例如，各分项工程的施工方法、土方工程中余土外运的机具和运距，场内材料堆放点到施工操作点的距离等，这些都是直接影响到工程造价的重要因素。

3) 计算分部分项工程工程量

根据施工图及施工组织设计确定工程造价计算项目，并根据预算定额规定分项工程项目工程量的计算规则计算各分部分项工程项目工程量。

4) 计算直接工程费

通过查定额获得所需分项工程项目基价，并根据当地人工、材料、机械台班市场单价计算单位工程直接工程费。

$$直接工程费 = \sum 分部分项工程量 \times 分项工程项目基价$$

5) 计算施工技术措施费

通过查定额获得所需分项工程项目基价，并根据当地人工、材料、机械台班市场单价计算单位工程技术措施费。

$$施工技术措施费 = \sum 措施项目工程量 \times 分项工程项目基价$$

6) 计算施工组织措施费及其他费用

根据浙江省建设工程施工取费定额，以"人工费+机械费"为计算基础，计算施工组织措施费、企业管理费等，按规定记取规费、总包服务费、农民工工伤保险费税金。

7) 计算建筑工程总造价

按照本省建筑工程造价计算程序计算工程总造价。

8) 校核

校核是指由有关人员对工程造价文件中的各项内容进行检查核对，及时发现差错，核对时重点对项目名称、工程量、单位、定额编号、基价、补充定额、费率等进行全面核对。

9) 编制说明、填写封面、装订成册

> **知识链接**
>
> 企业管理费是根据不同的工程类别分别编制的。工程类别的判定详见浙江省建设工程施工费用定额(2010版)57页。
>
> 风险费包括工、料、机、设备投标编制期或预算编制期的价格与实际采购使用期发生的价差。
>
> ① 采用清单计价的工程，其风险费用在综合单价中考虑；
>
> ② 采用工料单价计价的工程，风险费单独列项计算；
>
> ③ 编制招标控制价的，编制人应根据招标文件对风险范围、风险幅度及工期长短的要求，结合当时当地投标报价的下浮幅度确定风险费；
>
> ④ 应在招标文件或合同中明确风险内容及其范围(幅度)，不得采用无限风险、所有风险或类似语句规定风险内容及其范围(幅度)。
>
> 暂列金额包括施工合同签订时尚未确定或者不可预见的所需材料、设备、服务的采购，施工中可能发生的工程变更、合同约定调整因素出现时的工程价款调整以及发生的索赔、现场签证确认等的费用。

① 采用工料单价计价的工程，暂列金额一般可按税前造价的5%计算，需单独计算；

② 工程结算时，暂列金额应予取消，另根据工程实际发生项目增加费用；

③ 采用清单计价的工程，暂列金额按招标文件要求编制，列入其他项目费。

总承包服务费指总承包人为配合协调发包人进行的工程分包自行采购的设备、材料等进行管理、服务以及施工现场管理、竣工资料汇总整理等服务所需的费用。

① 发包人仅要求对分包的专业工程进行总承包管理和协调时，总承包单位可按分包的专业工程造价的1%~2%向发包方计取总承包和协调费。总承包单位完成其直接承包的工程范围内的临时道路、围墙、脚手架等措施项目，应无偿提供给分包单位使用，分包单位则不能重复计算相应费用。

② 发包人要求总承包单位对分包的专业工程进行总承包管理和协调，并同时要求提供配合服务时，总承包单位可按分包的专业工程造价的1%~4%向发包方计取总承包管理、协调和服务费；分包单位则不能重复计算相应费用。总承包单位事先没有与发包人约定提供配合服务的，分包单位又要求总承包单位提供垂直运输等配合服务时，分包单位支付给总包单位的配合服务费，由总分包单位根据实际的发生额自行约定。

③ 发包人自行提供材料、设备的，对材料、设备进行管理、服务的单位可按材料、设备价值的0.2%~1%向发包方计取材料、设备的管理、服务费。

规费和税金应按定额规定的费率计取，不得作为竞争性费用。

① 定额规费费率包括工程排污费、养老保险费、失业保险费、医疗保险费、生育保险费及住房公积金，不包括民工工伤保险费及危险作业意外伤害保险费；

② 民工工伤保险费及危险作业意外伤害保险费按各市有关部门的规定计算。

房屋修缮工程的施工组织措施费费率按相应新建工程项目的费率乘以系数0.5；管理费率按相应新建工程项目的3类费率乘以系数0.8，其他按相应工程项目的费率计取。

【例6-1】根据例5-3所示图例，该工程属城镇非市区综合大楼，以施工总承包形式进行发包，无业主分包，要求按国家定额工期提前25%竣工。已知该综合大楼建筑工程的直接工程费为3200万元，其中人工费570万元，机械费230万元；施工技术措施费为600万元，其中人工费80万元，机械费100万元；施工组织措施费根据施工取费定额内容及规定分别列项计算，取费定额以弹性区间费率编制的费用项目按中值计算，其中夜间施工、二次搬运、冬雨季施工费用、已完工程及设备保护费、行车行人干扰增加费、风险费等均不产生。根据上述条件，要求判定工程类别，并列表计算建筑工程造价。

【解】(1) 工程类别确定：该综合大楼为民用公共建筑，建筑高度$H=63.5+1=64.5m$>25(m)，但小于65m；建筑总层数$N=1+18=19$(层)，其中地下室1层；根据施工取费定额规定的建筑工程类别划分标准，确定为民用二类工程。

(2) 建筑工程费用计算见表6-3。

表6-3 建筑工程费用计算表　　　　　　　　　　(保留2位小数)

序号	费用名称	计 算 式	金额/万元
一	预算定额分部分项工程费	分部分项工程预算计价表汇总	3800.00
1	其中人工、机械费	570+230+80+100	980.00
二	施工组织措施费	Σ[2]~[10]	85.55

续表

序号	费用名称	计算式	金额/万元
2	安全防护、文明施工费	1×4.46%	43.7
3	检验试验费	1×1.12%	10.98
4	冬雨季施工增加费		
5	夜间施工增加费		
6	已完工程及设备保护费		
7	二次搬运费		
8	行车、行人干扰增加费		
9	提前竣工增加费	1×3.15%	30.87
10	其他施工组织措施费		
三	企业管理费	1×19%	186.2
四	利润	1×8.5%	83.3
五	规费	1×10.4%	101.92
11	排污费、社保费、公积金		
12	民工工伤保险费		
13	危险作业意外伤害保险费		
六	总承包服务费	(14+160)或(15+16)	0
14	总承包管理和协调费	分包项目工程造价×费率	
15	总承包管理、协调和服务费		
16	甲供材料、设备管理服务费	(甲供材料、设备费)×费率	
七	风险费	([一]+[二]+[三]+[四]+[五]+[六])×费率	0
八	暂列金额	([一]+[二]+[三]+[四]+[五]+[六]+[七])×费率	0
九	税金	([一]+[二]+[三]+[四]+[五]+[六]+[七]+[八])×3.513%=(3800.00+85.55+186.2+83.3+101.92)×3.513%	149.55
十	建筑工程造价	∑([一]~[九])	4406.55

6.2.2 综合单价法的建筑工程造价计算程序

1. 综合单价法计价程序表（表6-4）

表6-4 综合单价法计价程序表

序号	费用项目		计算方法
一	工程量清单分部分项工程费		∑（分部分项工程量×综合单价）
	其中	1. 人工费＋机械费	∑分部分项(人工费＋机械费)
二	措施项目费		
		（一）施工技术措施项目费	按综合单价
	其中	2. 人工费＋机械费	∑技措项目(人工费＋机械费)
		（二）施工组织措施项目费	按项计算
	其中	3. 安全文明施工费	(1+2)×费率
		4. 检验试验费	
		5. 冬雨季施工增加费	
		6. 夜间施工增加费	
		7. 已完工程及设备保护费	
		8. 二次搬运费	
		9. 行车、行人干扰增加费	
		10. 提前竣工增加费	
		11. 其他施工组织措施费	按相关规定计算
三	其他项目费		按工程量清单计价要求计算
四	规费		12+13+14
	12. 排污费、社保费、公积金		(1+2)×费率
	13. 民工工伤保险		
	14. 危险作业意外伤害保险费 按各市有关规定计算		按各市有关规定计算
五	税金		(一＋二＋三＋四)×费率
六	建设工程造价		(一＋二＋三＋四＋五)

2. 综合实例

【例6-2】某住宅楼项目建筑工程，地下室1层，地上14层，高度43.2m。本工程为国有投资项目，现建设单位对工程招标需编制招标控制价，采用浙江省2010版建设工程计价依据。其他情况如下：

(1) 本工程清单分部分项工程费为3200万元，其中人工费和机械费合计1000万元；技术措施项目费600万元，其中人工费和机械费合计130万元，其他项目清单100万元；

(2) 本工程定额工期400天，拟定合同工期370天，工程质量目标为合格工程；

(3) 本工程为市区一般工程，材料运输无需采用二次搬运方式；需考虑冬雨季施工因素及竣工验收前的已完成工程保护的因素；

(4) 本工程民工工伤保险费和危险作业意外伤害保险费费率根据Z市规定分别为0.12%和0.15%，取费基数为税前工程造价(但不包含此两项规费费用自身)。

试根据以上条件：

(1) 判断该工程的工程类别，并说明理由。

(2) 填写并完成费用计算表，对于表中组织措施部分所列项目，如认为不发生的，可直接在费率及金额栏中填写"0"(计算结果保留4位小数)。

【解】(1) 该工程为二类工程。

原因：①该建筑为居住建筑，层数为15层；②地下层数为1层。

综上所诉，有两个条件满足二类工程，所以该工程为二类。

(2) 建筑工程费用计算见表6-5。

表6-5 建筑工程费用计算表

序号	费用项目名称		费率/%	计 算 式	金额/万元
一	工程量清单分部分项工程费				3200.0000
1	其中	人工费+机械费			1000.0000
二	措施项目费			(一)+(二)	685.202
(一)	施工技术措施项目费				600.0000
2	其中	人工费+机械费			130.0000
(二)	施工组织措施项目费				85.2020
3	其中	安全文明施工费	5.25		59.3250
4		检验试验费	1.12		12.6560
5		冬雨季施工增加费	0.2		2.2600
6		夜间施工增加费	0	(1000+130)×费率 =1130×费率	0
7		已完工程及设备保护费	0.05		0.5650
8		二次搬运费	0		0
9		提前竣工增加费	0.92		10.3960
10		优质工程增加费	0		0
三	其他项目费				100.0000
四	规费			11+12+13	128.5974

续表

序号	费用项目名称	费率/%	计算式	金额/万元
11	排污费、社保费、公积金	10.4	(1000+130)×0.104	117.5200
12	其中 民工工伤保险费	0.12	(3200+600+85.202+100+117.52)×0.0012 =4102.722×0.0012	4.9233
13	危险作业意外伤害保险费	0.15	(3200+600+85.202+100+117.52)×0.0015	6.1541
五	税金	3.577	(一+二+三+四)×费率 =3200+685.202+128.5974+100)×0.03577	147.1506
六	建设工程造价		一+二+三+四+五 =3200+685.202+100 +128.5974+147.1506	4260.9496

学习情境小结

本学习情境重点是如何计算建筑工程总造价,并且是以单位工程为例介绍的。建筑工程造价的构成及计算程序的掌握是关键。直接费、间接费、利润、税金等各项费用的计算是基本技能。直接工程费的获取需要预算编制的完整性来保障的,技术措施费的获取是根据工程具体实施情况来按需计算的,施工组织措施费的获取是根据施工取费定额来完成的,费率的选择在弹性区间范围内是竞争性的。

综合单价法计价程序中组织措施费是根据施工取费定额来完成的,费率的选择在弹性区间范围内是竞争性的,技术措施费是竞争性的,其获得需要做到:先根据工料单价法分项工程的计算规则计算出分项工程工程量,再根据根据实际情况调整分项工程基价。

建筑工程总造价的计算与国家、地区经济发展及政策法规关系密切,需要及时更新。

能力测试

1. 工料单价法下建筑工程造价的是如何构成的?
2. 工料单价法与综合单价法计算工程总造价有何区别?
3. 某市综合楼,房屋檐口高度为72m,20层,地下室2层,分部分项工程直接费为2000万元,其中人工费、机械费合计为540万元;施工技术措施费为200万元,其中人工费、机械费为80万元,需要考虑安全防护、文明施工费、材料二次搬运费、夜间施工增加费。试计算该工程总造价(费率取中值,小数点保留两位)。
4. 某工程为三类,该工程直接工程费为500万元,其中:人工费80万元(不包括机上人工),机械费40万元;技术措施费为60万元,其中人工费13万元(不包括机上人工),机械费17万元(不包括大型机械设备进出场及安拆费),要求合同工期以国家定额工期为基准缩短25%,计算该工程的工程造价(各项弹性区间费率取中值)。

5. 已知：某工程分部分项工程量清单项目费为150万元，其中，人工费(不含机上人工)30万元，机械费8万元；技术措施费项目清单费30万元，其中，人工费8万元(不含机上人工)、机械费12万元(不含大型机械单独计算费用)；其他项目清单费5万元；合同要求工期比国家定额工期缩短8%，施工组织措施费、综合费用费率调整系数为0.83；检验试验费、规费调整后费率分别为1.16%、4.14%。按综合单价法计费程序计算该工程造价(弹性费率取中值)。

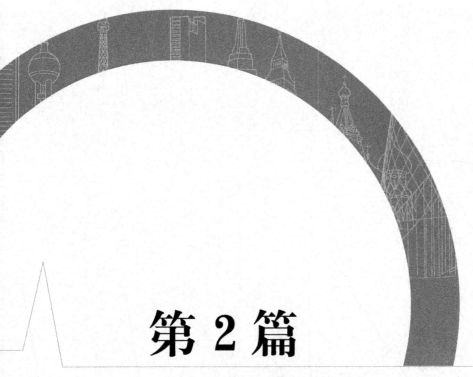

第 2 篇
工程量清单计价

本篇主要介绍建筑工程造价编制方法之一——综合单价法（清单计价法）。要求学生通过本篇的学习，掌握综合单价法的基本概念和具体应用，掌握综合单价法的基本流程，会熟练运用工程量清单计价规范等资料编制工程量清单，并能对工程量清单进行正确报价。

学习情境 7

工程量清单的编制

学习目标

本情境主要讲解建筑工程和建筑装饰装修工程工程量清单的编制。要求学生通过本情境的学习,掌握工程量清单的基本概念和工程量清单的主要组成内容,掌握工程量清单项目划分和列项规则,熟悉工程量清单编制的流程,会熟练应用清单计价规范编制建筑工程和装饰装修工程量清单文件。

学习要求

知识要点	能力要求	比重
工程量清单格式	掌握工程量清单的构成、掌握建设工程工程量清单计价规范	20%
建筑工程工程量清单的编制	掌握建筑工程清单编码、名称;掌握建筑工程清单特征的描述;掌握建筑工程清单工程量的计算规则;掌握建筑工程工程清单的编制方法	40%
装饰工程清单编制	掌握装饰工程量清单编码、名称;掌握装饰工程清单量特征的描述;掌握装饰工程清单工程量的计算规则;掌握装饰工程工程量清单的编制方法	40%

▶▶ 案例引入

基本建设过程中有一个重要的环节就是工程的招标和投标,而工程量清单是招投标过程中被大量采用的一种计价模式,清单计价模式下作为招标方要为投标方准备招标文件,其中要为投标者提供该工程的工程量清单,表7-4~表7-13就是工程量清单编制用的标准表格,这些表格是如何编制的呢?

清单计价和定额计价完全是两种不同的计价模式,定额计价与清单计价有何不同?它们之间本质的区别是什么?

▶▶ 项目导入

清单计价模式下,招标方首先要编制好工程量清单,一个完整的工程量清单包括分部分项工程项目清单、措施项目清单、其他项目清单、规费项目清单和税金项目清单,本学习情境主要介绍工程量清单的编制原则和方法。首先要了解每个清单的具体内容,其次对清单工程量的计算规则、清单项目编码的选择、工程项目名称的确定、工程项目特征值描述等系列知识点进行学习。

能力主题单元7.1 工程量清单概述

7.1.1 工程量清单的概念

GB 50500—2008《建设工程工程量清单计价规范》第2.0.1条规定:工程量清单是建设工程的分部分项工程项目、措施项目、其他项目、规费项目和税金项目的名称和相应数量等的明细清单。工程量清单是按照招标文件要求和施工设计图纸的规定将拟建招标工程的全部项目和内容,依据GB 50500—2008《建设工程工程量清单计价规范》中统一的"项目编码、项目名称、计量单位和工程量计算规则"进行编制,作为承包商进行投标报价的重要参考依据之一。工程量清单是一套注有拟建工程各实物工程名称、性质、特征、单位、数量及措施项目、税费等相关表格组成的文件。

工程量清单是工程量清单计价的基础,应作为编制招标控制价、投标报价、计算工程量、支付工程款、调整合同价款、办理竣工结算以及工程索赔等的依据。在性质上,工程量清单是招标文件的组成部分,是对招标人和投标人都具有约束力的重要文件,体现了招标人要求投标人完成的工程项目及相应的工程数量,全面反映了报价的要求,也是编制标底和投标报价的依据。

7.1.2 《建设工程工程量清单计价规范》应用及作用

1. 《建设工程工程量清单计价规范》

《建筑工程工程量清单计价规范》是2008年7月19日由"中华人民共和国住房和城

乡建设部与中华人民共和国国家质量监督检验总局"联合发布，编号"GB 50500—2008"，从 2008 年 12 月 1 日施行。《建筑工程工程量清单计价规范》规范了建设工程工程量清单计价活动。规范第 1.0.3 条规定："全部使用国有资金投资或国有资金投资为主（以下二者简称"国有资金投资"）的工程建设项目，必须采用工程量清单计价。"工程量清单由具有编制招标文件能力的招标人或受其委托，具有相应资质的工程造价咨询人编制。

> **特别提示**
>
> 　　建设工程工程量清单计价规范是统一工程量清单编制，是规范工程量清单计价的国家标准，是调整建设工程工程量清单计价活动中，发包人与承包人各种关系的规范文件。
> 　　建设工程工程量清单计价规范共包括五章、五个附录。第一章为总则，第二章为术语，第三章为工程量清单编制，第四章为工程量清单计价，第五章为工程量清单及其计价格式。附录包括附录 A——建筑工程工程量清单项目及计算规则；附录 B——装饰装修工程工程量清单项目及计算规则；附录 C——安装工程工程量清单项目及计算规则；附录 D——市政工程工程量清单项目及计算规则；附录 E——园林绿化工程工程量清单项目及计算规则。

2. 《建设工程工程量清单计价规范》的特点

1) 规定性

规定性主要体现在两个方面，一是规定全部使用国有资金或国有资金投资为主的大中型建设工程按计价规范规定执行。二是明确工程量清单是招标文件的组成部分，并规定了招标人在编制工程量清单时必须遵守的规则（四统一和标准格式）。

2) 实用性

附录中工程量清单项目及计算规则的项目名称表现的是工程实体项目，项目名称明确清晰，工程量计算规则简洁明了，特别还列有项目特征和工程内容。易于编制工程量清单时确定具体项目名称和投标报价。

3) 竞争性

竞争性体现在：一是计价规范中的措施项目，在工程量清单中只列"措施项目"一栏，具体采用什么措施，如模板、脚手架、临时设施、施工排水等详细内容由投标人根据企业的施工组织设计，视具体情况报价，因为这些项目在各个企业间各有不同，是企业竞争项目，是留给企业竞争的空间；二是计价规范中人工、材料和施工机械没有具体的消耗量，投标企业可以依据企业的定额和市场价格信息，也可以参照建设行政主管部门发布的社会平均消耗量定额进行报价，计价规范将报价权还给了企业。

3. 《建设工程工程量清单计价规范》对造价人员的要求

工程量清单计价的基本过程如图 7.1 所示。从计价过程的示意图可以看出，工程量清单计价过程可以分为两个阶段：工程量清单编制和工程量清单投标报价两个阶段。

工程量清单编制由具有编制招标文件能力的招标人或受其委托的具有相应资质的中介机构根据统一的工程量清单标准格式、统一的工程量清单项目设置规则、招标要求和施工图纸进行编制。

工程量清单投标报价由投标人根据招标人提供的工程量清单信息及工程设计图纸，对

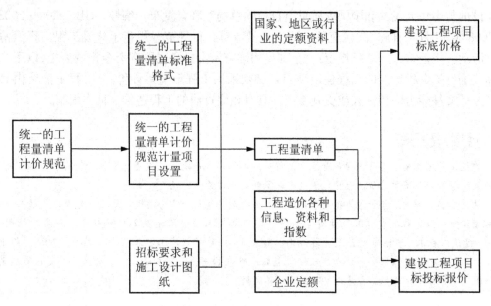

图 7.1 工程量清单计价的基本过程

拟建工程的有关信息进一步细化、核实，再根据投标人掌握的各种市场信息（包括人工、材料、机械价格等）、招标人的施工经验，结合企业自身的工、料、机消耗（即企业定额），并考虑风险因素等后进行投标报价。

工程量清单计价有利于规范建设市场计价行为，还有利于控制建设项目投资，节约资源，有利于提高社会生产力，促进技术进步，有利于提高造价工程师和造价人员的素质，使其必须成为具备懂技术、懂经济、懂法律、善管理等全面发展的复合人才。

能力主题单元 7.2　工程量清单的编制

7.2.1　工程量清单的组成

工程量清单由分部分项工程项目清单、措施项目清单、其他项目清单、规费项目清单和税金项目清单组成。分部分项工程量清单应表明拟建工程的全部分项实体工程名称和相应数量，编制时应避免错项、漏项。措施项目清单表明为完成分项实体工程而必须采取的一些措施性工作，编制时力求全面。其他项目清单主要体现了招标人提出的一些与拟建工程有关的特殊要求，这些特殊要求所需的金额计入报价中。

《中华人民共和国招标投标法》规定，招标文件应当包括招标项目的技术要求和投标报价要求。工程量清单体现了招标人要求投标人完成的工程项目及相应工程数量，全面反映了投标报价要求，是投标人进行报价的依据，是招标文件不可分割的一部分。工程量清单是工程量清单计价的基础，应作为编制招标控制价、投标报价、计算工程量、支付工程款、调整合同价款，办理竣工结算以及工程索赔等的依据。

工程量清单是招标投标活动中,对招标人和投标人都具有约束力的重要文件,是招标投标活动的依据,专业性强,内容复杂,对编制人的业务技术水平要求高,能否编制出完整、严谨的工程量清单,直接影响招标的质量,也是招标成败的关键。因此,规定了工程量清单应由具有编制招标文件能力的招标人或具有相应资质的中介机构进行编制。"相应资质的中介机构"是指具有工程造价咨询机构资质并按规定的业务范围承担工程造价咨询业务的中介机构。

1. 分部分项工程量清单编制

1)分部分项工程量清单强制性条文

《建设工程工程量清单计价规范》对分部分项工程量清单的编制有以下强制性规定:

(1)分部分项工程量清单应包括项目编码、项目名称、项目特征、计量单位和工程量计算规则。

(2)分部分项工程量清单应根据附录规定的项目编码、项目名称、项目特征、计量单位和工程量计算规则进行编制。

(3)分部分项工程量清单的项目编码,应采用12位阿拉伯数字表示。1~9位应按附录的规定设置;10~12位应根据拟建工程的工程量清单项目名称设置,同一招标工程的项目编码不得有重码。

(4)分部分项工程量清单的项目名称应按附录的项目名称结合拟建工程的实际确定。

(5)分部分项工程量清单中所列工程量应按附录中规定的工程量计算规则计算。

(6)分部分项工程量清单的计量单位应按附录中规定的计量单位确定。

(7)分部分项工程量清单项目特征应按附录中规定的项目特征,结合拟建工程的实际予以描述。

2)分部分项工程量清单编制程序

分部分项工程量清单是表示拟建工程分项实体工程项目名称和相应数量的明细清单。分部分项工程量清单包括的内容应满足两方面的要求:一是应满足规范管理、方便管理的要求;二是要满足计价的要求。为了满足上述要求,本规范提出了分部分项工程量清单的四个统一,即项目编码统一、项目名称统一、计量单位统一、工程量计算规则统一。招标人必须按规定执行,不得因情况不同而变动。

(1)项目编码:项目编码按《建设工程工程量清单计价规范》规定采用5级编码,由12位阿拉伯数字组成,其中1~9位按附录规定统一设置,不得擅自改动;10~12位根据拟建工程的工程量清单项目名称,由清单编制人自行设置,且应从001开始。项目的编码结构图如图7.2所示。

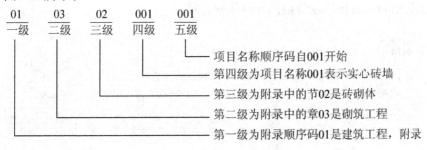

图7.2 项目的编码结构

> **特别提示**
>
> 1～2位表示附录编号，如01号为建筑工程；02号为装饰装修工程；03号为安装工程；04号为市政工程；05号为园林绿化工程。
>
> 3～4位表示附录中的各章，如0101为建筑工程中第一章：土(石)方工程；0201为装饰装修工程中第一章：楼地面工程。
>
> 5～6位表示附录中的各节，如010101为建筑工程第一章中第一节：土方工程；020102；装饰装修工程第一章中第一节：楼地面中块料楼地面。
>
> 7～9位表示各节中的不同项目，如010101001为建筑工程第一章中第一节土方工程；的平整场地；010101004为冻土开挖；020102001为装饰装修工程中第一章中第一节块料；楼地面中的石材楼地面。
>
> 10～12位编制人可以根据部位、土质、材料的规格、品种等分若干个子目自行编码，从001开始；如石材面层规格有两种，则清单项目编码为020102001001、020102001002。

(2) 项目名称：项目名称按照各附录中规定的名称列项，不得随意更改。并结合拟建工程的实际情况详细描述。项目特征和工程内容，以便投标人准确报价。若出现附录中未包括的项目，编制人可作相应补充，并应报省、市、自治区工程造价管理机构备案。

> **特别提示**
>
> 补充项目应列在分部分项工程项目清单项目最后，并在序号栏中注明"补"字。
>
> 分部分项工程量清单项目名称的设置，应考虑三个因素，一是附录中的项目名称；二是附录中的项目特征；三是拟建工程的实际情况。
>
> 工程量清单编制时，以附录中的项目名称为主体，考虑该项目的规格、型号、材质等特征要求，结合拟建工程的实际情况，使其工程量清单项目名称具体化、细化，能够反映影响工程造价的主要因素。

(3) 计量单位：按照各附录中规定的计量单位采用。

> **特别提示**
>
> 《建设工程工程量清单计价规范》中，计量单位均为基本计量单位，不得使用扩大单位（如10m、100m²）。

(4) 工程数量：按照附录规定的计算规则计算。

> **特别提示**
>
> 以"吨"为单位，应保留小数点后三位数字，第四位四舍五入。
>
> "立方米"、"平方米"、"米"为单位，应保留小数点后两位数字，第三位四舍五入。
>
> 以"个"、"项"等为单位，应取整数。

2. 措施项目清单编制

《建设工程工程量清单计价规范》对措施项目清单的编制有以下规定。3.3.1条规定：措施项目清单应根据拟建工程的具体情况，参照表7-1和表7-2列项。3.3.2条规定：编制措施项目清单，出现表7-1和表7-2未列项目，编制人可作补充。措施项目一览表如表7-1和表7-2所示。

表7-1 通用措施项目

序 号	项 目 名 称
1	安全文明施工（含环境保护、文明施工、安全施工、临时设施）
2	夜间施工
3	二次搬运
4	冬雨季施工
5	大型机械设备进出场及安拆
6	施工排水
7	施工降水
8	地上、地下设施，建筑物的临时保护设施
9	已完工程及设备保护

表7-2 专业工程措施项目

1 建筑工程措施项目	
1.1	混凝土、钢筋混凝土模板及支架
1.2	脚手架
1.3	垂直运输机械
2 装饰装修工程措施项目	
2.1	脚手架
2.2	垂直运输机械
2.3	室内空气污染测试

特别提示

从表7-1和表7-2中可以看到，措施项目虽然不是直接凝固到产品上的直接资源消耗项目，但都是为了完成分部分项工程而必需发生的生产活动和资源耗用的保障项目。措施项目的内涵十分广泛，从施工技术措施、设备设置、施工必需的各种保障措施，到包括环保、安全和文明施工等项目的设置。因此，清单编制人必须弄清和懂得表7-1、表7-2中各分项的含义，同时必须认真思考和分析分部分项工程清单中，每个分项需要设置哪些措施项目，以保证各分部分项工程能顺利完成。因此，分部分项工程量清单编制与措施项目工程量清单项目编制必须综合思考，两者之间有着紧密联系。每个具体的分部分项工程项目与对应的措施项目是一个不可分割的系统问题，它与工程项目内容及采用什么样的施工技术与方案极为相关。

措施项目清单的编制，应考虑多种因素，除工程本身的因素外，还涉及水文、气象、环境、安全等和施工企业的实际情况。为此，本规范提供"措施项目一览表7-1、表7-2"，作为列项的参考。表中"通用项目"所列内容是指各专业工程的"措施项目清单"中均可列的措施项目。表中各专业工程中所列的内容，是指相应专业的"措施项目清单"中可列的措施项目。

综上所述，编制措施项目工程量清单项目应注意以下问题：
（1）要求编者对清单计价规范有深刻的理解，有比较丰富的知识和经验，要真正弄懂工程量清单计价方法的内涵，熟悉和掌握规范对措施项目的划分规定和要求，掌握其本质和规律，注重系统思维。
（2）编制措施项目工程量清单项目应与编制分部分项工程量清单综合考虑，与分部分项工程紧密相关的措施项目编制时可同步进行。
（3）编制措施项目应与拟定或编制重点、难点分部分项施工方案相结合，以保证所拟措施项目划分和描述的可行性。
（4）《建设工程工程量清单计价规范》规定，对表7-1、表7-2中未能包含的措施项目，还应给予补充，对补充项目更要注意描述清楚、准确。

> **特别提示**
>
> 措施项目清单应根据拟建工程的具体情况，通用措施项目可参照表7-1列项，专业工程的措施项目可按表7-2列项。出现表7-1和表7-2中未列项目时编制人可作补充。补充项目应列在已有清单项目最后，并在"序号"栏中以"补"字示之。
> 措施项目中可以计算工程量的项目清单宜采用分部分项工程量清单的方式编制，列出项目编码、项目名称、项目特征、计量单位和工程量计算规则；不能计算工程量的项目清单，以"项"为计量单位计量。

3. 其他项目清单编制

其他项目清单按照下列内容列项。
1）暂列金额
暂列金额是招标人在工程量清单中暂定并包括在合同价款中的一笔款项。

> **特别提示**
>
> 用于施工合同签订时尚未明确或者不可预见的所需材料、设备、服务的采购，施工中可能发生的工程变更、合同约定调整因素出现时的工程价款调整以及发生的索赔、现场签证确认等的费用。

2）暂估价
暂估价是招标人在工程量清单中提供的用于支付必然发生但暂时不能确定价格的材料的单价以及专业工程的金额。包括材料暂估价和专业工程暂估价。
3）计日工
计日工是在施工过程中，完成发包人提出的施工图纸以外的零星项目或工作，按合同中约定的综合单价计价。

4) 总承包服务费

总承包服务费是总承包人为配合协调发包人进行的工程分包自行采购的设备、材料等进行管理、服务以及施工现场管理、竣工资料汇总整理等服务所需要的费用。

> **特别提示**
>
> 出现上述未列的项目时,应根据省级政府或省级有关权力机关的规定列项。

4. 规费项目清单编制

规费项目清单应按照下列内容列项:工程排污费、工程定额测定费、社会保障费(包括养老保险费、失业保险费、医疗保险费)、住房公积金和危险作业意外伤害保险。

> **特别提示**
>
> 出现上述未列的项目时,应根据省级政府或省级有关权力机关的规定列项。

5. 税金项目清单编制

税金项目清单应包括下列内容:营业税、城市维护建设税和教育费附加。

> **特别提示**
>
> 出现上述未列的项目时,应根据税务部门的规定列项。

7.2.2 工程量清单相关表格

工程量清单应采用统一格式。工程量清单格式应由下列内容组成:封面、总说明、分部分项工程量清单、措施项目清单、其他项目清单、规费和税金项目清单。

1. 封面

封面应按规定的内容填写、签字、盖章。造价员编制的工程量清单应有负责审核的造价工程师签字、盖章,工程量清单封面如图 7.3 所示。

```
                    _____工程
                        工程量清单
工程造价
招 标 人:_____          咨 询 人:_____
      (单位盖章)                    (单位资质专用章)
法定代表人                          法定代表人
或其授权人:_____          或其授权人:_____
      (签字或盖章)                    (签字或盖章)
编 制 人:_____          复 核 人:_____
   (造价人员签字盖专用章)            (造价工程师签字盖专用章)
编制时间:  年  月  日             复核时间:  年  月  日
```

图 7.3 工程量清单封面

2. 总说明

总说明应该按下列要求填写，总说明示例见表 7-3。

（1）工程概况：建设规模、工程特征、计划工期、施工现场实际情况、交通运输情况、自然地理条件、环境保护条件等。

（2）工程招标和分包范围。

（3）工程量清单编制依据。

（4）工程质量、材料、施工等的特殊要求。

（5）其他需要说明的问题。

表 7-3 总说明

工程名称：＃＃小区 1＃楼建筑工程　　　　　　　　　　　　　　第　页　共　页

1. 工程概况：建筑面积 5000m², 6 层，毛石基础，砖混结构。施工工期 12 个月。施工现场邻近公路，交通运输方便，施工现场有少数积水，现场南 200m 处有学生食堂一座，施工要防噪音。
2. 招标范围：全部建筑工程。
3. 清单编制依据：《建设工程工程量清单计价规范》、施工设计图文件、施工组织设计等。
4. 工程质量应达合格标准。
5. 考虑施工中可能发生的设计变更或清单有误，预留金额 15 万元。
6. 投标人在投标时应按《建设工程工程量清单计价规范》规定的统一格式，提供"部分项工程量清单综合单价分析表"、"措施项目费分析表"。
7. 随清单附有"主要材料价格表"，投标人应按其规定内容填写。

3. 分部分项工程量清单

分部分项工程量清单是拟建工程分项实体工程项目名称和相应数量的明细清单，其格式见表 7-4。

表 7-4 分部分项工程量清单

序号	项目编码	项目名称	项目特征	计量单位	工程数量
		土石方工程			
1	010101003001	挖基础土方	挖带形基槽，二类土，槽宽 0.60m，深 0.80m，弃土运距 150.00m	m³	280.00
2	010101003002	挖基础土方	挖带形基槽，二类土，槽宽 1.00m，深 2.10m，弃土运距 150.00m	m³	680.00
3	010101003002	挖基础土方	挖带形基槽，二类土，槽宽 1.20m，深 2.10m，弃土运距 150.00m	m³	286.00
		（以下略）			
		砌筑工程			

续表

序号	项目编码	项目名称	项目特征	计量单位	工程数量
4	010305001001	石基础	毛石带形基础，M5水泥砂浆砌，深2.10m，3∶7灰土垫层厚150mm	m³	120.00
5		（以下略）			
		混凝土及钢筋混凝土工程			
10	010412002001	空心板	预制钢筋混凝土空心楼板，C30，350×50×18，最大安装高度21.00m	m³	69.00
11		（以下略）			
			（其他略）		

4. 措施项目清单

措施项目清单指为完成工程项目施工，发生于该工程施工前和施工过程中技术、生活、文明、安全等方面的非工程实体项目清单。措施项目清单应根据拟建工程的具体情况参照表7-1和表7-2列项，格式见表7-5及表7-6。

表7-5 措施项目清单与计价表（一）

序号	项目名称	计算基础	费率/%	金额/元
1	安全文明施工费			
2	夜间施工费			
3	二次搬运费			
4	冬雨季施工			
5	大型机械设备进出场及安拆费			
6	施工排水			
7	施工降水			
8	地上、地下设施、建筑物的临时保护设施			
9	已完工程及设备保护			
10	各专业工程的措施项目			
	合 计			

表7-6 措施项目清单与计价表(二)

序号	项目编码	项目名称	项目特征描述	计量单位	工程量	金额/元	
						综合单价	合价
合 计							

5. 其他项目清单

其他项目清单是指分部分项工程量清单、措施项目清单所包含的内容以外,因招标人的特殊要求而发生的与拟建工程有关的其他费用项目和相应数量的清单。其他项目清单应根据拟建工程的具体情况列项。一般包括暂列金额、暂估价(材料暂估单价表和专业工程暂估价表)、计日工、总承包服务费等,格式见表7-7~表7-12。

表7-7 其他项目清单与计价汇总表

序号	项目名称	计量单位	金额/元	备注
1	暂列金额			
2	暂估价			
2.1	材料暂估价			
2.2	专业工程暂估价			
3	计日工			
4	总承包服务费			
5				
合 计				

表7-8 暂列金额明细表

序号	项目名称	计量单位	暂定金额/元	备注
合 计				

表7-9 材料暂估单价表

序号	材料名称、规格、型号	计量单位	单价/元	备注

表7-10 专业工程暂估价表

序号	工程名称	工程内容	金额/元	备注
合 计				

表7-11 计日工表

编号	项目名称	单位	暂定数量	综合单价	合价
一	人工				
人工小计					
二	材料				
材料小计					
三	施工机械				
施工机械小计					
总 计					

表 7-12 总承包服务费计价表

序号	项目名称	项目价值/元	服务内容	费率/%	金额/元
1	发包人发包专业工程				
2	发包人供应材料				
	合 计				

6. 规费、税金项目清单

规费、税金项目清单格式见表 7-13。

表 7-13 规费、税金项目清单与计价表

序号	项目名称	计算基础	费率/%	金额/元
1	规费			
1.1	工程排污费			
1.2	社会保障费			
(1)	养老保险费			
(2)	失业保险费			
(3)	医疗保险费			
1.3	住房公积金			
1.4	危险作业意外伤害保险			
1.5	农民工工伤保险			
2	税金			
	合 计			

7.2.3 清单工程量计算规则

《建筑工程工程量清单计价规范》共 5 个附录：附录 A、附录 B、附录 C、附录 D 和附录 E。

> **特别提示**
>
> 附录A(建筑工程工程量清单项目及计算规则)适用于采用工程量清单计价的工业与民用建筑物和构筑物工程。
>
> 附录B(装饰装修工程工程量清单项目及计算规则)适用于采用工程量清单计价的工业与民用建筑物和构筑物的装饰装修工程。
>
> 附录C(安装工程)的给排水、采暖、通风空调、电气、照明、通信、智能等设备、管线的安装工程,不适用于专业专用设备的安装工程。
>
> 附录D(市政工程工程量清单项目及计算规则)适用于采用工程量清单计价的城市市政建设工程。
>
> 附录E(园林绿化工程工程量清单项目及计算规则)适用于采用工程量清单计价的园林绿化建设工程。

附录A:建筑工程工程量清单项目及计算规则。适用于采用工程量清单计价的工业与民用建筑物和构筑物工程。共8章:土(石)方工程;桩与地基基础工程;砌筑工程;混凝土及钢筋混凝土工程;厂库房大门、特种门、木结构工程;金属结构工程;屋面及防水工程;防腐、隔热、保温工程。

附录B:装饰装修工程工程量清单项目及计算规则。适用于采用工程量清单计价的工业与民用建筑物和构筑物的装饰装修工程。共6章:楼地面工程;墙、柱面工程;天棚工程;门窗工程;油漆、涂料、糊裱工程;其他工程。

1. 附录A 建筑工程工程量清单项目及计算规则

1) 土石方工程

按照《建设工程工程量清单计价规范》,土(石)方工程工程量清单项目设置土(石)方工程分为土方工程、石方工程和土石方运输与回填共3节。

(1) 土方工程:土方工程包括平整场地、挖土方、挖基础土方、冻土开挖、挖淤泥或流沙、挖管沟土方6个子目。其中平整场地按首层建筑面积计算,管沟土方按米计算,其余均按体积计算。土方工程工程量清单项目设置及计算规则应按表7-14的规定执行。

①"平整场地"项目适于建筑场地厚度在±30cm以内的挖、填、运、找平。工程量"按建筑物首层面积计算"、如施工组织设计规定超面积平整场地时,超出部分应包括在报价内。

> **特别提示**
>
> 可能出现±30cm以内的全部是挖方或全部是填方,需外运土方或借土回填时,在工程量清单项目中应描述弃土运距(或弃土地点)或取土运距(或取土地点),这部分的运输应包括在"平整场地"项目报价内;

表 7-14 土方工程（编码：010101）

项目编码	项目名称	项目特征	计量单位	工程量计算规则	工程内容
010101001	平整场地	1. 土壤类别 2. 弃土运距 3. 取土运距	m^2	按设计图示尺寸以建筑物首层面积计算	1. 土方挖填 2. 场地找平 3. 运输
010101002	挖土方	1. 土的类别 2. 挖土平均厚度 3. 弃土距离	m^3	按设计图示尺寸以体积计算	1. 排地表水 2. 土方开挖
010101003	挖基础土方	1. 土的类别 2. 基础类型 3. 垫层底宽、底面积 4. 挖土深度 5. 弃土运距	m^3	按设计图示尺寸以基础垫层底面积乘以挖土深度计算	3. 挡土板支拆 4. 截桩头 5. 基底钎探 6. 运输
010101004	冻土开挖	1. 冻土厚度 2. 弃土运距	m^3	按设计图示尺寸开挖面积乘以厚度以体积计算	1. 打眼、装药、爆破 2. 开挖 3. 清理 4. 运输
010101005	挖淤泥、流沙	1. 挖掘深度 2. 弃淤泥、流沙距离	m^3	按设计图示位置、界限以体积计算	1. 挖淤泥、流沙 2. 弃淤泥、流沙
010101006	管沟土方	1. 土的类别 2. 管外径 3. 挖沟平均深度 4. 弃土石运距 5. 回填要求	m	按设计图示以管道中心线长度计算	1. 排地表水 2. 土方开挖 3. 挡土板支拆 4. 运输 5. 回填

②"挖土方"项目适用于±30cm以外的竖向布置的挖土或山坡切土，是指设计标高以上的挖土，并包括指定范围内的土方运输。

特别提示

由于地形起状变化大，不能提供平均挖土厚度时应提供方格网法或断面法施工的设计文件。
设计标高以下的填土应按"土石方回填"项目编码列项。

③"挖基础土方"项目适用于基础土方开挖（包括人工挖孔桩土），并包括指定范围内的土方运输。工程量为基础垫层底面积乘以挖土深度。挖土深度为垫层底标高与交付施工的室外地坪标高之差。

> **特别提示**
>
> 当交付施工室外地坪标高不明确时，按照自然地坪标高计算。
>
> 根据施工方案规定的放坡、操作工作面和机械挖土进出施工工作面的坡道等的增加的施工量，应包括在挖基础土方报价内。
>
> 工程量清单"挖基础土方"项目中应描述弃土运距，施工增量的弃土运输包括在报价内。
>
> 截桩头包括剔打混凝土、钢筋清理、调直弯钩及清运弃渣、桩头。
>
> 深基础的支护结构：如钢板桩、H钢桩、预制钢筋混凝土板桩、钻孔灌注混凝土排桩挡墙、预制钢筋混凝土排桩挡墙、人工挖孔灌注混凝土排桩挡墙、旋喷桩地下连续墙和基坑内的水平钢支撑、水平钢筋混凝土支撑、锚杆拉固、基坑外拉锚、排桩的圈梁、H钢桩之间的木挡土板以及施工降水等，应列入工程量清单措施项目费内。

④"管沟土方"项目适用于管沟土方开挖、回填。

a. 管沟土方工程量不论有无管沟设计均按长度计算。管沟开挖加宽工作面、放坡和接口处加宽工作面，应包括在管沟土方报价内。

b. 采用多管同一管沟直埋时，管间距离必须符合有关规范的要求。

（2）石方工程：石方工程工程量清单项目设置分为预裂爆破、石方开挖、管沟石方3个子目。除石方开挖按体积计算外，其余均按米计算。石方工程量清单项目设置及计算规则应按表7-15的规定执行。

表7-15 石方工程（编码：010102）

项目编码	项目名称	项目特征	计量单位	工程量计算规则	工程内容
010102001	预裂爆破	1. 岩石类别 2. 单孔深度 3. 单孔装药量 4. 炸药品种、规格 5. 雷管品种、规格	m	按设计图示以钻孔总长度计算	1. 打眼、装药、放炮 2. 处理渗水、积水 3. 安全防护、警卫
010102002	石方开挖	1. 岩石类别 2. 开凿深度 3. 弃渣运距 4. 光面爆破要求 5. 基底摊座要求 6. 爆破石块直径要求	m^3	按设计图示尺寸以体积计算	1. 打眼、装药、放炮 2. 处理渗水、积水 3. 解小 4. 岩石开凿 5. 摊座 6. 清理 7. 运输 8. 安全防护、警卫
010102003	管沟石方	1. 岩石类别 2. 管外径 3. 开凿深度 4. 弃渣运距 5. 基底摊座要求 6. 爆破石块直径要求	m	按设计图示以管道中心线长度计算	1. 石方开凿、爆破 2. 处理渗水、积水 3. 解小 4. 摊座 5. 清理、运输、回填 6. 安全防护、警卫

(3) 土石方回填：土石方回填工程量清单项目设置只有土石方回填一个子目，按体积计算。土石方运输与回填工程量清单项目设置及计算规则应按表7-16的规定执行。

表7-16 土石方回填(编码：010103)

项目编码	项目名称	项目特征	计量单位	工程量计算规则	工程内容
010103001	土(石)方回填	1. 土质要求 2. 密实度要求 3. 粒径要求 4. 夯填(碾压) 5. 松填 6. 运输距离	m³	按设计图示尺寸以体积计算 注： 1. 场地回填：回填面积乘以平均回填厚度 2. 室内回填：主墙间净面积乘以回填厚度 3. 基础回填：挖方体积减去设计室外地坪以下埋设的基础体积(包括基础垫层及其他构筑物)	1. 挖土(石)方 2. 装卸、运输 3. 回填 4. 分层碾压、夯实

知识链接

"土(石)方回填"项目适用于场地回填、室内回填和基础回填并包括指定范围内的运输以及借土回填的土方开挖。

基础土方放坡等施工的增加量，应包括在报价内。

石方体积应按挖掘前的天然密实体积计算。如需按天然密实体积折算时，应按表7-17系数计算。

表7-17 土石方体积折算系数表

天然密实度体积	虚方体积	夯实后体积	松填体积
1.00	1.30	0.87	1.08
0.77	1.00	0.67	0.83
1.15	1.49	1.00	1.24
0.93	1.20	0.81	1.00

挖土方平均厚度应按自然地面测量标高至设计地坪标高间的平均厚度确定。基础土方、石方开挖深度应按基础垫层底表面标高至交付施工场地标高确定，无交付施工场地标高时，应按自然地面标高确定。

建筑物场地厚度在±30cm以内的挖、填、运、找平，应按《建筑工程工程量清单计价规范》A.1.1中平整场地项目编码列项。

±30cm以外的竖向布置挖土或山坡切土，应按A.1.1中挖土方项目编码列项。

挖基础土方包括带形基础、独立基础、满堂基础(包括地下室基础)及设备基础、人工挖孔桩等的挖方。

带形基础应按不同底宽和深度，独立基础和满堂基础应按不同底面积和深度分别编码列项。

管沟土(石)方工程量应按设计图示尺寸以长度计算。有管沟设计时,平均深度以沟垫层底表面标高至交付施工场地标高计算;无管沟设计时,直埋管深度应按管底外表面标高至交付施工场地标高的平均高度计算。

设计要求采用减震孔方式减弱爆破震动波时,应按《建设工程工程量清单计价规范》A.1.2中预裂爆破项目编码列项。

湿土的划分应按地质资料提供的地下常水位为界,地下常水位以下为湿土。

挖方出现流沙、淤泥时,可根据实际情况由发包人与承包人双方认证。

【例7-1】某房屋基础工程平面图和剖面图如图7.4～图7.6所示。已知本工程基础土类为三类土,人力开挖,地下常水位标高-2.0m;基坑回填后余土弃运5km。

已知垫层为C10素混凝土垫层,J-1基础、1-1基础均采用C30混凝土,砖基础为M10.0水泥砂浆砌筑烧结普通砖基础。交付施工的地坪标高为-0.45m。墙体厚度为240mm,C25混凝土柱断面尺寸为300×300。

试编制该建筑物平整场地和挖基础土方工程量清单。

【解】(1) 平整场地:
$S_{平} = (6×3+0.24)×(7.2+0.24) = 135.71(m^2)$

(2) 挖基础土方:
本工程基础槽坑开挖的基础类型有1-1和J-1两种,应分别列项。

挖土深度:1.8-0.45=1.35(m)

① 1-1挖方工程量
外墙下垫层中心线长度:
(式中0.38为垛的折加长度,1.5为J-1基础垫层尺寸)

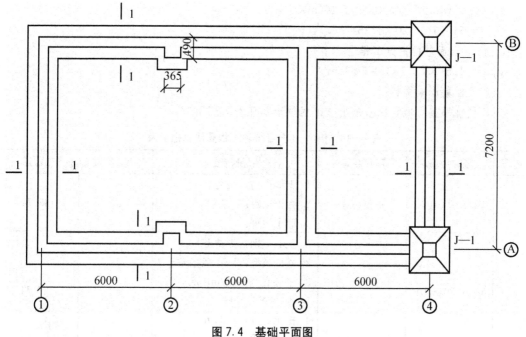

图7.4 基础平面图

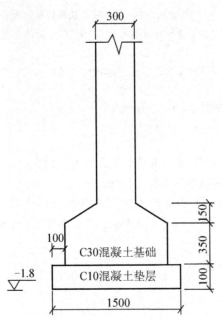

图 7.5 J-1 断面示意图

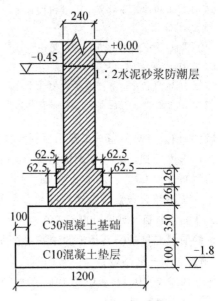

图 7.6 1-1 断面示意图

$$L_{外墙}=[6.00\times3+7.20+\frac{(0.49-0.24)\times0.365}{0.24}-1.5]\times2$$
$$=[25.2+0.38-1.5]\times2$$
$$=48.16(m)$$

$L_{内墙}=7.20-0.6\times2=6.00(m)$

$L_{1-1垫层长}=(48.16+6.00)=54.16(m)$

$V_{1-1总}=54.16\times1.20\times1.35=87.74(m^3)$

② J-1 断面基础挖方工程量

$V_{J-1总}=1.5^2\times1.35\times2=6.08(m^3)$

(3) 工程量清单编制：

该建筑物平整场地和挖基础土方工程量清单见表 7-18。

表 7-18 例 7-1 分部分项工程量清单报价表

序号	项目编码	项目名称	项目特征	计量单位	工程量
1	010101001001	平整场地	1. 土壤类别：三类土 2. 弃土运距： 3. 取土运距：	m²	135.71
2	010101003001	挖基础土方	1. 土的类别：三类土 2. 基础类型：1-1 条型基础 3. 垫层底宽：1.2m；底面积：54.16 m×1.2m 4. 挖土深度：1.35 m 5. 弃土运距：5km	m³	87.74

续表

序号	项目编码	项目名称	项目特征	计量单位	工程量
3	010101003002	挖基础土方	1. 土的类别：三类土 2. 基础类型：J-1独立基础 3. 垫层面积：1.5m×1.5m 4. 挖土深度：1.35 m 5. 弃土运距：5km	m³	6.08

2）桩与地基基础工程

按照《建设工程工程量清单计价规范》，桩与地基基础工程分为混凝土桩，其他桩，地基与边坡处理共3节。

（1）混凝土桩：混凝土桩工程工程量清单项目设置包括预制钢筋混凝土桩、接桩、混凝土灌注桩3个子目。其中预制钢筋混凝土桩和混凝土灌注桩按米或根计算，接桩按个或米计算。混凝土桩工程量清单项目设置及计算规则应按表7-19的规定执行。

表7-19 混凝土桩(编码：010201)

项目编码	项目名称	项目特征	计量单位	工程量计算规则	工程内容
010201001	预制钢筋混凝土桩	1. 土壤级别 2. 单桩长度、根数 3. 桩截面 4. 板桩面积 5. 管桩填充材料种类 6. 桩倾斜度 7. 混凝土强度等级 8. 防护材料种类	m/根	按设计图示尺寸以桩长（包括桩尖）或根数计算	1. 桩制作、运输 2. 打桩、试验桩、斜桩 3. 送桩 4. 管桩填充材料、刷防护材料 5. 清理、运输
010201002	接桩	1. 桩截面 2. 接头长度 3. 接桩材料	个/m	按设计图示规定以接头数量（板桩按接头长度）计算	1. 桩制作、运输 2. 接桩、材料运输
010201003	混凝土灌注桩	1. 土壤级别 2. 单桩长度、根数 3. 桩截面 4. 成孔方法 5. 混凝土强度等级	m/根	按设计图示尺寸以桩长（包括桩尖）或根数计算	1. 成孔、固壁 2. 混凝土制作、运输、灌注、振捣、养护 3. 泥浆池及沟槽砌筑、拆除 4. 泥浆制作、运输 5. 清理、运输

① "预制钢筋混凝土桩"项目适用于预制混凝土方桩、管桩和板桩等。

> **特别提示**
>
> 桩应按"预制钢筋混凝土桩"项目编码单独列项。
> 试桩与打桩之间间歇时间,机械在现场的停滞,应包括在打试桩报价内。
> 打钢筋混凝土预制板桩是指留滞原位(即不拔出)的板桩。板桩应在工程量清单中描述其单桩垂直投影面积。
> 预制桩刷防护材料应包括在报价内。

② "接桩"项目适用于预制钢筋混凝土方桩、管桩和板桩的接桩。

a. 方桩、管桩接桩按接头个数计算;板桩按接头长度计算。

b. 接桩应在工程量清单中描述接头材料。

③ "混凝土灌注桩"项目适用于人工挖孔灌注桩、钻孔灌注桩、爆扩灌注桩、打管灌注桩、振动管灌注桩等。

> **特别提示**
>
> 人工挖孔时采用的护壁(如砖砌护壁、预制钢筋混凝土护壁、现浇钢筋混凝土护壁、钢模周转护壁、竹笼护壁等),应包括在报价内。
> 钻孔固壁泥浆的搅拌运输、泥浆池、泥浆沟槽的砌筑、拆除,应包括在报价内。

(2) 其他桩:其他桩工程量清单项目设置包括砂石灌注桩、灰土挤密桩、旋喷桩、喷粉桩4个子目。均按米计算。其他桩工程量清单项目设置及计算规则应按表7-20的规定执行。

表7-20 其他桩(编码:010202)

项目编码	项目名称	项目特征	计量单位	工程量计算规则	工程内容
010202001	砂石灌注桩	1. 土壤级别 2. 桩长 3. 桩截面 4. 成孔方法 5. 砂石级配	m	按设计图示尺寸以桩长(包括桩尖)计算	1. 成孔 2. 砂石运输 3. 填充 4. 振实
010202002	灰土挤密桩	1. 土壤级别 2. 桩长 3. 桩截面 4. 成孔方法 5. 灰土级配	m	按设计图示尺寸以桩长(包括桩尖)计算	1. 成孔 2. 灰土拌和、运输 3. 填充 4. 夯实
010202003	旋喷桩	1. 桩长 2. 桩截面 3. 水泥强度等级	m	按设计图示尺寸以桩长(包括桩尖)计算	1. 成孔 2. 水泥浆制作、运输 3. 水泥浆旋喷

续表

项目编码	项目名称	项目特征	计量单位	工程量计算规则	工程内容
010202004	喷粉桩	1. 桩长 2. 桩截面 3. 粉体种类 4. 水泥强度等级 5. 石灰粉要求	m	按设计图示尺寸以桩长（包括桩尖）计算	1. 成孔 2. 粉体运输 3. 喷粉固化

（3）地基与边坡处理：地基与边坡处理工程量清单项目设置包括地下连续墙、振冲灌注碎石、地基强夯、锚杆支护、土钉支护5个子目。其中地下连续墙、振冲灌注碎石按立方米计算，地基强夯、锚杆支护、土钉支护按平方米计算。地基与边坡处理工程量清单项目设置及计算规则应按表7-21的规定执行。

表7-21 地基与边坡处理（编码：010203）

项目编码	项目名称	项目特征	计量单位	工程量计算规则	工程内容
010203001	地下连续墙	1. 墙体厚度 2. 成槽深度 3. 混凝土强度等级	m³	按设计图示墙中心线长乘以厚度乘以槽深以体积计算	1. 挖土成槽、余土运输 2. 导墙制作、安装 3. 锁口管吊拔 4. 浇注混凝土连续墙 5. 材料运输
010203002	振冲灌注碎石	1. 振冲深度 2. 成孔直径 3. 碎石级配	m³	按设计图示孔深乘以孔截面积以体积计算	1. 成孔 2. 碎石运输 3. 灌注、振实
010203003	地基强夯	1. 夯击能量 2. 夯击遍数 3. 地耐力要求 4. 夯填材料种类	m²	按设计图示尺寸以面积计算	1. 铺夯填材料 2. 强夯 3. 夯填材料运输
010203004	锚杆支护	1. 锚扎直径 2. 锚孔平均深度 3. 锚固方法、浆液种类 4. 支护厚度、材料种类 5. 混凝土强度等 6. 砂浆强度等级	m²	按设计图示尺寸以支护面积计算	1. 钻孔 2. 浆液制作、运输、压浆 3. 张拉锚固 4. 混凝土制作、运输、喷射、养护 5. 砂浆制作、运输、喷射、养护

> **特别提示**
>
> "地下连续墙"项目适用于各种导墙施工的复合型地下连续墙工程。
> "锚杆支护"项目适用于岩石高削坡混凝土支护挡墙和风化岩石混凝土、砂浆护坡。应注意:
>   钻孔、布筋、锚杆安装、灌浆、张拉等搭设的脚手架,应列入措施项目费。
>   锚杆应按混凝土及钢筋混凝土相关项目编码列项。
> "土钉支护"项目适于土层的锚固。

【例7-2】某工程100根C50预应力钢筋混凝土管桩,外径ϕ600、内径ϕ400,每根桩总长25m;桩顶灌注C30混凝土1.5m高;设计桩顶标高-3.5m,现场自然地坪标高为-0.45m,现场条件允许可以不发生场内运桩。编制该管桩的工程量清单。桩尖及桩顶灌芯钢筋暂不考虑。

【解】清单工程量=25m×100根=2500m

工程量清单见表7-22:

表7-22 例7-2分部分项工程量清单表

序号	项目编码	项目名称	项目特征	计量单位	工程量
1	010201001001	预应力钢筋混凝土管桩	1.单桩长度:25m;根数:100 2.桩截面:外径ϕ600、壁厚100;桩顶标高-3.0m,自然地坪标高-0.30m 3.管桩填充材料种类:顶端灌C30混凝土1.5m高 4.混凝土强度等级:C50	m	2500

3)砌筑工程

按照《建设工程工程量清单计价规范》,砌筑工程分为砖基础、砖砌体、砖构筑物、砌块砌体、石砌体、砖散水、地坪、地沟共6节。

(1)砖基础:砖基础清单只有砖基础一个子目,按立方米计算。砖基础工程量清单项目设置及计算规则应按表7-23的规定执行。

表7-23 砖基础(编码:010301)

项目编码	项目名称	项目特征	计量单位	工程量计算规则	工程内容
010301001	砖基础	1.砖品种、规格、强度等级 2.基础类型 3.基础深度 4.砂浆强度等级	m³	按设计图示尺寸以体积计算。包括附墙垛基础宽出部分体积,扣除地梁(圈梁)、构造柱所占体积,不扣除基础大放脚T形接头处的重叠部分及嵌入基础内的钢筋、铁件、管道、基础砂浆防潮层和单个面积0.3m²以内的孔洞所占体积,靠墙暖气沟的挑檐不增加。基础长度:外墙按中心线,内墙按净长线计算	1.砂浆制作、运输 2.砌砖 3.防潮层铺设 4.材料运输

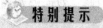

特别提示

"砖基础"项目适用于各种类型砖基础:柱基础、墙基础、烟囱基础、水塔基础、管道基础等。应注意对基础类型应在工程量清单中进行描述。

(2) 砖砌体:砖砌体包括实心砖墙、空斗墙、空花墙、填充墙、实心砖柱、零星砌砖6个子目。除零星砌砖可以按立方米或平方米或米或个计算外,其余均按立方米计算。砖砌体工程量清单项目设置及计算规则应按表7-24的规定执行。

表7-24 砖砌体(编码:010302)

项目编码	项目名称	项目特征	计量单位	工程量计算规则	工程内容
010302001	实心砖墙	1. 砖品种、规格、强度等级 2. 墙体类型 3. 墙体厚度 4. 墙体高度 5. 勾缝要求 6. 砂浆强度等级、配合比	m³	按设计图示尺寸以体积计算。扣除门窗洞口、过人洞、空圈、嵌入墙内的钢筋混凝土柱、梁、圈梁、挑梁、过梁及凹进墙内的壁龛、管槽、暖气槽、消火栓箱所占体积。不扣除梁头、檩头、擦头、垫木、木楞头、沿缘木、木砖、门窗走头、砖墙内加固钢筋、木筋、铁件、钢管及单个面积0.3m²以内的孔洞所占体积。凸出墙面的腰线、挑檐、压顶、窗台线、虎头砖、门窗套的体积亦不增加。凸出墙面的砖垛并入墙体体积内计算 1. 墙长度:外墙按中心线,内墙按净长计算; 2. 墙高度: (1) 外墙:斜(坡)屋面无檐口天棚者算至屋面板底;有屋架且室内外均有天棚者算至屋架下弦底另加200mm;无天棚者算至屋架下弦底另加300mm,出檐宽度超过600mm时按实砌高度计算;平屋面算至钢筋混凝土板底 (2) 内墙:位于屋架下弦者,算至屋架下弦底;无屋架者算至天棚底另加100mm;有钢筋混凝土楼板隔层者算至楼板顶;有框架梁时算至梁底 (3) 女儿墙:从屋面板上表面算至女儿墙顶面(如有混凝土压顶时算至压顶下表面) (4) 内、外山墙:按其平均高度计算 3. 围墙:高度算至压顶上表面(如有混凝土压顶时算至压顶下表面),围墙柱并入围墙体积内	1. 砂浆制作、运输 2. 砌砖 3. 勾缝 4. 砖压顶砌筑 5. 材料运输

"实心砖墙"项目适用于各种类型实心砖墙,可分为外墙、内墙、围墙、双面混水墙、双面清水墙、单面清水墙、直形墙、弧形墙以及不同的墙厚,砌筑砂浆分水泥砂浆、混合砂浆以及不同的强度,不同的砖强度等级,加浆勾缝、原浆勾缝等,应在工程量清单项目中一一进行描述。

> **特别提示**
> (1) 不论三皮砖以下或三皮砖以上的腰线、挑檐突出墙面部分均不计算体积。
> (2) 内墙算至楼板隔层板顶。
> (3) 女儿墙的砖压顶、围墙的砖压顶突出墙面部分不计算体积,压顶顶面凹进墙面的部分(包括一般围墙的抽屉檐、棱角檐、仿瓦砖檐等)也不扣除。
> (4) 墙内砖平旋、砖拱旋、砖过梁的体积不扣除,应包括在报价内。

(3) 砖构筑物:砖构筑物包括砖烟囱或水塔、砖烟道、砖窨井或检查井、砖水池或化粪池4个子目。其中砖烟囱或水塔、砖烟道按立方米计算,砖窨井或检查井、砖水池或化粪池按座计算。砖构筑物工程量清单项目设置及计算规则应按表7-25的规定执行。

① "砖烟囱、水塔""砖烟道"项目适用于各种类型砖烟囱,水塔和烟道。应注意:

烟囱内衬和烟道内衬以及隔热填充材料可与烟囱外壁、烟道外壁分别编码。(第五级编码)列项。

烟囱、水塔爬梯按《建筑工程工程量清单计价规范》A.6.6相关项目编码列项。砖水箱内外壁可按《建筑工程工程量清单计价规范》A.3.2相关项目编码列项。

表7-25 砖构筑物(编码:010303)

项目编码	项目名称	项目特征	计量单位	工程量计算规则	工程内容
010303001	砖烟囱、水塔	1. 筒身高度 2. 砖品种、规格、强度等级 3. 耐火砖品种、规格 4. 耐火泥品种 5. 隔热材料种类 6. 勾缝要求 7. 砂浆强度等级、配合比	m³	按设计图示筒壁平均中心线周长乘以厚度乘以高度以体积计算。扣除各种孔洞、钢筋混凝土圈梁、过梁等的体积	1. 砂浆制作、运输 2. 砌砖 3. 涂隔热层 4. 装填充料 5. 砌内衬 6. 勾缝 7. 材料运输
010303002	砖烟道	1. 烟道截面形状、长度 2. 砖品种、规格、强度等级 3. 耐火砖品种规格 4. 耐火泥品种 5. 勾缝要求 6. 砂浆强度等级、配合比		按图示尺寸以体积计算	

续表

项目编码	项目名称	项目特征	计量单位	工程量计算规则	工程内容
010303003	砖窨井、检查井	1. 井截面 2. 垫层材料种类、厚度 3. 底板厚度 4. 勾缝要求 5. 混凝土强度等级 6. 砂浆强度等级、配合比 7. 防潮层材料种类	座	按设计图示数量计算	1. 土方挖运 2. 砂浆制作、运输 3. 铺设垫层 4. 底板混凝土制作、运输、浇筑、振捣、养护 5. 砌砖 6. 勾缝 7. 井池底、壁抹灰 8. 抹防潮层 9. 回填 10. 材料运输
010303004	砖水池、化粪池	1. 池截面 2. 垫层材料种类、厚度 3. 底板厚度 4. 勾缝要求 5. 混凝土强度等级 6. 砂浆强度等级、配合比			

②"砖窨井、检查井""砖水池、化粪池"项目适用于各类砖砌窨井、检查井、砖水池、化粪池、沼气池、公厕生化池等。应注意：

工程量的"座"计算包括挖土、运输、回填、井池底板、池壁、井池盖板，池内隔断、隔墙、隔栅小梁、隔板、滤板等全部工程。

井、池内爬梯按《建筑工程工程量清单计价规范》A.6.6相关项目编码列项。

(4) 砌块砌体：砌块砌体包括空心砖墙或砌块墙、空心砖柱或砌块柱两个子目。均按立方米计算。砌块砌体工程量清单项目设置及计算规则应按表7-26的规定执行。

表7-26 砌块砌体（编码：010304）

项目编码	项目名称	项目特征	计量单位	工程量计算规则	工程内容
010304001	空心砖墙、砌块墙	1. 墙体类型 2. 墙体厚度 3. 空心砖、砌块品种、规格、强度等级 4. 勾缝要求 5. 砂浆强度等级、配合比	m³	按设计图示尺寸以体积计算。扣除门窗洞口、过人洞、空圈、嵌入墙内的钢筋混凝土柱、梁、圈梁、挑梁、过梁及凹进墙内的壁龛、管槽、暖气槽、消火栓箱所占体积，不扣除梁头、板头、檩头、垫木、木楞头、沿缘木、木砖、门窗走头、砖墙内加固钢筋、木筋、铁件、钢管及单个面积0.3m²以内的孔洞所占体积，凸出墙面的腰线、挑檐、压顶、窗台线、虎头砖、门窗套的体积不增加，凸出墙面的砖垛并入墙体体积内。	1. 砂浆制作、运输 2. 砌砖、砌块 3. 勾缝 4. 材料运输

续表

项目编码	项目名称	项目特征	计量单位	工程量计算规则	工程内容
010304001	空心砖墙、砌块墙	1. 墙体类型 2. 墙体厚度 3. 空心砖、砌块品种、规格、强度等级 4. 勾缝要求 5. 砂浆强度等级、配合比	m^3	1. 墙长度：外墙按中心线，内墙按净长计算 2. 墙高度： （1）外墙：斜（坡）屋面无檐口天棚者算至屋面板底；有屋架且室内外均有天棚者算至屋架下弦底另加 200mm；无天棚者算至屋架下弦底另加 300mm，出檐宽度超过 600mm 时按实砌高度计算；平屋面算至钢筋混凝土板底； （2）内墙：位于屋架下弦者，算至屋架下弦底；无屋架者算至天棚底另加 100mm；有钢筋混凝土楼板隔层者算至楼板顶；有框架梁时算至梁底 （3）女儿墙：从屋面板上表面算至女儿墙顶面（如有压顶时算至压顶下表面） （4）内、外山墙：按其平均高度计算 3. 围墙：高度算至压顶上表面（如有混凝土压顶时算至压顶下表面），围墙柱并入围墙体积内	1. 砂浆制作、运输 2. 砌砖、砌块 3. 勾缝 4. 材料运输

（5）石砌体：石砌体包括石基础、石勒脚、石墙、石挡土墙、石柱、石栏杆、石护坡、石台阶、石坡道、石地沟或石明沟 10 个子目。其中石栏杆、石地沟或石明沟按米计算，石坡道按平方米计算，其余按立方米计算。石砌体工程清单编码为 010305。

（6）砖散水、地坪、地沟：砖散水、地坪、地沟包括砖散水或地坪、砖地沟或明沟两个子目。其中砖散水或地坪按平方米计算，砖地沟或明沟按米计算。砖散水、地坪、地沟工程清单编码为 010306。

知识链接

基础垫层包括在基础项目内。
标准砖尺寸应为 240×115×53。标准砖墙厚度应按表 7-27 计算。

表 7-27 标准墙计算厚度表

砖数（厚度）	1/4	1/2	3/4	1	$1\frac{1}{2}$	2	$2\frac{1}{2}$	3
计算厚度（mm）	53	115	180	240	365	490	615	740

砖基础与砖墙(身)划分应以设计室内地坪为界(有地下室的按地下室室内设计地坪为界),以下为基础,以上为墙(柱)身。基础与墙使用不同材料,位于设计室内地坪±300mm 以内时以不同材料为界,超过±300mm,应以设计室内地坪为界。砖围墙应以设计室外地坪为界,以下为基础,以上为墙身。

附墙烟囱、通风道、垃圾道,应按设计图示尺寸以体积(扣除孔洞所占体积)计算,并入所依附的墙体体积内。当设计规定孔洞内需抹灰时,应按《建设工程工程量清单计价规范》B.2 中相关项目编码列项。

台阶、台阶挡墙、梯带、锅台、炉灶、蹲台、池槽、池槽腿、花台、花池、楼梯栏板、阳台栏板、地垄墙、屋面隔热板下的砖墩、0.3m² 孔洞填塞等,应按零星砌砖项目编码列项。砖砌锅台与炉灶可按外形尺寸以个计算,砖砌台阶可按水平投影面积以平方米计算,小便槽、地垄墙可按长度计算,其他工程量按立方米计算。

砌体内加筋的制作、安装,应按《建设工程工程量清单计价规范》A.4 相关项目编码列项。

【例 7-3】根据例 7-1 和图 7.4~图 7.6 中的数据和已知条件,试编制该建筑物 1-1 断面上砖基础工程量清单。

【解】砖基础高度 $H=1.8-0.1-0.35=1.35(m)$

1-1 断面砖基础工程量

大放脚面积 $=2\times 3\times 0.0625\times 0.126=0.04725(m^2)$

砖基础外墙中心线长 $=48.16(m)$

砖基础内墙净长 $=7.20-0.24=6.96(m)$

$V_{1-1}=(1.35\times 0.24+0.04725)\times (48.16+6.96)=20.46(m^3)$

注:砖基础与独立基的搭接体积此题没有考虑。

砖基础工程量清单见表 7-28。

表 7-28 例 7-3 分部分项工程量清单

序号	项目编码	项目名称	项目特征	计量单位	工程量
1	010301001001	砖基础	1. 砖品种、规格、强度等级:烧结普通砖,规格:240×115×53 2. 基础类型:条型基础 3. 基础深度:1.35m 4. 砂浆强度等级:水泥砂浆 M10 5. 防潮层:1:2 水泥砂浆水平防潮层	m³	20.46

4) 混凝土及钢筋混凝土工程

按照《建设工程工程量清单计价规范》,混凝土及钢筋混凝土工程工程量清单项目设置分为:现浇混凝土基础、现浇混凝土柱、现浇混凝土梁、现浇混凝土墙、现浇混凝土板、现浇混凝土楼梯、现浇混凝土其他构件,后浇带,预制混凝土柱、预制混凝土梁、预制混凝土屋架、预制混凝土板、预制混凝土楼梯,其他预制构件,混凝土构筑物,钢筋工程和螺栓、铁件共 17 节。

(1) 现浇混凝土基础:现浇混凝土基础包括带型基础、独立基础、满堂基础、设备基础、桩承台基础共 5 个子目。全部按立方米计算。

现浇混凝土基础工程量清单项目设置及计算规则应按表7-29的规定执行。

表7-29 现浇混凝土基础(编码：010401)

项目编码	项目名称	项目特征	计量单位	工程量计算规则	工程内容
010401001	带型基础	1. 混凝土强度等级 2. 混凝土拌和料要求 3. 砂浆强度等级	m^3	按设计图示尺寸以体积计算。不扣除构件内钢筋、预埋铁件和伸入承台基础的桩头所占体积	1. 混凝土制作、运输、浇筑、振捣、养护 2. 地脚螺栓二次灌浆
010401002	独立基础				
010401003	满堂基础				
010401004	设备基础				
010401005	桩承台基础				
010401006	垫层				

> **特别提示**
>
> "带形基础"项目适用于各种带形基础，墙下的板式基础包括浇注在一字排桩上面的带形基础。应注意工程量不扣除浇入带形基础体积内的桩头所占体积。
>
> "独立基础"项目适用于块体柱基、杯基、柱下的板式基础、无筋倒圆台基础、壳体基础、电梯井基础等。
>
> "满堂基础"项目适用于地下室的箱式、筏式基础等。
>
> "设备基础"项目适用于设备的块体基础、框架基础等。应注意，螺栓孔灌浆包括在报价内。
>
> "桩承台基础"项目适用于浇注在组桩(如梅花桩)上的承台。

【例7-4】根据例7-1中的数据和已知条件，试编制该建筑物1-1断面混凝土基础工程量清单。

【解】(1) 混凝土基础工程量：

1-1断面混凝土基础工程量。

(2) 外墙下基础中心线长度：

$$L_{外墙} = [6.00 \times 3 + 7.20 + \frac{(0.49-0.24) \times 0.365}{0.24} - 1.3] \times 2$$
$$= [25.2 + 0.38 - 1.3] \times 2$$
$$= 48.56(m)$$

(3) 内墙下基底净长度：

$$L_{内墙} = 7.20 - 0.5 \times 2 = 6.20(m)$$
$$L_{1-1基础长} = 48.56 + 6.20 = 54.76(m)$$

(4) 1-1断面混凝土基础工程量：

$$V_{1-1} = 1.00 \times 0.35 \times 54.76 = 19.17(m^3)$$

(5) 1-1断面垫层工程量：

$$L_{1-1垫层长} = 54.16(m)$$
$$V_{1-1垫层} = 1.2 \times 0.1 \times 54.16 = 6.50(m^3)$$

(6) 1-1断面混凝土基础工程量清单见表7-30。

表7-30 分部分项工程量清单

序号	项目编码	项目名称	项目特征	计量单位	工程量
1	010401001001	带形基础	1. 混凝土强度等级：C30 混凝土 2. 混凝土拌和料要求：现浇现拌混凝土 3. 垫层：C10 混凝土垫层 6.5m³	m³	19.17

（2）现浇混凝土柱：现浇混凝土柱包括矩形柱、异形柱两个子目。全部按立方米计算。现浇混凝土柱工程量清单项目设置及计算规则应按表 7-31 的规定执行。

表7-31 现浇混凝土柱（编码：010402）

项目编码	项目名称	项目特征	计量单位	工程量计算规则	工程内容
010402001	矩形柱	1. 柱高度 2. 柱截面尺寸 3. 混凝土强度等级 4. 混凝土拌和料要求	m³	按设计图示尺寸以体积计算。不扣除构件内钢筋、预埋铁件所占体积 柱高： （1）有梁板的柱高，应自柱基上表面（或楼板上表面）至上一层楼板上表面之间的高度计算 （2）无梁板的柱高，应自柱基上表面（或楼板上表面）至柱帽下表面之间的高度计算 （3）框架柱的柱高，应自柱基上表面至柱顶高度计算 （4）构造柱按全高计算，嵌接墙体部分并入柱身体积 （5）依附柱上的牛腿和升板的柱帽，并入柱身体积计算	混凝土制作、运输、浇筑、振捣、养护
010402002	异形柱				

特别提示

"矩行柱"、"异行柱"项目适用于各行柱，除无梁板柱的高度计算至柱帽下表面，其他柱都计算全高。应注意：

① 单独的薄壁柱以异行柱编码列项。

② 柱帽的工程量计算在无梁板体积内。

③ 混凝土柱上的钢牛腿按《建筑工程工程量清单计价规范》A.6.6 零星钢构件编码列项。

同一类型的柱，按以下情况分别编码列项：

① 按柱所在部位层高 3.6m 以内和 3.6m 以上区别，超过 3.6m 的按每增加 1m 步距分别列项；

② 若采用含模量法计算模板措施量：

a. 矩形柱（构造柱）断面按周长 1.2m 以内、1.8m 以内和 1.8m 以上分别列项；

b. 圆形柱以异形柱编码列项，按断面直径 $\phi 50cm$ 以内和 $\phi 50cm$ 以上划分项目。

【例7-5】某工程现浇框架结构二层结构平面图如图7.7所示,柱、梁、板均采用C20现浇商品泵送混凝土,图中板厚度120mm;支模采用复合木模施工工艺。图中轴线居梁中,本层层高3.3m。试计算此楼层混凝土工程柱清单工程量并编列清单。

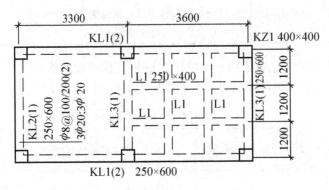

图7.7 现浇框架结构二层结构平面图

【解】框架柱清单工程量:

$V_{KZ1} = 0.40 \times 0.40 \times 3.3 \times 6 = 3.168 (m^3)$

柱工程量清单见表7-32。

表7-32 例7-5分部分项工程量清单

序号	项目编码	项目名称	项目特征	计量单位	工程量
1	010402001001	矩形柱	1. 柱高度:3.3m 2. 柱截面尺寸:400mm×400mm 3. 混凝土强度等级:C20 4. 混凝土拌和料要求:泵送商品混凝土	m³	3.168

(3)现浇混凝土梁:现浇混凝土梁包括基础梁、矩形梁、异形梁、圈梁、过梁、弧形、拱形梁6个子目。全部按立方米计算。现浇混凝土梁工程量清单项目设置及计算规则应按表7-33的规定执行。

表7-33 现浇混凝土梁(编码:010403)

项目编码	项目名称	项目特征	计量单位	工程量计算规则	工程内容
010403001	基础梁	1. 梁底标高 2. 梁截面 3. 混凝土强度等级 4. 混凝土拌和料要求	m³	按设计图示尺寸以体积计算。不扣除构件内钢筋、预埋铁件所占体积,伸入墙内的梁头、梁垫并入梁体积内 梁长: (1)梁与柱连接时,梁长算至柱侧面 (2)主梁与次梁连接时,次梁长算至主梁侧面	混凝土制作、运输、浇筑、振捣、养护
010403002	矩形梁				
010403003	异形梁				
010403004	圈梁				
010403005	过梁				
010403006	弧形、拱形梁				

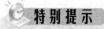

特别提示

各种梁项目的工程量主梁与次梁连接时,次梁长算至主梁侧面,简而言之:截面小的梁长度计算至截面大的梁侧面。

同一类型的梁,应按不同的层高、层次、梁断面高度、性质等分别编码列项。

① 层高3.6m以内和3.6m以上的梁(圈、过梁除外)应分别列项;3.6m以上的按每增加1m为步距列项。

② 如果采用含模量法计算梁模板措施费时:

a. 矩形梁按断面高度0.3m以内、0.6m以内、0.6m以上分别列项。

b. 异形梁应按不同性质(如薄腹梁、吊车梁等)分别列项,弧形梁、拱形梁分别列项。

c. 单独过梁与和圈梁连接的过梁应分别列项,地圈梁和楼层圈梁应分别列项。

【例7-6】根据例7-5和图7.7中的已知条件。试计算此楼层混凝土工程梁清单工程量并编清单。

【解】框架梁清单工程量

$V_{KL1}=[6.9-(0.4-0.125)\times 2-0.4]\times 0.25\times 0.6\times 2=1.785(m^3)$

$V_{KL2}=[3.6-(0.4-0.125)\times 2]\times 0.25\times 0.6\times 1=0.458(m^3)$

$V_{KL3}=[3.6-(0.4-0.125)\times 2]\times 0.25\times 0.6\times 2=0.915(m^3)$

$L_1=(3.6-0.25)\times 0.25\times 0.4\times 2+(3.6-0.25\times 3)\times 0.25\times 0.4\times 2$

$=1.24(m^3)$

由于KL梁断面相同,所以KL梁工程量合计为

$V_{KL}=1.785+0.458+0.915=3.158(m^3)$

梁工程量清单见表7-34:

表7-34 例7-6分部分项工程量清单

序号	项目编码	项目名称	项目特征	计量单位	工程量
1	010403002001	矩形梁	1. 梁截面:矩形断面,截面尺寸250mm×600mm,层高3.3m 2. 混凝土强度等级:C20 3. 混凝土拌和料要求:泵送商品混凝土	m³	3.158
2	010403002002	矩形梁	1. 梁截面:矩形断面,截面尺寸250mm×400mm,层高3.3m 2. 混凝土强度等级:C20 3. 混凝土拌和料要求:泵送商品混凝土	m³	1.24

(4) 现浇混凝土墙:现浇混凝土墙包括直形墙、弧形墙共两个子目。按立方米计算。现浇混凝土墙工程量清单项目设置及计算规则应按表7-35的规定执行。

(5) 现浇混凝土板:现浇混凝土板包括有梁板、无梁板、平板、拱板、薄壳板、栏板、天沟或挑檐板、雨篷或阳台板、其他板9个子目,均按立方米计算。现浇混凝土板工程量清单项目设置及计算规则应按表7-36的规定执行。

表 7-35 现浇混凝土墙（编码：010404）

项目编码	项目名称	项目特征	计量单位	工程量计算规则	工程内容
010404001	直形墙	1. 墙类型 2. 墙厚度 3. 混凝土强度等级 4. 混凝土拌和料要求	m^3	按设计图示尺寸以体积计算。不扣除构件内钢筋、预埋铁件所占体积，扣除门窗洞口及单个面积 $0.3m^2$ 以外的孔洞所占体积，墙垛及突出墙面部分并入墙体体积计算内	混凝土制作、运输、浇筑、振捣、养护
010404002	弧形墙				

特别提示

"直形墙"、"弧形墙"项目也适用于电梯井。应注意与墙相连接的薄壁柱按墙项目编码列项。

现浇混凝土墙除按直形、弧形区分外，也应按不同的层高、墙厚、部位、性质等分别编码列项：

（1）一般墙按厚度10cm以内、20cm以内、20cm以上分别列项；

（2）地下室内墙与外墙、高度小于1.2m和大于1.2m的女儿墙、电梯井壁、无筋混凝土或毛石混凝土挡土墙等应分别列项。

表 7-36 现浇混凝土板（编码：010405）

项目编码	项目名称	项目特征	计量单位	工程量计算规则	工程内容
010405001	有梁板	1. 板底标高 2. 板厚度 3. 混凝土强度等级 4. 混凝土拌和料要求	m^3	按设计图示尺寸以体积计算。不扣除构件内钢筋、预埋铁件及单个面积 $0.3m^2$ 以内的孔洞所占体积。有梁板（包括主、次梁与板）按梁、板体积之和计算，无梁板按板和柱帽体积之和计算，各类板伸入墙内的板头并入板体积内计算，薄壳板的肋、基梁并入薄壳体积内计算	混凝土制作、运输、浇筑、振捣、养护
010405002	无梁板				
010405003	平板				
010405004	拱板				
010405005	薄壳板				
010405006	栏板				
010405007	天沟、挑檐板	1. 混凝土强度等级 2. 混凝土拌和料要求		按设计图示尺寸以体积计算	
010405008	雨篷、阳台板			按设计图示尺寸以墙外部分体积计算。包括伸出墙外的牛腿和雨篷反挑檐的体积	
010405009	其他板			按设计图示尺寸以体积计算	

【例 7-7】根据例 7-5 和图 7.7 中的已知条件。试计算此楼层混凝土板工程量并编列工程量清单。

【解】混凝土板清单工程量：

板$_1$ = (3.3−0.25)×(3.6−0.25)×0.12 = 1.226(m^3)

板$_2$ = (1.2−0.25)×(1.2−0.25)×0.12×9 = 0.975(m^3)

板=1.226+0.975=2.201(m³)

板工程量清单见表7-37。

表7-37 例7-7分部分项工程量清单

序号	项目编码	项目名称	项目特征	计量单位	工程量
1	010405003001	平板	1. 板厚度：120mm，层高3.3m 2. 混凝土强度等级：C20 3. 混凝土拌和料要求：泵送商品混凝土	m³	2.201

【例7-8】已知某悬挑混凝土阳台水平投影面积为6.468m²(1.68m×3.85m)，阳台板（厚120mm）体积为0.776m³，阳台梁体积为0.470m³，该阳台采用C20商品泵送混凝土。试根据以上条件计算此楼层混凝土工程阳台清单工程量并编列清单。

【解】混凝土阳台清单工程量

阳台体积=0.776+0.470=1.246(m³)

阳台工程量清单见表7-38。

表7-38 例7-8分部分项工程量清单

序号	项目编码	项目名称	项目特征	计量单位	工程量
1	010405008001	阳台板	1. 混凝土强度等级：C20 2. 混凝土拌和料要求：商品泵送混凝土 3. 阳台，外挑尺寸1.68m×3.85m；梁0.470m³；板（厚120mm）0.776m³	m³	1.246

（6）现浇混凝土楼梯：现浇混凝土楼梯包括直形楼梯、弧形楼梯两个子目，均按平方米计算。现浇混凝土楼梯工程量清单项目设置及计算规则应按表7-39的规定执行。

表7-39 现浇混凝土楼梯（编码：010406）

项目编码	项目名称	项目特征	计量单位	工程量计算规则	工程内容
010406001	直形楼梯	1. 混凝土强度等级 2. 混凝土拌和料要求	m²	按设计图示尺寸以水平投影面积计算。不扣除宽度小于500mm的楼梯井，伸入墙内部分不计算	混凝土制作、运输、浇筑、振捣、养护
010406002	弧形楼梯				

（7）现浇混凝土其他构件：现浇混凝土其他构件包括其他构件、散水或坡道、电缆沟或地沟3个子目。其中电缆沟或地沟按米计算，散水或坡道按平方米计算，其他构件按立方米或平方米或米计算。现浇混凝土其他构件清单编码为010407。

"其他构件"项目中的压顶、扶手工程量可按长度计算；台阶工程量可按水平投影面积计算。"电缆沟、地沟""散水、坡道"需抹灰时，应包括在报价内。

（8）后浇带：后浇带只有后浇带1个子目，按立方米计算。后浇带清单编码为010408。"后浇带"项目适用于梁、墙、板的后浇带。

(9) 预制混凝土柱：预制混凝土柱包括矩形柱、异形柱两个子目，按立方米或根计算。预制混凝土柱工程量清单项目设置及计算规则应按表7-40的规定执行。

表7-40 预制混凝土柱(编码：010409)

项目编码	项目名称	项目特征	计量单位	工程量计算规则	工程内容
010409001	矩形柱	1. 柱类型 2. 单件体积 3. 安装高度 4. 混凝土强度等级 5. 砂浆强度等级	m³(根)	(1) 按设计图示尺寸以体积计算。不扣除构件内钢筋、预埋铁件所占体积。 (2) 按设计图示尺寸以"数量"计算	1. 混凝土制作、运输、浇筑、振捣、养护 2. 构件制作、运输 3. 构件安装 4. 砂浆制作、运输 5. 接头灌缝、养护
010409002	异形柱				

(10) 预制混凝土梁：预制混凝土梁包括矩形梁、异形梁、过梁、拱形梁、鱼腹式吊车梁、风道梁6个子目。均按立方米或根计算。预制混凝土梁工程量清单项目设置及计算规则应按表7-41的规定执行。

表7-41 预制混凝土梁(编码：010410)

项目编码	项目名称	项目特征	计量单位	工程量计算规则	工程内容
010410001	矩形梁	1. 单件体积 2. 安装高度 3. 混凝土强度等级 4. 砂浆强度等级	m³(根)	按设计图示尺寸以体积计算。不扣除构件内钢筋、预埋铁件所占体积	1. 混凝土制作、运输、浇筑、振捣、养护 2. 构件制作、运输 3. 构件安装 4. 砂浆制作、运输 5. 接头灌缝、养护
010410002	异形梁				
010410003	过梁				
010410004	拱形梁				
010410005	鱼腹梁吊车梁				
010410006	风道梁				

(11) 预制混凝土屋架：预制混凝土屋架包括折线型屋架、组合屋架、薄腹屋架、门式刚架屋架、天窗架屋架5个子目。均按立方米或榀计算。预制混凝土屋架清单编码为010411。

(12) 预制混凝土板：预制混凝土板包括平板、空心板、槽形板、网架板、折线板、带肋板、大型板、沟盖板(或井盖板或井圈)等8个子目。其中沟盖板或井盖板或井圈按立方米或块或套计算，其余均按立方米或块计算。预制混凝土板清单编码为010412。

(13) 预制混凝土楼梯：预制混凝土楼只有楼梯一个子目，按立方米计算。预制混凝土楼清单编码为01044。

(14) 其他预制构件：其他预制构件包括烟道或垃圾道或通风道、其他构件、水磨石构件3个子目。均按立方米计算。其他预制构件清单编码为010414。

(15) 混凝土构筑物：混凝土构筑物包括贮水(油)池、贮仓、水塔、烟囱4个子目。均按立方米计算。混凝土构筑物工程量清单项目设置及计算规则应按表7-42的规定执行。

表7-42 混凝土构筑物(编码：010415)

项目编码	项目名称	项目特征	计量单位	工程量计算规则	工程内容
010415001	贮水(油)池	1. 池类型 2. 池规格 3. 混凝土强度等级 4. 混凝土拌和料要求	m³	按设计图示尺寸以体积计算。不扣除构件内钢筋、预埋铁件及单个面积0.3m²以内的孔洞所占体积	混凝土制作、运输、浇筑、振捣、养护
010415002	贮仓	1. 类型、高度 2. 混凝土强度等级 3. 混凝土拌和料要求			
010415003	水塔	1. 类型 2. 支筒高度、水箱容积 3. 倒圆锥形罐壳厚度、直径 4. 混凝土强度等级 5. 混凝土拌和料要求 6. 砂浆强度等级			1. 混凝土制作、运输、浇筑、振捣、养护 2. 预制倒圆锥形罐壳、组装、提升、就位 3. 砂浆制作、运输 4. 接头灌缝、养护
010415004	烟囱	1. 高度 2. 混凝土强度等级 3. 混凝土拌和料要求			混凝土制作、运输、浇筑、振捣、养护

特别提示

滑模筒仓按"贮仓"项目编码列项。滑模烟囱按"烟囱"项目编码列项。

滑模的提升设备在模板措施项目内列项计算；设计要求滑模施工的工程，清单项目中应予以说明，并在特征中明确描述支撑杆的规格及设计利用支撑杆作为结构钢筋的数量或比例。

(16) 钢筋工程：钢筋工程包括现浇混凝土钢筋、预制构件钢筋、钢筋网片、钢筋笼、先张法预应力钢筋、后张法预应力钢筋、预应力钢丝、预应力钢绞线8个子目。均按吨计算。钢筋工程工程量清单项目设置及计算规则应按表7-43的规定执行。

表7-43 钢筋工程(编码：010416)

项目编码	项目名称	项目特征	计量单位	工程量计算规则	工程内容
010416001	现浇混凝土钢筋	钢筋种类、规格	t	按设计图示钢筋(网)长度(面积)乘以单位理论质量计算	1. 钢筋(网、笼)制作、运输 2. 钢筋(网、笼)安装
010416002	预制构件钢筋				
010416003	钢筋网片				
010416004	钢筋笼				

> **知识链接**
>
> 混凝土垫层包括在基础项目内。
> 有肋带形基础、无肋带形基础应分别编码（第五级编码）列项，并注明肋高。
> 箱式满堂基础，可按《建设工程工程量清单计价规范》A.4.1、A.4.2、A.4.3、A.4.4、A.4.5中满堂基础、柱、梁、墙、板分别编码列项；也可利用 A.4.1 的第五级编码分别列项。
> 框架式设备基础，可按《建设工程工程量清单计价规范》A.4.1、A.4.2、A.4.3、A.4.4、A.4.5中设备基础、柱、梁、墙、板分别编码列项；也可利用 A.4.1 的第五级编码分别列项。
> 构造柱应按《建设工程工程量清单计价规范》A.4.2 中矩形柱项目编码列项。
> 现浇挑檐、天沟板、雨篷、阳台与板（包括屋面板、楼板）连接时，以外墙外边线为分界线；与圈梁（包括其他梁）连接时，以梁外边线为分界线。外边线以外为挑檐、天沟、雨篷或阳台。
> 整体楼梯（包括直形楼梯、弧形楼梯）水平投影面积包括休息平台、平台梁、斜梁和楼梯的连接梁。当整体楼梯与现浇楼板无梯梁连接时，以楼梯的最后一个踏步边缘加 300mm 为界。
> 现浇混凝土小型池槽、压顶、扶手、垫块、台阶、门框等，应按《建设工程工程量清单计价规范》A.4.7 中其他构件项目编码列项。
> 其中扶手、压顶（包括伸入墙内的长度）应按延长米计算，台阶应按水平投影面积计算。
> 不带肋的预制遮阳板、雨篷板、挑檐板、栏板等，应按《建设工程工程量清单计价规范》A.4.12 中平板项目编码列项。
> 现浇构件中固定位置的支撑钢筋、双层钢筋用的"铁马"、伸出构件的锚固钢筋、预制构件的吊钩等，应并入钢筋工程量内。

5）厂库库大门、特种门、木结构工程

按照《建设工程工程量清单计价规范》，厂库房大门、特种门、木结构工程工程量清单项目设置划分厂库房大门、特种门、木结构工程共 3 节。

（1）厂库房大门：厂库房大门包括木板大门、钢木大门、全钢板大门、特种门、围墙铁丝门共 5 个子目。均按樘计算。厂库房大门工程量清单项目设置及计算规则应按表 7-44 的规定执行。

表 7-44 厂库房大门、特种门（编码：010501）

项目编码	项目名称	项目特征	计量单位	工程量计算规则	工程内容
010501001	木板大门	1. 开启方式 2. 有框、无框 3. 含门扇数 4. 材料品种、规格 5. 五金种类、规格 6. 防护材料种类 7. 油漆品种、刷漆遍数	樘/m²	按设计图示数量或设计图示洞口尺寸以面积计算	1. 门（骨架）制作、运输 2. 门、五金配件安装 3. 刷防护材料、油漆
010501002	钢木大门				
010501003	全钢板大门				
010501004	特种门				
010501005	围墙钢丝门				

① "木板大门"项目适用于厂库房的平开、推拉、带观察窗、不带观察窗等各类型木板大门。

a. 工程量按樘数计算（与基础定额不同）。

b. 需描述每樘门所含门扇数和有框或无框。

② "钢木大门"项目适用于厂库房的平开、推拉、单面铺木板、双单铺木板、防风型、保暖型等各类型钢木大门。

a. 钢骨架制作安装包括在报价内。

b. 防风型钢木门应描述防风材料或保暖材料。

③ "全钢板门"项目适用于厂库房的平开、推拉、折叠、单面铺钢板、双面铺钢板等各类型全钢板门。

④ "特种门"项目适用于各种防射线门、密闭门、保温门、隔音门、冷藏库门、冷冻结间门等特殊使用功能门。

⑤ "围墙铁丝门"项目适用于钢管骨架铁丝门、角钢骨架铁丝门、木骨架铁丝门等。

(2) 木屋架：木屋架包括木屋架和钢木屋架两个子目，均按榀计算。木屋架工程量清单项目设置及计算规则应按表 7-45 的规定执行。

表 7-45 木屋架（编码：010502）

项目编码	项目名称	项目特征	计量单位	工程量计算规则	工程内容
010502001	木屋架	1. 跨度 2. 安装高度 3. 材料品种、规格 4. 刨光要求 5. 防护材料种类 6. 油漆品种、刷漆遍数	榀	按设计图示数量计算	1. 制作、运输 2. 安装 3. 刷防护材料、油漆
010502002	钢木屋架				

"木屋架"项目适用于各种方木、圆木屋架。"钢木屋架"项目适用于各种方木、圆木的钢木组合屋架。应注意：钢拉杆（下弦拉杆）、受拉腹杆、钢夹板、连接螺栓应包括在报价内。

(3) 木构件：木构件包括木柱、木梁、木楼梯、其他木构件 4 个子目。其中木柱和木梁按立方米计算，木楼梯按平方米计算，其他木构件按立方米计算。木构件清单编码为 010503。

"木柱""木梁"项目适用于建筑物各部位的柱、梁。"木楼梯"项目适用于楼梯和爬梯。"其他木构件"项目适用于斜撑、传统民居的垂花、花芽子、封檐板、博风板等构件。

> **特别提示**
>
> (1) 冷藏门、冷冻间门、保温门、变电室门、隔音门、防射线门、人防门、金库门等，应按《建设工程工程量清单计价规范》A.5.1 中特种门项目编码列项。
>
> (2) 屋架的跨度应以上、下弦中心线两交点之间的距离计算。
>
> (3) 带气楼的屋架和马尾、折角以及正交部分的半屋架，应按相关屋架项目编码列项。
>
> (4) 木楼梯的栏杆（栏板）、扶手，应按《建设工程工程量清单计价规范》B.1.7 中相关项目编码列项。

6) 金属结构工程

按照《建设工程工程量清单计价规范》，金属结构工程工程量清单项目设置分钢屋架、钢网架、钢托梁、钢桁架、钢柱、钢梁、压型钢板楼板、墙板、钢构件、金属网共7节。

(1) 钢屋架、钢网架：钢屋架、钢网架包括钢屋架和钢网架两个子目，均按吨或榀计算。"钢屋架"项目适用于一般钢屋架和轻钢屋架、冷弯薄壁型钢屋架。钢屋架、钢网架工程量清单项目设置及计算规则应按表7-46的规定执行。

表7-46 钢屋架、钢网架（编码：010601）

项目编码	项目名称	项目特征	计量单位	工程量计算规则	工程内容
010601001	钢屋架	1. 钢材品种、规格 2. 单榀屋架的重量 3. 屋架跨度、安装高度 4. 探伤要求 5. 油漆品种、刷漆遍数	T（榀）	按设计图示尺寸以质量计算。不扣除孔眼、切边、切肢的质量，焊条、铆钉、螺栓等不另增加质量，不规则或多边形钢板以其外接矩形面积乘以厚度乘以单位理论质量计算	1. 制作 2. 运输 3. 拼装 4. 安装 5. 探伤 6. 刷油漆

(2) 钢托梁、钢桁架：钢托梁、钢桁架包括钢托梁和钢桁架两个子目，均按吨计算。钢托架、钢桁架清单编码为010602。

(3) 钢柱：钢柱包括实腹柱、空腹柱、钢管柱3个子目，均按吨计算。"实腹柱"项目适用于实腹钢柱和实腹式型钢混凝土柱。"空腹柱"项目适用于空腹钢柱和空腹型钢混凝土柱。钢柱工程量清单项目设置及计算规则应按表7-47的规定执行。

表7-47 钢柱（编码：010603）

项目编码	项目名称	项目特征	计量单位	工程量计算规则	工程内容
010603001	实腹柱	1. 钢材品种、规格 2. 单根柱重量 3. 探伤要求 4. 油漆品种、刷漆遍数	t	按设计图示尺寸以质量计算。不扣除孔眼、切边、切肢的质量，焊条、铆钉、螺栓等不另增加质量，不规则或多边形钢板，以其外接矩形面积乘以厚度乘以单位理论质量计算，依附在钢柱上的牛腿及悬臂梁等并入钢柱工程量内	1. 制作 2. 运输 3. 拼装 4. 安装 5. 探伤 6. 刷油漆
010603002	空腹柱				

(4) 钢梁：钢梁包括钢梁和钢吊车梁两个子目，均按吨计算。钢梁清单编码为010604。"钢梁"项目适用于钢梁和实腹式型钢混凝土梁、空腹式型钢混凝土梁。"钢吊车梁"项目适用于钢吊车梁及吊车梁的制动梁、制动板、制动桁架，车挡应包括在报价内。

(5) 压型钢板楼板、墙板：压型钢板楼板、墙板包括压型钢板楼板和压型钢板墙板两个子目，均按平方米计算。压型钢板、楼板、墙板清单编码为010605。"压型钢板楼板"

项目适用于现浇混凝土楼板,使用压型钢板作永久性模板,并与混凝土叠合后组成共同受力的构件。压型钢板采用镀锌或经防腐处理的薄钢板。

(6) 钢构件:钢构件包括钢支撑、钢檩条、钢天窗架、钢挡风架、钢墙架、钢平台、钢走道、钢梯、钢栏杆、钢漏斗、钢支架、零星钢构件12个子目,均按吨计算。钢构件清单编码为010606。

(7) 金属网:金属网只有金属网1个子目,按平方米计算。金属网清单编码为010607。

> **特别提示**
>
> 型钢混凝土柱、梁浇筑混凝土和压型钢板楼板上浇筑钢筋混凝土,混凝土和钢筋应按《建设工程工程量清单计价规范》A.4中相关项目编码列项。
>
> 加工铁件等小型构件,应按《建设工程工程量清单计价规范》A.6.6中零星钢构件项目编码列项。

7) 屋面及防水工程

按照《建设工程工程量清单计价规范》,屋面及防水工程工程量清单项目设置分为瓦、型材屋面,屋面防水,墙、地面防水、防潮共3节。

(1) 瓦、型材屋面:瓦、型材屋面括包瓦屋面、型材屋面、膜结构屋面3个子目。均按平方米计算。瓦、型材屋面工程量清单项目设置及计算规则应按表7-48的规定执行。

表7-48 瓦、型材屋面(编码:010701)

项目编码	项目名称	项目特征	计量单位	工程量计算规则	工程内容
010701001	屋面瓦	1. 瓦品种、规格、品牌、颜色 2. 防水材料种类 3. 基层材料种类 4. 檩条种类、截面 5. 防护材料种类	m²	按设计图示尺寸以斜面积计算。不扣除房上烟囱、风帽底座、风道、小气窗、斜沟等所占面积,小气窗的出檐部分不增加面积	1. 檩条、椽子安装 2. 基层铺设 3. 铺防水层 4. 安顺水条和挂瓦条 5. 安瓦 6. 刷防护材料
0107002	型材屋面	1. 型材品种、规格、品牌、颜色 2. 骨架材料品种、规格 3. 接缝、嵌缝材料种类			1. 骨架制作、运输、安装 2. 屋面型材安装 3. 接缝、嵌缝
0107003	膜结构屋面	1. 膜布品种、规格、颜色 2. 支柱(网架)钢材品种、规格 3. 钢丝绳品种、规格 4. 油漆品种、刷漆遍数		按设计图示尺寸以需要覆盖的水平面积计算	1. 膜布热压胶接 2. 支柱(网架)制作、安装 3. 膜布安装 4. 穿钢丝绳、锚头锚固 5. 刷油漆

①"瓦屋面"项目适用于小青瓦、平瓦、筒瓦、石棉水泥瓦、玻璃钢波形瓦等。屋面基层包括檩条、椽子、木屋面板、顺水条、挂瓦条等;木屋面板应明确启口、错口、平口接缝。

②"型材屋面"项目适用于压型钢板、金属压型夹心板、阳光板、玻璃钢等。型材屋面的钢檩条或木檩条以及骨架、螺栓、挂钩等应包括在报价内。

③"膜结构屋面"项目适用于膜布屋面。

(2) 屋面防水:屋面防水包括屋面卷材防水、屋面涂膜防水、屋面刚性防水、屋面排水管、屋面天沟或沿沟5个子目。其中屋面排水管按米计算,其余均按平方米计算。屋面防水工程量清单项目设置及计算规则应按表7-49的规定执行。

表7-49 屋面防水(编码:010702)

项目编码	项目名称	项目特征	计量单位	工程量计算规则	工程内容
010702001	屋面卷材防水	1. 卷材品种、规格 2. 防水层做法 3. 嵌缝材料种类 4. 防护材料种类	m²	按设计图示尺寸以面积计算 (1) 斜屋顶(不包括平屋顶找坡)按斜面积计算,平屋顶按水平投影面积计算。 (2) 不扣除房上烟囱、风帽底座、风道、屋面小气窗和斜沟所占面积。 (3) 屋面的女儿墙、伸缩缝和天窗等处的弯起部分,并入屋面工程量内	1. 基层处理 2. 抹找平层 3. 刷底油 4. 铺油毡卷材、接缝、嵌缝 5. 铺保护层
010702002	屋面涂膜防水	1. 防水膜品种 2. 涂膜厚度、遍数、增强材料种类 3. 嵌缝材料种类 4. 防护材料种类			1. 基层处理 2. 抹找平层 3. 涂防水膜 4. 铺保护层
010702003	屋面刚性防水	1. 防水层厚度 2. 嵌缝材料种类 3. 混凝土强度等级		按设计图示尺寸以面积计算。不扣除房上烟囱、风帽底座、风道等所占面积	1. 基层处理 2. 混凝土制作、运输、铺筑、养护

①"屋面卷材防水"项目适用于利用胶结材料粘贴卷材进行防水的屋面。

②"屋面涂膜防水"项目适用于厚质涂料、薄质涂料和有加增强材料或无加增强材料的涂膜防水屋面。

③"屋面钢性防水"项目适用于细石混凝土、补偿收缩混凝土、块体混凝土、预应力混凝土和钢纤维混凝土刚性防水屋面

(3) 墙、地面防水、防潮:墙、地面防水、防潮包括卷材防水、涂膜防水、砂浆防水(潮)、变形缝4个子目。其中变形缝按米计算,其余均按平方米计算。墙、地面防水、防潮工程量清单项目设置及计算规则应按表7-50的规定执行。

①"卷材防水,涂膜防水"项目适用于基础、楼地面、墙面等部位的防水。抹找平层、刷基础处理剂、刷胶粘剂、胶粘防水卷材应包括在报价内。

②"砂浆防水(潮)"项目适用于地下、基础、楼地面、墙面等部位的防水防潮。

③"变形缝"项目适用于基础、墙体、屋面等部位的抗震缝、温度缝(伸缩缝)、沉降缝。应注意止水带安装、盖板制作安装应包括在报价内。

表7-50　墙、地面防水、防潮(编码：010703)

项目编码	项目名称	项目特征	计量单位	工程量计算规则	工程内容
010703001	卷材防水	1. 卷材、涂膜品种 2. 涂膜厚度、遍数、增强材料种类 3. 防水部位 4. 防水做法 5. 接缝、嵌缝材料种类	m²	按设计图示尺寸以面积计算 (1)地面防水：按主墙间净空面积计算，扣除凸出地面的构筑物、设备基础等所占面积，不扣除间壁墙及单个0.3m²以内的柱、垛、烟囱和孔洞所占面积。 (2)墙基防水：外墙按中心线，内墙按净长乘以宽度计算	1. 基层处理 2. 抹找平层 3. 刷粘结剂 4. 铺防水卷材 5. 铺保护层 6. 接缝、嵌缝
010703002	涂膜防水	1. 卷材、涂膜品种 2. 涂膜厚度、遍数、增强材料种类 3. 防水部位 4. 防水做法 5. 接缝、嵌缝材料种类 6. 防护材料种类	m²		1. 基层处理 2. 抹找平层 3. 刷基层处理剂 4. 铺涂膜防水层 5. 铺保护层
010703003	砂浆防水	1. 防水(潮)部位 2. 防水(潮)厚度、层数 3. 砂浆配合比 4. 外加剂材料种类	m²		1. 基层处理 2. 挂钢丝网片 3. 设置分格缝 4. 砂浆制作、运输、摊铺、养护
010703004	变形缝	1. 变形缝部位 2. 嵌缝材料种类 3. 止水带材料种类 4. 盖板材料 5. 防护材料种类	m	按设计图示以长度计算	1. 清缝 2. 填塞防水材料 3. 止水带安装 4. 盖板制作 5. 刷防护材料

特别提示

小青瓦、水泥平瓦、琉璃瓦等，应按《建设工程工程量清单计价规范》A.7.1中瓦屋面项目编码列项。

压型钢板、阳光板、玻璃钢等，应按《建设工程工程量清单计价规范》A.7.1中型材屋面编码列项。

【例7-9】某保温屋面如图7.8所示，平屋面女儿墙内侧净尺寸为29.76m×8.76m，保温屋面具体做法如下：①C25钢筋混凝土屋面板；②50mm厚干铺珍珠岩；③炉渣混凝土CL7.5找坡，平均厚30mm；④20mm厚1∶3水泥砂浆找平层；⑤SBS改性沥青卷材满铺一层，设计要求卷材在女儿墙处上卷250mm。

根据以上条件编制该屋面卷材防水的工程量清单。

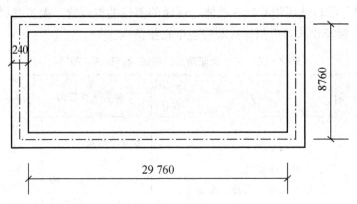

图 7.8 某保温屋面示意图

【解】屋面卷材防水清单工程量计算：

弯起部分工程量 = (29.76 + 8.76) × 2 × 0.25 = 19.26 (m²)

屋面防水层工程量 = 29.76 × 8.76 = 260.70 (m²)

防水层工程量 = 19.26 + 260.70 = 279.96 (m²)

屋面卷材防水工程量清单见表 7-51。

表 7-51 例 7-9 分部分项工程量清单

工程名称：××××工程　　　　　　　　　　　　　　　　　第　页　共　页

	项目编码	项目名称	项目特征	计量单位	工程量
1	010702001001	屋面卷材防水	(1) SBS 改性沥青卷材满铺一层，女儿墙处上卷 250mm (2) 20mm 厚 1:3 水泥砂浆找平层	m²	279.96

8) 防腐、隔热、保温工程

按照《建设工程工程量清单计价规范》，防腐、隔热、保温工程工程量清单项目设置包括防腐面层，其他防腐，隔热、保温共 3 节。

(1) 防腐面层：防腐面层包括防腐混凝土面层、防腐砂浆面层、防腐胶泥面层、玻璃钢防腐面层、聚氯乙烯面层、块料防腐面层 6 个子目。均按平方米计算。防腐面层工程量清单项目设置及计算规则应按表 7-52 的规定执行。

表 7-52 防腐屋面（编码：010801）

项目编码	项目名称	项目特征	计量单位	工程量计算规则	工程内容
010801001	防腐混凝土面层	1. 防腐部位 2. 面层厚度 3. 砂浆、混凝土、胶泥种类	m²	按设计图示尺寸以面积计算 (1) 平面防腐：扣除凸出地面的构筑物、设备基础等所占面积 (2) 立面防腐：砖垛等突出部分按展开面积并入墙面积内	1. 基层清理 2. 基层刷稀胶泥 3. 砂浆制作、运输、摊铺、养护 4. 混凝土制作、运输、摊铺、养护
010801002	防腐砂浆面层				

续表

项目编码	项目名称	项目特征	计量单位	工程量计算规则	工程内容
010801006	块料防腐面层	1. 防腐部位 2. 块料品种、规格 3. 黏结材料种类 4. 勾缝材料种类	m²	按设计图示尺寸以面积计算 (1) 平面防腐：扣除凸出地面的构筑、物、设备基础等所占面积 (2) 立面防腐：砖垛等突出部分按展、开面积并入墙面积内 (3) 踢脚板防腐：扣除门洞所占面积并相应增加门洞侧壁面积	1. 基层清理 2. 砌块料 3. 胶泥调制、勾缝

①"防腐混凝土面层"、"防腐砂浆面层"、"防腐胶泥面层"项目适用于平面或立面的水玻璃混凝土、水玻璃砂浆、水玻璃胶泥、沥青混凝土、沥青砂浆、沥青胶泥、树脂砂浆、树脂胶泥以及聚合物水泥砂浆等的防腐工程。

a. 因防腐材料不同价格上的差异，清单项目中必须列出混凝土、砂浆、胶泥的材料种类，如水玻璃混凝土、沥青混凝土等。

b. 如遇池槽防腐，池底和池壁可合并列项，也可分为池底面积和池壁防腐面积分别列项。

②"块料防腐面层"项目适用于地面、沟槽、基础的各类块料防腐工程。

a. 防腐蚀块料粘贴部位(地面、沟槽、基础、踢脚线)应在清单项目中进行描述。

b. 防腐蚀块料的规格、品种(磁板、铸石板、天然石板等)应在清单项目中进行描述。

(2) 其他防腐：其他防腐包括隔离层、砌筑沥青浸渍砖、防腐涂料3个子目。其中砌筑沥青浸渍砖按立方米计算，其余均按平方米计算。清单编码为010802。

(3) 隔热、保温：隔热、保温包括保温隔热屋面、保温隔热天棚、保温隔热墙、保温柱、隔热楼地面5个子目。均按平方米计算。隔热、保温工程量清单项目设置及计算规则应按表7-53的规定执行。

①"保温隔热屋面"项目适用于各种材料的屋面隔热保温。

a. 屋面保温隔热层上的防水层应按屋面的防水项目单独列项。

b. 预制隔热板屋面的隔热板与砖墩分别按混凝土及钢筋混凝土工程和砌筑工程相关项目编码列项。

c. 屋面保温隔热的找坡、找平层应包括在报价内，如果屋面防水层项目包括找平层和找坡，屋面保温隔热不再计算，以免重复。

②"保温隔热天棚"项目适用于各种材料的下贴式或吊顶上搁置式的保温隔热的天棚。

a. 下贴式如需底层抹灰时，应包括在报价内。

b. 保温隔热材料需加药物防虫剂时，应在清单中进行描述。

③"保温隔热墙"项目适用于工业与民用建筑物外墙、内墙保温隔热工程。

a. 外墙内保温和外保温的面层应包括在报价内，装饰层应按附录B相关项目编码列项。

b. 外墙内保温的内墙保温踢脚线应包括在报价内。

c. 外墙外保温、内保温、内墙保温的基层抹灰或刮腻子应包括在报价内。

表7-53 隔热、保温（编码：010803）

项目编码	项目名称	项目特征	计量单位	工程量计算规则	工程内容
010803001	保温隔热屋面	1. 保温隔热部位 2. 保温隔热方式（内保温、外保温、夹心保温） 3. 踢脚线、勒脚线保温做法 4. 保温隔热面层材料品种、规格、性能 5. 保温隔热材料品种、规格 6. 隔气层厚度 7. 黏结材料种类 8. 防护材料种类	m²	按设计图示尺寸以面积计算。不扣除柱、垛所占面积	1. 基层清理 2. 铺粘保温层 3. 刷防护材料
010803002	保温隔热顶棚				
010803003	保温隔热墙			按设计图示尺寸以面积计算。扣除门窗洞口所占面积；门窗洞口侧壁需做保温时，并入保温墙体工程量内	1. 基层清理 2. 底层抹灰 3. 粘贴龙骨 4. 填贴保温材料 5. 粘贴面层 6. 嵌缝 7. 刷防护材料
010803004	保温柱			按设计图示以保温层中心线展开长度乘以保温层高度计算	
010803005	隔热楼地面			按设计图示尺寸以面积计算。不扣除柱、垛所占面积	1. 基层清理 2. 铺设粘贴材料 3. 铺贴保温层 4. 刷防护材料

特别提示

保温隔热墙的装饰面层，应按《建设工程工程量清单计价规范》B.2中相关项目编码列项。

柱帽保温隔热应并入天棚保温隔热工程量内。

池槽保温隔热，池壁、池底应分别编码列项，池壁应并入墙面保温隔热工程量内，池底应并入地面保温隔热工程量内。

【例7-10】某保温屋面平屋面女儿墙内侧净尺寸为29.76m×8.76m，已知条件同例7-9和图7.8所示。保温屋面具体做法如下：①C25钢筋混凝土屋面板；②50mm厚干铺珍珠岩；③炉渣混凝土CL7.5找坡，平均厚30mm；④20mm厚1：3水泥砂浆找平层；⑤SBS改性沥青卷材满铺一层，设计要求卷材在女儿墙处上卷250mm。

根据以上条件编制该保温隔热屋面的工程量清单。

【解】保温隔热屋面清单工程量计算：

保温隔热屋面工程量＝29.76×8.76＝260.70(m²)

保温隔热屋面工程量清单见表7-54：

表 7-54 例 7-10 分部分项工程量清单

	项目编码	项目名称	项目特征	计量单位	工程量
1	010803001001	保温隔热屋面	1. 炉渣混凝土 CL7.5 找坡，平均厚 30mm 2. 50mm 厚干铺珍珠岩	m²	260.70

2. 附录 B 装饰装修工程工程量清单项目及计算规则

装饰装修工程工程量清单的实体项目共设置了楼地面工程，墙柱面工程，天棚工程，门窗工程，油漆、涂料、裱糊工程及其他工程等 6 个部分，在《建设工程工程量清单计价规范》的附录 B "装饰装修工程工程量清单项目及计算规则"里分别把 6 个部分划分为实体项目的 6 个章节。各章节的工程量清单设置情况见表 7-55。

表 7-55 装饰装修工程工程量清单项目设置情况一览表

	分部项目名称	分节数及分项工程数量	项目编码范围
装饰装修工程工程量清单项目	楼地面工程	9 小节 43 个项目	020101×××～020109×××
	墙柱面工程	10 小节 25 个项目	020201×××～020210×××
	天棚工程	3 小节 9 个项目	020301×××～020303×××
	门窗工程	9 小节 59 个项目	020401×××～020409×××
	油漆、涂料、裱糊工程	9 小节 30 个项目	020501×××～020509×××
	其他工程	7 小节 49 个项目	020601×××～020607×××
合　　计		47 小节 215 个项目	

附录 B 清单项目适用于采用工程量清单计价的装饰装修工程，下面分别介绍各部分的工程量清单编制内容与方法。

1）楼地面工程

本章共 9 节 43 个项目。包括整体面层、块料面层、橡塑面层、其他材料面层、踢脚线、楼梯装饰、扶手栏杆栏板装饰、台阶装饰、零星装饰等（见表 7-56）。适用于楼地面、楼梯、台阶等装饰工程。

（1）工程内容：楼地面是指楼面和地面，其主要构造层次一般为基层、垫层和面层，必要时可增设填充层、隔离层、找平层、结合层等。根据《建筑工程工程量清单计价规范》附录 B 对楼地面工程的分类方法，对各种楼地面工程的工程内容可以进行下面的描述。

① 整体面层（020101）工程内容：基层清理，铺设垫层，抹找平层，铺设防水层，铺抹面层。

其中现浇水磨石面层可能发生嵌缝、磨光、酸洗、打蜡的工作，菱苦土面层可能有打蜡的内容。

② 块料面层（020102）工程内容：基层清理，铺设垫层，抹找平层，铺设防水层，铺设面层，嵌缝及面层处理。

面层处理可包括刷防护材料及酸洗、打蜡等工作。

表7-56 楼地面工程工程量清单项目设置

分节名称		分项工程名称	项目编码
楼地面工程	整体面层	水泥砂浆楼地面、现浇水磨石楼地面、细石混凝土地面、菱苦土楼地面	020101001~020101004
	块料面层	石材楼地面、块料楼地面	020102001~020102002
	橡塑面层	橡胶板楼地面、橡胶卷材楼地面、塑料板楼地面、塑料卷材楼地面	020103001~020103004
	其他材料面层	楼地面地毯、竹木地板、防静电活动地板、金属复合地板	020104001~020104004
	踢脚线	水泥砂浆踢脚线、石材踢脚线、块料踢脚线、现浇水磨石踢脚线、塑料板踢脚线、木质踢脚线、金属踢脚线、防静电踢脚线	020105001~020105008
	楼梯装饰	石材楼梯面层、块料楼梯面层、水泥砂浆楼梯面、现浇水磨石楼梯面、地毯楼梯面、木板楼梯面	020106001~020106006
	扶手、栏杆、栏板装饰	金属扶手带栏杆、栏板、硬木扶手带栏杆、栏板、塑料扶手带栏杆、栏板、金属靠墙扶手、硬木靠墙扶手、塑料靠墙扶手	020107001~020107006
	台阶装饰	石材台阶面、块料台阶面、水泥砂浆台阶面、现浇水磨石台阶面、剁假石台阶面	020108001~020108005
	零星装饰项目	石材零星项目、碎拼石材零星项目、块料零星项目、水泥砂浆零星项目	020109001~020109004

③ 橡塑面层(020103)工程内容：基层清理，抹找平层，铺设填充层，铺贴面层，压缝条装钉。

④ 其他材料面层(020104)工程内容：基层清理，抹找平层，铺设填充层，铺设面层，面层处理。

其中竹木地板、防静电活动地板及金属复合地板需要龙骨或支架对面层进行固定。面层处理的工作常有刷防护材料、装钉压条、抛光打蜡等。

⑤ 踢脚线(020105)工程内容：基层清理，抹底层灰，铺贴面层，面层处理。

其中砂浆、石材、块料及塑料类踢脚线应进行勾缝，木质、金属类踢脚线应刷油漆。

⑥ 楼梯装饰(020106)工程内容：基层清理，抹找平层，铺抹面层，面层处理。

对于整体面层和块料面层的楼梯装饰，面层处理包括嵌(抹)防滑条，刷防护材料，酸洗、打蜡等工作；对于地毯楼梯面的面层处理工作主要有装钉压条、刷防护材料；对于木板楼梯面的面层处理则是刷防护材料与油漆，同时找平层与木板面层之间常铺设毛板基层。

⑦ 扶手、栏杆、栏板装饰(020107)工程内容：制作，运输，安装，刷防护材料与油漆。

对于楼梯、阳台、走廊、回廊及其他的装饰性扶手、栏杆、栏板,均按此小节进行清单列项。

⑧ 台阶装饰(020108)工程内容:基层清理,铺设垫层,抹找平层,铺抹面层及面层处理。

除剁假石台阶面的面层处理方式是剁假石外,其他类型台阶面均应嵌(抹)防滑条。石材、块料台阶面还需刷防护材料,现浇水磨石台阶面需打磨、酸洗、打蜡。

⑨ 零星装饰项目(020109)工程内容:基层清理,抹找平层,铺抹面层。

对于石材及块料零星项目,尚有勾缝刷防护材料及酸洗、打蜡等工作内容。

零星装饰项目适用于面积在 $0.5m^2$ 以内少量分散的楼地面装饰,其工程部位或名称应在清单项目中进行描述。楼梯、台阶侧面的装饰可以按零星装饰项目进行编码列项。

上述所有楼地面工程中都可能发生材料运输的工作内容,应把运输的费用考虑到各分项工程报价中。

(2) 项目特征描述:

① 垫层、找平层、防水层的项目特征包括材料种类、厚度、砂浆配合比等内容。

② 面层的项目特征包括面层材料品种、规格、颜色,嵌缝、防滑材料种类,防护材料种类,酸洗、打蜡要求等内容。

③ 踢脚线的项目特征包括其高度,底层和面层材料的品种、规格、配合比等内容。

④ 扶手、栏杆、栏板的项目特征包括材料种类、规格、品种、颜色,固定配件种类,油漆等内容。

⑤ 对于架空的楼地面工程,除考虑龙骨(支架)材料种类、规格、铺设间距外,还应在项目特征描述里说明填充材料的种类、厚度等内容。

(3) 工程量计算规则:楼地面工程的清单工程量基本上是按设计图示尺寸以面积计算。具体计算规则视楼地面种类不同而有所区别。

① 整体面层,块料面层(020101,020102)按设计图示尺寸以面积计算。扣除凸出地面构筑物、设备基础、室内铁道、地沟等所占面积,不扣除间壁墙和 $0.3m^2$ 以内的柱、垛、附墙烟囱及孔洞所占面积。门洞、空圈、暖气包槽、壁龛的开口部分不增加面积。

② 橡塑面层,其他材料面层(020103,020104)按设计图示尺寸以面积计算。门洞、空洞、空圈、暖气包槽、壁龛的开口部分并入相应的工程量内。

③ 踢脚线(020105)按设计图示长度乘以高度以面积计算。

④ 楼梯装饰(020106)按设计图示尺寸以楼梯(包括踏步、休息平台及 500mm 以内的楼梯井)水平投影面积计算。楼梯与楼地面相连时,算至梯口梁外侧边沿;无梯口梁者,算至最上一层踏步边沿加 300mm。

⑤ 扶手、栏杆、栏板装饰(020107)按设计图示尺寸以扶手中心线长度(包括弯头长度)计算。

⑥ 台阶装饰(020108)按设计图示尺寸以台阶(包括最上层踏步沿加 300mm)水平投影面积计算。

⑦ 零星装饰项目(020109)按设计图示尺寸以面积计算。

> **特别提示**
>
> 包括垫层的地面和不包括垫层的楼面应分别计算工程量,分别编码(第五级编码)列项。

【例 7-11】如图 4.2 所示房间外墙为 490 厚砖墙,室内独立柱断面为 400×400,采用花岗岩铺贴地面,花岗岩板厚 25mm,垫层为 C10 素混凝土厚 60mm,1:3 水泥砂浆找平厚 25mm,采用 5mm 厚 1:1 水泥砂浆粘结;并采用同品质大理石板镶贴踢脚线,高 100mm,1:2 水泥砂浆 15mm 粘贴,踢脚线不贴入门洞内侧,门齐内墙面安装,门洞宽 900mm,门窗框为 60×90mm。试编制地面及踢脚线的工程量清单。

【解】块料面层按设计图示尺寸以面积计算。扣除 0.3m² 以上的柱、垛、附墙烟囱及孔洞所占面积。门洞的开口部分不增加面积。本例镶贴大理石面层的工程量为

(6.74−0.49×2)×(4.74−0.49×2)−0.90×0.50=21.21(m²)

踢脚线按设计图示长度乘以高度以面积计算。

踢脚线长=(6.74−0.49×2)×2+(4.74−0.49×2)×2−0.9+0.4×4=19.74(m)

踢脚线面积=19.74×0.1=1.974(m²)

工程量清单见表 7-57。

表 7-57 例 7-11 分部分项工程量清单

序号	项目编号	项目名称	项目特征	计量单位	数量
1	020102001001	石材楼地面	1. 花岗岩板厚 25mm,5mm 厚 1:1 水泥砂浆粘结 2. 1:3 水泥砂浆找平层厚 25mm 3. C10 素混凝土垫层厚 60mm	m²	21.21
2	020105002001	石材踢脚线	1. 踢脚线高 100mm 2. 1:2 水泥砂浆 15mm 粘贴	m²	1.97

【例 7-12】某建筑物门前台阶如图 4.3 所示,台阶做法为毛面花岗岩面层厚 20mm,水泥砂浆擦缝;1:1 水泥砂浆结合层厚 5mm;1:3 水泥砂浆找平厚 20mm;C15 素混凝土垫层厚 100mm 向外排水坡度 1%,并在其下垫 150mm 厚压实碎石,每个踏步高 150mm。试编制台阶及其饰面的工程量清单。

【解】台阶装饰平台面积=5×3.5=17.5m²>10m²,故,台阶饰面分成台阶和楼地面两部分列清单项目。

(1) 台阶工程量=(5+0.3×2)×(3.5+0.3×2)−(5−0.3)×(3.5−0.3)
           =22.96−15.04=7.92(m²)

(2) 平台面层工程量=(5−0.3)×(3.5−0.3)=15.04(m²)

混凝土台阶及其饰面工程量清单见表 7-58:

表 7-58 例 7-12 分部分项工程量清单

序号	项目编号	项目名称	项目特征	计量单位	工程数量
1	010407001001	混凝土台阶	1. 构件的类型：台阶 2. 混凝土强度等级：C15 3. 混凝土拌和料要求：自拌混凝土	m^2	7.92
2	020108001001	石材台阶面	1. 找平层厚度、砂浆配合比：1:3 水泥砂浆找平厚 20mm 2. 黏结层材料种类：1:1 水泥砂浆结合层厚 5mm 3. 面层材料品种、规格、品牌、颜色：毛面花岗岩面层厚 20mm 4. 勾缝材料种类：水泥砂浆擦缝	m^2	7.92
3	020102001001	石材楼地面	1. 垫层：150mm 压实碎石；C15 素混凝土垫层厚 100mm 2. 找平层：1:3 水泥砂浆找平厚 20mm 3. 黏结层：1:1 水泥砂浆结合层厚 5mm 4. 面层材料：毛面花岗岩面层厚 20mm 5. 勾缝材料种类：水泥砂浆擦缝	m^2	15.04

【例 7-13】图 4.4 所示为某两层办公楼的楼梯布置图，图中尺寸单位为 mm。楼梯踏步贴芝麻白大理石面层厚 20mm，并以稀水泥浆擦缝，1:3 干硬性水泥砂浆结合层；楼梯栏杆做法为型钢栏杆，DN50 圆钢扶手，防锈漆底一遍，银粉漆面两遍。栏杆安装位置距离边线为 10mm，每 10m 扶手及栏杆的重量为 89kg（其中：圆钢 54kg，扁铁 35kg）。试编制上述项目的工程量清单。

【解】楼梯装饰按设计图示尺寸以楼梯（包括踏步、休息平台及 500mm 以内的楼梯井）水平投影面积计算。因楼梯井的宽度超过 500mm，故楼梯贴面的工程量为

$(1.6 \times 2 + 0.76) \times 4.9 - 0.76 \times 3.3 = 16.90 (m^2)$

扶手中心线长度为

$\sqrt{0.3^2 + 0.15^2} \times (11.5 + 12) + (0.76 + 0.02) \times 2 + (1.6 - 0.01) = 11.03 (m)$

工程量清单见表 7-59。

表 7-59 例 7-13 分部分项工程量清单

序号	项目编号	项目名称	项目特征	计量单位	工程数量
4	020106001001	石材楼梯面层	（1）粘结层：1:3 干硬性水泥砂浆结合层 （2）面层：芝麻白大理石面层厚 20mm （3）勾缝材料种类：稀水泥浆擦缝	m^2	16.9

续表

序号	项目编号	项目名称	项目特征	计量单位	工程数量
5	020107001001	金属扶手带栏杆、栏板	(1) 扶手：DN50 圆钢扶手 (2) 栏杆材料：型钢栏杆，每1m扶手及栏杆重量为89kg（其中：圆钢54kg，扁铁35kg） (3) 油漆品种、刷漆遍数：防锈漆底一遍，银粉漆面两遍	m	11.03

2) 墙柱面工程

本章共10节25个项目。包括墙面抹灰、柱面抹灰、零星抹灰、墙面镶贴块料、柱面镶贴块料、零星镶贴块料，墙饰面、柱（梁）饰面、隔断、幕墙等工程（见表7-60）。适用于一般抹灰、装饰抹灰工程。

表7-60 墙柱面工程工程量清单项目设置表

	分节名称	分项工程名称	项目编码
楼柱面工程	墙面抹灰	墙面一般抹灰、墙面装饰抹灰、墙面勾缝	020201001～020201003
	柱面抹灰	柱面一般抹灰、柱面装饰抹灰、柱面勾缝	020202001～020202003
	零星抹灰	零星项目一般抹灰、零星项目装饰抹灰	020203001～020203002
	墙面镶贴块料	石材墙面、碎拼石材墙面、块料墙面、干挂石材钢骨架	020204001～020204004
	柱面镶贴块料	石材柱面、碎拼石材柱面、块料柱面、石材梁面、块料梁面	020205001～020205005
	零星镶贴块料	石材零星项目、碎拼石材零星项目、块料零星项目	020206001～020206003
	墙饰面	装饰板墙面	020207001
	柱（梁）饰面	柱（梁）面装饰	020208001
	隔断	隔断	020209001
	幕墙	带骨架幕墙、全玻幕墙	020210001～020210002

(1) 工程内容：墙面装修按材料和施工方法不同分为抹灰、贴面、涂刷和裱糊4类。抹灰分为一般抹灰和装饰抹灰。块料饰面板包括石材饰面板、陶瓷面砖、玻璃面砖、金属饰面板、塑料饰面板、木质饰面板等。本分部工程适用于一般抹灰、装饰抹灰工程，涂刷、裱糊应在"油漆、涂料、裱糊工程"中列项。

① 墙面抹灰，柱面抹灰，零星抹灰（020201，020202，020203）工程内容：基层清理，砂浆制作、运输，底层抹灰，抹面层或装饰面，勾分格缝。

> **特别提示**
>
> 　　石灰砂浆、水泥混合砂浆、聚合物水泥砂浆、麻刀石灰、纸筋石灰、石膏灰等应按一般抹灰项目编码列项;水刷石、水磨石、斩假石(剁斧石)、干粘石、假面砖等应按装饰抹灰项目编码列项。零星抹灰项目适用于小面积($0.5m^2$)以内少量分散的抹灰。
> 　　墙(柱)面勾缝清单项目的工程内容一般只有基层清理,砂浆制作、运输及勾缝3项。

　　② 墙面镶贴块料,柱面镶贴块料,零星镶贴块料(020204,020205,020206)工程内容:基层清理,砂浆制作、运输,底层抹灰,结合层铺贴,面层铺设,嵌缝,刷防护材料,磨光、酸洗、打蜡。

> **特别提示**
>
> 　　其中面层铺设有铺贴、挂贴、干挂等3种形式。零星镶贴块料面层项目适用于小面积($0.5m^2$)以内少量分散的块料面层。
> 　　干挂石材钢骨架清单项目的工程内容只有两项:一是骨架制作、运输、安装,另一项为骨架油漆。

　　③ 装饰板墙面,柱(梁)面装饰(020207,020208)工程内容:基层清理,砂浆制作、运输,底层抹灰,龙骨制作、运输、安装,钉隔离层,基层铺钉,面层铺贴,刷防护材料、油漆。

　　④ 隔断(020209)工程内容:骨架及边框制作、运输、安装,隔板制作、运输、安装,嵌缝、塞口,装钉压条,刷防护材料、油漆。

　　⑤ 幕墙(020210)工程内容:骨架制作、运输、安装,面层安装,嵌缝、塞口,清洗。其中全玻幕墙清单项目的工作内容一般不需要骨架的制运安。

　　(2) 项目特征描述:对于墙柱面抹灰及零星抹灰工程,清单项目的特征描述包括如下内容。

　　① 墙柱体类型。
　　② 底层、面层的厚度、砂浆配合比。
　　③ 装饰面材料种类。
　　④ 分格缝宽度、材料种类。
　　⑤ 勾缝类型、材料种类。

对于墙柱面镶贴块料及零星镶贴块料工程,清单项目的特征描述应包括如下内容。

　　① 墙柱体类型,柱体尚应描述截面尺寸。
　　② 底层厚度、砂浆配合比。
　　③ 粘结层厚度、材料种类。
　　④ 面层材料品种、规格、品牌、颜色,面层材料的铺挂方式。
　　⑤ 嵌缝、防护材料种类,磨光、酸洗、打蜡要求。

对于墙柱饰面工程,清单项目的特征描述包括如下内容。

① 墙柱体类型。
② 底层厚度、砂浆配合比。
③ 龙骨材料种类、规格、中距。
④ 面层材料品种、规格、品牌、颜色。
⑤ 隔离层、基层、压条及防护材料的材料种类、规格。
⑥ 油漆品种与油漆遍数。

对于隔断工程，清单项目的特征描述包括如下内容。
① 骨架、边框材料种类与规格。
② 隔板材料品种、规格、品牌、颜色。
③ 嵌缝、塞口、压条、防护材料的种类。
④ 油漆品种与油漆遍数。

> **特别提示**
>
> 带骨架幕墙清单项目的特征描述应包括：骨架材料种类、规格及中距，面层材料品种、规格、品牌、颜色，面层固定方式，嵌缝、塞口材料种类。
>
> 全玻幕墙清单项目的特征描述则是：玻璃品种、规格、品牌、颜色，粘结塞口材料种类，固定方式。

（3）工程量计算规则：墙柱面工程的清单工程量计算原则上是按设计图示尺寸以面积计算。

① 墙面：墙面抹灰按设计图示尺寸以面积计算。计算时，扣除墙裙、门窗洞口及单个 $0.3m^2$ 以上的孔洞所占面积，不扣除踢脚线、挂镜线和墙与构件交接处的面积；门窗洞口和孔洞的侧壁及顶面不增加面积；附墙柱、梁、垛、烟囱侧壁并入相应的墙面面积内。

墙面镶贴块料按设计图示尺寸以面积计算，其中干挂石材钢骨架按设计图示尺寸以质量计算。

墙饰面按设计图示墙净长乘以净高以面积计算。计算时，扣除门窗洞口及单个 $0.3m^2$ 以上的孔洞所占面积。

② 柱面：柱面抹灰按设计图示柱断面周长乘以高度以面积计算。

柱面镶贴块料按设计图示尺寸以镶贴表面积计算。

柱（梁）饰面按设计图示饰面外围尺寸以面积计算，柱帽、柱墩并入相应柱饰面工程量内计算。

③ 零星抹灰、镶贴块料按设计图示尺寸以面积计算。

④ 隔断按设计图示框外围尺寸以面积计算。计算时，扣除单个 $0.3m^2$ 以上的孔洞所占面积；浴厕门的材质与隔断相同时，门的面积并入隔断内计算。

⑤ 幕墙：带骨架幕墙按设计图示框外围尺寸以面积计算。计算时，与幕墙同种材质的窗所占面积不扣除。全玻璃幕墙按设计图示尺寸以面积计算，带肋全玻璃幕墙按展开面积计算。

> **特别提示**
>
> 墙面抹灰不扣除与构件交接处的面积,是指墙与梁的交接处所占面积,不包括墙与楼板的交接。
> 裙抹灰面积,按其长度乘以高度计算,是指按外墙裙的长度。
> 一般抹灰和装饰抹灰及勾缝,以柱断面周长乘以高度计算,柱断面周长是指结构断面周长。
> 装饰板柱(梁)面按设计图示外围饰面尺寸乘以高度(长度)以面积计算。外围饰面尺寸是饰面的表面尺寸。
> 全玻璃幕墙是指玻璃幕墙带玻璃肋,玻璃肋的工程量应合并在玻璃幕墙工程量内计算。

【例7-14】某建筑物钢筋混凝土柱14根,构造如图4.5所示,若柱面采用挂贴花岗岩面层,厚20mm,灌缝砂浆为1:3水泥砂浆厚50mm。试编制柱面湿挂花岗石面层项目的工程量清单。

【解】柱面贴块料面层按外围饰面尺寸乘以高度计算。计算外围尺寸应在拐角处加上砂浆厚度和块料面层之和的尺寸计算工程量,则镶贴的柱断面如图4.5(b)所示。

(1) 柱身挂贴花岗岩工程量为

$0.64 \times 4 \times 3.2 \times 14 = 114.69 (m^2)$

(2) 花岗岩柱帽工程量按图示尺寸展开面积,本例柱帽为倒置四棱台,即应计算四棱台的斜表面积,公式为

四棱台全斜表面积 = 1/2 × 斜高 × (上面的周边长 + 下面的周边长)

按图示尺寸代入,柱帽展开面积为

$\frac{1}{2} \times \sqrt{0.15^2 + 0.05^2} \times (0.64 \times 4 + 0.74 \times 4) \times 14 = 6.11 (m^2)$

(3) 柱面、柱帽工程量合并计算,即 114.69 + 6.11 = 120.8(m^2)。

(4) 每个镶贴块料柱帽需增加人工0.38个工日,则共增加人工0.38×14=5.32(工日)。

(5) 分部分项工程量清单见表7-61。

表7-61 例7-14分部分项工程量清单

序号	项目编号	项目名称	项目特征	计量单位	工程数量
1	020205001001	石材柱面	(1) 花岗石面层厚20mm。 (2) 混凝土柱500×500。 (3) 1:3水泥砂浆灌缝厚50mm。 (4) 其他:14个柱帽,共增加人工5.32工日	m^2	120.8

3) 天棚工程

本章共3节9个项目。包括天棚抹灰、天棚吊顶、天棚其他装饰(见表7-62)。适用于天棚装饰工程。

表 7-62 天棚工程工程量清单项目设置表

分节名称		分项工程名称	项目编码
天棚工程	天棚抹灰	天棚抹灰	020301001
	天棚吊顶	天棚吊顶、格栅吊顶、吊筒吊顶、藤条造型悬挂吊顶、织物软雕吊顶、网架(装饰)吊顶	020302001～020302006
	天棚其他装饰	灯带、送风口、回风口	020303001～020303002

(1) 工程内容：天棚抹灰多为一般抹灰，材料及组成同墙、柱面的一般抹灰。天棚吊顶由天棚龙骨、天棚基层、天棚面层组成。

① 天棚抹灰(020301)工作内容：基层清理，抹底层灰，抹面层灰，抹装饰线条。

② 天棚吊顶(020302)根据吊顶类型不同，其工作内容差别较大。

天棚吊顶：基层清理，龙骨安装，基层板铺贴，面层铺贴，嵌缝，刷防护材料。

格栅吊顶：基层清理，底层抹灰，安装龙骨，基层板铺贴，面层铺贴，刷防护材料。

吊筒吊顶：基层清理，底层抹灰，吊筒安装，刷防护材料、油漆。

藤条造型悬挂吊顶及织物软雕吊顶：基层清理，底层抹灰，龙骨安装，铺贴面层，刷防护材料、油漆。

网架(装饰)吊顶：基层清理，底层抹灰，面层安装，刷防护材料、油漆。

③ 天棚其他装饰(020303)工作内容：灯带清单项目的安装、固定；送风口、回风口清单项目的安装、固定，刷防护材料。

(2) 项目特征描述：天棚工程清单项目应按设计图示要求注明装饰位置，结构层材料名称，龙骨设置方式，构造尺寸要求，面层材料品种、规格，装饰造型要求，特殊工艺及材料处理要求等，并结合各项目所包含的工程内容，进行清单项目组合、编码、列项。

① 天棚抹灰：规范中设置了一个清单项目，天棚抹灰(020301001)。列清单项目时应根据设计要求，针对具体的项目特征、工程内容进行第五级编码列项。

> **特别提示**
>
> 一般情况下项目特征应描述：基层类型；抹灰材料种类、厚度，砂浆配合比；装饰线条道数等。其中，抹灰基层类型是指应区分现浇板、预制板或木条板等基层。线条的道数是以一个凸出的棱角为一道线。

② 天棚吊顶：清单项目依次为天棚吊顶、格栅吊顶、吊筒吊顶、藤条造型悬挂吊顶、织物软雕吊顶、网架(装饰)吊顶。各项目应针对具体的项目特征，结合工程内容进行编码、列项，各分项工程清单项目在列项时进行的项目特征描述如下。

天棚吊顶：吊顶形式；龙骨类型、材料种类、规格、中距；基层材料种类、规格；面层材料品种、规格、品牌、颜色；压条、嵌缝、防护材料种类、规格；油漆品种、刷漆遍数。

格栅吊顶：龙骨类型、材料种类、规格、中距；基层材料种类、规格；面层材料品种、规格、品牌、颜色；防护材料种类；油漆品种、刷漆遍数。

吊筒吊顶，藤条造型悬挂吊顶，织物软雕吊顶，网架（装饰）吊顶：底层厚度、砂浆配合比；面层或吊筒材料品种、规格、品牌、颜色；防护材料种类；油漆品种、刷漆遍数。当需要骨架时，应说明骨架材料的种类、规格。

③ 天棚其他装饰：对灯带清单项目的特征描述有灯带形式、尺寸；格栅片材料品种、规格、品牌、颜色；安装固定方式。对送（回）风口清单项目的特征描述为：风口材料品种、规格、品牌、颜色；安装固定方式；防护材料种类。

（3）工程量计算规则。

① 天棚抹灰，按设计图示尺寸以水平投影面积计算。不扣除间壁墙、垛、柱、附墙烟囱、检查口和管道所占面积。带梁天棚，梁两侧抹灰面积并入天棚面积内。板式楼梯底面抹灰按斜面积计算，锯齿形楼梯底板抹灰按展开面积计算。

② 天棚吊顶，按设计图示尺寸以水平投影面积计算。

天棚吊顶清单项目（020302001）天棚面中的灯槽及叠级、锯齿形、吊挂式、藻井式天棚面积不展开计算；不扣除间壁墙、检查口、附墙烟囱、柱垛和管道所占面积；扣除单个 0.3m² 以上的孔洞、独立柱及与天棚相连的窗帘盒所占的面积。

③ 天棚其他装饰，灯带按设计图示尺寸以框外围面积计算，送风口、回风口按设计图示数量以个计算。

> **特别提示**
>
> 天棚抹灰与天棚吊顶工程量计算规则有所不同：天棚抹灰不扣除柱垛所占面积；天棚吊顶不扣除柱垛所占面积，但应扣除独立柱所占面积。柱垛是指与墙体相连的柱而突出墙体部分。
>
> 天棚吊顶应扣除与天棚吊顶相连的窗帘盒所占的面积。
>
> 阳台底面抹灰、雨篷底面抹灰按设计图示尺寸以水平投影面积计算，并入相应的天棚抹灰面积内。

【例 7-15】图 7.9 所示为某客厅 U38 不上人型轻钢龙骨、细木工板基层、纸面石膏板面层吊顶，试编制天棚吊顶项目的工程量清单。

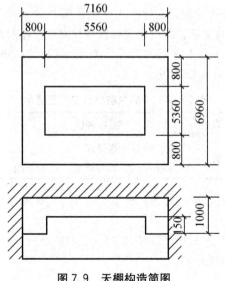

图 7.9 天棚构造简图

【解】天棚吊顶工程量工程量为主墙间净面积,即 $6.96 \times 7.16 = 49.83 (m^2)$

天棚吊顶项目工程量清单见表 7-63。

侧立面工程量 $= 0.15 \times (5.56 + 5.36) \times 2 = 3.276 m^2$

表 7-63 天棚吊顶项目工程量清单

序号	项目编号	项目名称	项目特征	计量单位	数量
1	020302001001	天棚吊顶	1. U38 不上人型轻钢龙骨 2. 细木工板基层 3. 纸面石膏板饰面 4. 吊顶侧面面积 3.276m²	m²	49.83

【例 7-16】如图 7.10 所示房间天棚基层为混凝土现浇板,板底用水泥石灰纸筋打底,纸筋灰抹面,编制天棚抹灰项目的工程量清单。

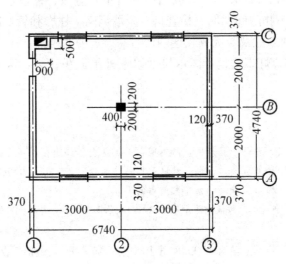

图 7.10 天棚示意图

【解】天棚抹灰工程量按设计图示尺寸以水平投影面积计算。不扣除间壁墙、垛、柱、附墙烟囱、检查口和管道所占的面积,带梁天棚梁两侧抹灰面积并入天棚面积内。

天棚抹灰工程量 $= (6.74 - 0.49 \times 2) \times (4.74 - 0.49 \times 2) = 21.66 (m^2)$

天棚抹灰项目工程量清单见表 7-64。

表 7-64 天棚抹灰项目工程量清单

序号	项目编号	项目名称	项目特征	计量单位	数量
1	020301001001	天棚抹灰	1. 现浇混凝土板基层 2. 水泥石灰纸筋砂浆底,纸筋灰面	m²	21.66

【例 7-17】在例 7-16 中,若天棚吊顶为铝合金方格栅天棚,方格间距 150×150,试编制天棚吊顶项目的工程量清单。

【解】天棚工程量 $= (6.74 - 0.49 \times 2) \times (4.74 - 0.49 \times 2) - 0.4 \times 0.4 - 0.9 \times 0.5$
$= 21.05 (m^2)$

格栅吊顶项目工程量清单见表7-65。

表7-65 格栅吊顶项目工程量清单

序号	项目编号	项目名称	项目特征	计量单位	数量
1	020302002001	格栅吊顶	铝合金格栅150×150	m^2	21.05

4）门窗工程

本章共9节59个项目，包括木门、金属门、金属卷帘门、其他门，木窗、金属窗、门窗套、窗帘盒、窗帘轨、窗台板，适用于门窗工程。门窗工程工程量清单项目设置见表7-66。

表7-66 门窗工程工程量清单项目设置表

	分节名称	分项工程名称	项目编码
门窗工程	木门	镶木板门、企口木板门、实木装饰门、胶合板门、夹板装饰门、木质防火门、木纱门、连窗门	020401001～020401008
	金属门	金属平开门、金属推拉门、金属地弹门、彩板门、塑钢门、防盗门、钢质防火门	020402001～020402007
	金属卷帘门	金属卷闸门、金属格栅门、防火卷帘门	020403001～020403003
	其他门	电子感应门、电子对讲门、电动伸缩门、全玻门（带扇框）、全玻自由门（无扇框）、半玻门（带扇框）、镜面不锈钢饰面门	020404001～020404007
	木窗	木质平开窗、木质推拉窗、矩形木百叶窗、异形木百叶窗、木组合窗、木天窗、矩形木固定窗、异形木固定窗、装饰空花木窗	020405001～020405009
	金属窗	金属推拉窗、金属平开窗、金属固定窗、金属百叶窗、金属组合窗、彩板窗、塑钢窗、金属防盗窗、金属格栅窗、特殊五金	020406001～020406010
	门窗套	木门窗套、金属门窗套、石材门窗套、门窗木贴脸、硬木筒子板、饰面夹板筒子板	020407001～020407006
	窗帘盒、窗帘轨	木窗帘盒、饰面夹板、塑料窗帘盒、铝合金窗帘盒、窗帘轨	020408001～020408004
	窗台板	木窗台板、铝塑窗台板、石材窗台板、金属窗台板	020409001～020409004

（1）工程内容：门由门框、门扇、五金配件等组成；窗由窗框、窗扇、五金配件等组成。

① 木门，金属门，木窗，金属窗（020401，020402，020405，020406）工程内容：门窗制作、运输、安装，五金、玻璃安装，刷防护材料、油漆。

② 金属卷帘门（020403）工程内容：门窗制作、运输、安装、启动装置、五金安装，刷防护材料、油漆。

③ 其他门(020404)工程内容应根据其他门的具体项目名称而定，对于电子感应门、转门、电子对讲门、电动伸缩门等，工程内容包括门制作、运输、安装、五金、电子配件安装，刷防护材料、油漆；对于全玻门、半玻门、全玻自由门等，工程内容包括门制作、运输、安装，五金安装，刷防护材料、油漆；对于镜面不锈钢饰面门，其工程内容包括门扇骨架及基层制作、运输、安装，包面层，五金安装，刷防护材料。

④ 门窗套(020407)工程内容：清理基层，底层抹灰，立筋制作、安装，基层板安装，面层铺贴，刷防护材料、油漆。

⑤ 窗帘盒、窗帘轨(020408)工程内容：制作、运输、安装，刷防护材料、油漆。

⑥ 窗台板(020409)工程内容：基层清理，抹找平层，窗台板制作、安装，刷防护材料、油漆。

(2) 项目特征描述：

① 项目特征中的门窗类型是指带亮子或不带亮子，带纱或不带纱，单扇、双扇或三扇，半百叶或全百叶，半玻或全玻，全玻自由门或半玻自由门，带门框或不带门框，单独门框和开启方式（平开、推拉、折叠）等。编制时应进行描述。

② 凡面层材料有品种、规格、品牌、颜色要求的，应在工程量清单中进行描述。

③ 特殊五金名称是指拉手、门锁、窗锁等，用途是指具体使用的门或窗，应在工程量清单中进行描述。

④ 门窗套、贴脸板、筒子板和窗台板项目，包括底层抹灰，如底层抹灰已包括在墙、柱面底层抹灰内，应在工程量清单中进行描述。

(3) 工程量计算规则：

① 门窗工程量均以"樘"或"m^2"计算，如遇框架结构的连续长窗也以"樘"计算，但对连续长窗的扇数和洞口尺寸应在工程量清单中进行描述。

② 门窗套、门窗贴脸、筒子板以"展开面积"计算，即指按其铺钉面积计算。

③ 窗帘盒、窗台板，如为弧形时，其长度以中心线计算。

④ 特殊五金以"个"或"套"计算。

> **知识链接**
>
> 玻璃、百叶面积占其门扇面积一半以内者应为半玻门或半百叶门，超过一半时应为全玻门或全百叶门。
>
> 木门五金应包括：折页、插销、风钩、弓背拉手、搭扣、木螺丝、弹簧折页（自动门）、管子拉手（自由门、地弹门）、地弹簧（地弹门）、角铁、门轧头（地弹门、自由门）等。
>
> 木窗五金应包括：折页、插销、风钩、木螺丝、滑轮滑轨（推拉窗）等。
>
> 铝合金窗五金应包括：卡锁、滑轮、铰拉、执手、拉把、拉手、风撑、角码、牛角制等。
>
> 铝合门五金应包括：地弹簧、门锁、拉手、门插、门铰、螺丝等。
>
> 其他门五金应包括 L 型执手插锁（双舌）、球形执手锁（单舌）、门轧头、地锁、防盗门扣、门眼（猫眼）、门碰珠、电子销（磁卡销）、闭门器、装饰拉手等。

【例 7-18】如图 7.11 所示为古铜色铝合金门连窗成品，门为平开方式全玻门，窗为推拉窗。试编制门窗安装的项目工程量清单。

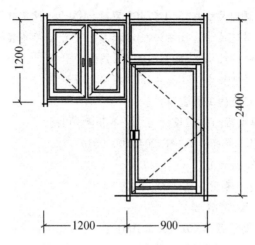

图 7.11 古铜色铝合金连窗成品

【解】门窗工程量可以"m^2"或"樘"计算,本算例的门、窗工程量应分别计算。

窗的清单工程量 $= 1.20 \times 1.20 = 1.44(m^2)$

门的清单工程量 $= 0.90 \times 2.40 = 2.16(m^2)$

也可以说门、窗的清单工程量均为 1 樘。

工程量清单见表 7-67:

表 7-67 例 7-18 分部分项工程量清单

序号	项目编号	项目名称	项目特征	计量单位	数量
1	020402001001	金属平开门	1. 铝合金平开门,成品 2. 外围尺寸 900×2400	m^2	2.16
2	020406001001	金属推拉窗	1. 铝合金推拉窗,成品 2. 外围尺寸 1200×1200	m^2	1.44

【例 7-19】图 7.12 所示门窗中,门为镶板门,窗为单层玻璃普通木窗,门窗调和漆两遍,底油一遍。

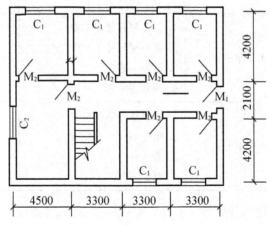

图 7.12 某建筑物平面示意图

M1 型号 M12—1524 洞口尺寸：1500×2400 双扇、平开、带亮镶板门。
M2 型号 M12—1024 洞口尺寸：1000×2400 单扇、平开、带亮镶板门。
C1 型号 C123—1515 洞口尺寸：1500×1500 三扇、平开窗。
C2 型号 C124—1815 洞口尺寸：1800×1500 四扇、平开窗。
试编制门窗项目制作安装的工程量清单。

【解】根据规范的清单项目划分、设计要求，有下列项目。

(1) 镶板门 M1，双扇、带亮、无纱(020401001001)

工程量=1.5×2.4=3.6(m²)

(2) 镶板门 M2，单扇、带亮、无纱(020401001002)

工程量=1.0×2.4×7=16.8(m²)

(3) 单层玻窗 C1，三扇、平开(020405001001)

工程量=1.5×1.5×6=13.5(m²)

(4) 单层玻窗 C2，四扇、平开(020405001002)

工程量=1.8×1.5=2.7(m²)

上述各项的工程内容均包括框、扇制作、安装，门锁安装，门窗油漆等内容。编制出该建筑物门窗项目工程量清单见表 7-68。

表 7-68 例 7-19 分部分项工程量清单

序号	项目编号	项目名称	项目特征	计量单位	数量
1	020401001001	镶木板门 M1	1. 双扇带亮平开镶板门 2. 框外围尺寸 1500×2400 3. 底油一遍 4. 调和漆两遍	m²	3.6
2	020401001002	镶木板门 M2	1. 单扇带亮平开镶板门 2. 框外围尺寸 1000×2400 3. 底油一遍 4. 调和漆两遍	m²	16.8
3	020405001001	木质平开窗 C1	1. 三扇平开普通木窗 2. 框外围尺寸 1500×1500 3. 底油一遍 4. 调和漆两遍	m²	13.5
4	020405001002	木质平开窗 C2	1. 四扇平开普通木窗 2. 框外围尺寸 1800×1500 3. 底油一遍 4. 调和漆两遍	m²	2.7

5) 油漆、涂料、裱糊工程

本章共 9 节 30 个项目。包括门油漆、窗油漆、扶手、板条面、线条面、木材面油漆、金属面油漆、抹灰面油漆、喷刷涂料、裱糊等(见表7-69)。适用于门窗油漆、金属、抹灰面油漆工程。

表7-69 油漆、涂料、裱糊工程工程量清单项目设置表

	分节名称	分项工程名称	项目编码
油漆涂料裱糊工程	门油漆	门油漆	020501001
	窗油漆	窗油漆	020502001
	木扶手及其他板条线条油漆	木扶手油漆、窗帘盒油漆、封檐板、顺水板油漆、挂衣板、黑板框油漆、挂镜线、窗帘棍、单独木线油漆	020503001~020503004
	木材面油漆	木板、纤维板、胶合板油漆、木护墙、木墙裙油漆、窗台板、筒子板、盖板、门窗套、踢脚线油漆、清水木条天棚、檐口油漆、木方格吊顶天棚油漆、吸音板墙面、天棚面油漆、暖气罩油漆、木间壁、木隔断油漆、玻璃间壁露明墙筋油漆、木栅栏、木栏杆(带扶手)油漆、衣柜、壁柜油漆、梁柱饰面油漆、零星木装修油漆、木地板油漆、木地板烫硬蜡面	020504001~020504015
	金属面油漆	金属面油漆	020505001
	抹灰面油漆	抹灰面油漆	020506001
		抹灰线条油漆	020506002
	喷刷、涂料	刷喷涂料	020507001
	花饰、线条刷涂料	空花格、栏杆刷涂料	020508001
		线条刷涂料	020508002
	裱糊	墙纸裱糊	020509001
		织锦缎裱糊	020509002

(1) 工程内容：油漆施工根据基层的不同，有木材面油漆、金属面油漆、抹灰面油漆等种类。涂料施工有刷涂、喷涂、滚涂、弹涂、抹涂等形式。油漆、涂料施工一般经过基层处理、打底子、刮腻子、磨光、涂刷等工序。裱糊有对花和不对花两种类型。

① 门油漆，窗油漆，木扶手及其他板条线条油漆，木材面油漆，金属面油漆，抹灰面油漆(020501，020502，020503，020504，020505，020506)工作内容：基层清理，刮腻子，刷防护材料、油漆。

其中木地板烫硬蜡面清单项目(020504015)的工作内容为基层清理，烫蜡。

② 喷刷、涂料，花饰、线条刷涂料(020507，020508)工作内容：基层清理，刮腻子，刷、喷涂料。

③ 裱糊(020509)工程内容：基层清理，刮腻子，面层铺贴，刷防护材料。

(2) 项目特征描述：

① 油漆工程：包括门油漆、窗油漆、扶手、板条面、线条面、木材面油漆、金属面

油漆、抹灰面油漆等六个小节，在进行清单项目的特征描述时通用内容有：腻子种类，刮腻子要求，防护材料种类，油漆品种、刷漆遍数。

> **知识链接**
>
> 门窗油漆项目应加以描述门窗类型。
> 木扶手及其他板条线条油漆应加以描述油漆体单位展开面积及油漆体长度。
> 抹灰面油漆应加以描述基层类型、抹灰线条宽度及道数。
> 木地板烫硬蜡面清单项目(020504015)的项目特征应描述为硬蜡品种，面层处理要求。

② 喷刷、涂料项目清单描述为基层类型；腻子种类；刮腻子要求；涂料品种、刷喷遍数。

③ 花饰、线条刷涂料项目清单描述为腻子种类；线条宽度；刮腻子要求；涂料品种、刷喷遍数。

④ 裱糊项目特征包括：基层类型；裱糊构件部位；腻子种类；刮腻子要求；粘结材料种类；防护材料种类；面层材料品种、规格、品牌、颜色。

(3) 工程量计算规则：油漆、涂料、裱糊工程的清单工程量按设计图示尺寸以面积计算。但根据涂饰构件类型不同，在计算时也有按长度和个数作为度量单位的，应对需要特别指出的有关项目的工程量计算规则进行介绍。

① 门窗油漆：按设计图示数量或设计图示单面洞口面积计算。

② 木扶手及其他板条线条油漆：按设计图示尺寸以长度计算。

③ 木材面油漆中的木间壁、木隔断油漆，玻璃间壁露明墙筋油漆，木栅栏、木栏杆(带扶手)油漆等3个分项工程项目：按设计图示尺寸以单面外围面积计算。

④ 木材面油漆中的木地板油漆与木地板烫硬蜡面两个分项工程项目：按设计图示尺寸以面积计算，空洞、空圈、暖气包槽、壁龛的开口部分并入相应的工程量内。

⑤ 金属面油漆：按设计图示尺寸以质量计算。

⑥ 抹灰线条油漆：按设计图示尺寸以长度计算。

⑦ 空花格、栏杆刷涂料：按设计图示尺寸以单面外围面积计算。

⑧ 线条刷涂料：按设计图示尺寸以长度计算。

> **知识链接**
>
> 楼梯木扶手工程量按中心线斜长计算，弯头长度应计算在扶手长度内。
> 博风板工程量按中心线斜长计算，有大刀头的每个大刀头增加长度50cm。
> 木板、纤维板、胶合板油漆，单面油漆按单面面积计算，双面油漆按双面面积计算。
> 木护墙、木墙裙油漆按垂直投影面积计算。
> 台板、筒子板、盖板、门窗套、踢脚线油漆按水平或垂直投影面积(门窗套的贴脸板和筒子板垂直投影面积合并)计算。

清水板条天棚、檐口油漆、木方格吊顶天棚油漆以水平投影面积计算,不扣除空洞面积。

暖气罩油漆,垂直面按垂直投影面积计算,突出墙面的水平面按水平投影面积计算,不扣除空洞面积。

工程量以面积计算的油漆、涂料项目,线角、线条、压条等不展开。

清单列项时特别需注意的是,前面有关装饰项目已经包括油漆、涂料工程内容的,不再按本章列项,否则为重复列项。

【例 7-20】试计算图 7.13 所示房间内墙裙油漆项目的工程量清单。已知墙裙高 1.5m,窗台高 1.0m,窗高为 1.8m,窗洞侧油漆宽 100mm。油漆做法为抹灰面调和漆四遍。

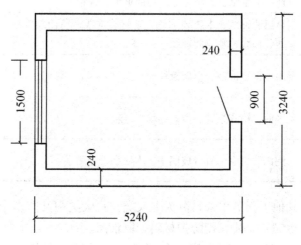

图 7.13 房间墙裙示意图

【解】墙裙油漆的工程量按设计图示尺寸以面积计算,本算例应考虑门窗洞口的扣减与窗洞侧壁面积的增加,计算如下:

工程量 = 长 × 高 − ∑应扣除面积 + ∑应增加面积
= [(5.24−0.24×2)×2+(3.24−0.24×2)×2] ×1.5 − [1.5×(1.5−1.0)
+0.9×1.5] + [(1.50−1.0)×0.10×2+1.5×0.1]
= 20.71(m²)

工程量清单见表 7-70。

表 7-70 例 7-20 分部分项工程量清单

序号	项目编号	项目名称	项目特征	计量单位	数量
1	020506001001	抹灰面油漆	1. 砖墙抹灰面基层 2. 刮腻子、打磨 3. 调和漆四遍	m²	20.71

6) 其他工程

本章共 7 节 49 个项目。包括柜类、货架、暖气罩、浴厕配件、压条、装饰线、雨篷、旗杆、招牌、灯箱、美术字等项目(见表 7-71)。适用于装饰物件的制作、安装工程。

表7-71 其他工程工程量清单项目设置

分节名称		分项工程名称	项目编码
其他工程	柜类、货架	柜台、酒柜、衣柜、存包柜、鞋柜、书柜、厨房壁柜、木壁柜、厨房低柜、厨房吊柜、矮柜、吧台背柜、酒吧吊柜、酒吧台、收银台、试衣间、货架、书架、服务台	020601001~020601019
	暖气罩	饰面板暖气罩、塑料板暖气罩、金属暖气罩	020602001~020602003
	浴厕配件	洗漱台、晒衣架、帘子杆、浴缸拉手、毛巾杆(架)、毛巾环、卫生纸盒、肥皂盒、镜面玻璃、镜箱	020603001~020603010
	压条、装饰线	金属装饰线、木质装饰线、石材装饰线、镜面装饰线、铝塑装饰线、塑料装饰线	020604001~020604006
	雨篷、旗杆	雨篷吊挂饰面、金属旗杆	020605001~020605002
	招牌、灯箱	平面、箱式招牌、竖式标箱、灯箱	020606001~020606003
	美术字	泡沫塑料字、有机玻璃字、木质字、金属字	020607001~020607004

(1) 工程内容：其他工程清单项目分为七大类，每大类中又有多个项目，各项目的工程内容均包括制作、运输、安装、刷防护材料、刷油漆。

① 柜类、货架(020601)工程内容：台柜制作、运输、安装(安放)，刷防护材料、油漆。

② 暖气罩(020602)工程内容：暖气罩制作、运输、安装，刷防护材料、油漆。

③ 浴厕配件(020603)工作内容：台面及支架制作、运输、安装，杆、环、盒、配件安装，刷油漆。

另外镜面玻璃清单项目(020603009)的工作内容为：基层安装，玻璃及框制作、运输、安装，刷防护材料、油漆。镜箱清单项目(020603010)的工作内容为：基层安装，箱体制作、运输、安装，玻璃安装，刷防护材料、油漆。

④ 压条、装饰线(020604)工作内容：线条制作、安装，刷防护材料、油漆。

⑤ 雨篷、旗杆(020605)雨篷项目与旗杆项目的工作内容差异较大，其中雨篷吊挂饰面清单项目(020605001)的工程内容为底层抹灰，龙骨基层安装，面层安装，刷防护材料、油漆；金属旗杆清单项目(020605002)的工程内容为土石挖填，基础混凝土浇注，旗杆制作、安装，旗杆台座制作、饰面。

⑥ 招牌、灯箱(020606)工程内容：基层安装，箱体及支架制作、运输、安装，面层制作、安装，刷防护材料、油漆。

⑦ 美术字(020607)工程内容：字制作、运输、安装，刷油漆。

(2) 项目特征描述：其他工程各部分的分项工程项目特征分别按以下方面进行描述：

① 柜类、货架：台柜规格，材料种类、规格，五金种类、规格，防护材料种类，油

漆品种、刷漆遍数。

② 暖气罩：暖气罩材质，单个罩垂直投影面积，防护材料种类，油漆品种、刷漆遍数。

③ 浴厕配件：材料品种、规格、品牌、颜色，支架、配件品种、规格、品牌，油漆品种、刷漆遍数。

其中镜面玻璃项目尚需描述框材质、断面尺寸及基层材料种类；镜箱应增加对箱材质规格、玻璃品种规格及基层材料种类的描述。

④ 压条、装饰线：基层类型，线条材料品种、规格、品牌、颜色，防护材料种类，油漆品种、刷漆遍数。

⑤ 雨篷、旗杆：对于雨篷吊挂饰面清单项目，应说明基层类型，龙骨材料种类、规格、中距，面层及吊顶材料的品种、规格、品牌，嵌缝、防护的材料种类，油漆品种、刷漆遍数；对于金属旗杆项目，则应说明旗杆材料、种类、规格、高度，基础及基座材料的种类，基座面层材料、种类、规格。

⑥ 招牌、灯箱：箱体规格，基层、面层及防护材料的种类，油漆品种、刷漆遍数。

⑦ 美术字：基层类型，镌字材料品种、颜色，字体规格、固定方式，油漆品种、刷漆遍数。

（3）工程量计算规则。

① 柜类、货架：按设计图示数量以个计算。

② 暖气罩：按设计图示尺寸以垂直投影面积（不展开）计算。

③ 浴厕配件：除洗漱台与镜面玻璃项目按面积计外，其余项目均按设计图示数量以自然单位计算。洗漱台的工程量按设计图示尺寸以台面外接矩形面积计算，不扣除孔洞、挖弯、削角所占面积，挡板和吊沿均以面积并入台面面积内；镜面玻璃项目则按设计图示尺寸以边框外围面积计算。

④ 压条、装饰线：按设计图示尺寸以长度计算。

⑤ 雨篷、旗杆：雨篷项目按设计图示尺寸以水平投影面积计算；金属旗杆项目按设计图示数量以根计算。

⑥ 招牌、灯箱：招牌按设计图示尺寸以正立面边框外围面积计算，复杂形的凸凹造型部分不增加面积；竖式标箱与灯箱则按设计图示数量以个计算。

⑦ 美术字：按设计图示数量以个计算。

特别提示

台柜工程量以"个"计算，也就是以能够分离的同规格的单体个数计算。

【例7-21】图7.14所示为某宾馆单间客房，共15间。卫生间内大理石洗漱台、车边镜面玻璃及毛巾架等配件，尺寸如下：大理石台板1400×500×20，侧板宽度200mm，开单孔，台下盆；台板磨半圆边；玻璃镜1400（宽）×1120（高），不带框；毛巾架为不锈钢架，1只/间。试编制15个标准间客房卫生间上述配件的工程量清单。

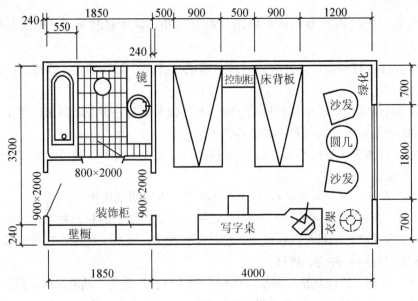

图 7.14 单间客房示意图

【解】(1) 大理石洗漱台 15 块,其工程量按设计图示尺寸以台面外接矩形面积计算,不扣除孔洞、挖弯、削角所占面积,挡板和吊沿均以面积并入台面面积内,据此,本算例大理石台板工程量为:

$1.4×(0.5+0.2)×15=14.7(m^2)$

(2) 镜面玻璃:

工程量按玻璃面积计算,镜面积为 $1.40×1.12×15=23.52(m^2)$

(3) 不锈钢毛巾架按设计图示数量以个计算,本算例不锈钢毛巾架工程量为 15 个。

工程量清单见表 7-72:

表 7-72 例 7-21 分部分项工程量清单

序号	项目编号	项目名称	项目特征	计量单位	数量
1	020603001001	洗漱台	大理石台板 1400×500×20 2. 侧板宽度 200mm,开单孔,台板磨半圆边	m²	14.7
2	020603005001	毛巾杆(架)	1. 不锈钢成品毛巾架	根	15
3	020603009001	镜面玻璃	1. 车边镜面玻璃厚 5mm 2. 不带框,1400 宽×1120 高	m²	23.52

3. 措施工程量清单项目及计算规则

施工措施项目分通用措施项目及专业工程措施项目,具体详见表 7-1 和表 7-2,措施项目清单的编制分别按照技术措施费和组织措施费两个方面进行,其中建筑工程技术措施项目主要包括:混凝土、钢筋混凝土模板及支架费;脚手架费;施工排水、降水费;大型机械设备进出场及安拆费;垂直运输费及其他施工技术措施费。建筑工程组织措施费主要包括：安全文明施工费；夜间施工增加费；二次搬运费；冬雨季施工费；地上地下设施及临时保护费；已完工程及设备保护费等。

1) 施工技术措施清单项目

施工技术措施清单项目按照表7-5和表7-6的格式进行编制。针对不同的技术措施项目，又有不同的具体要求。

(1) 项目设置

① 施工技术措施清单项目中的大型机械设备进出场及安拆费、施工排水、施工降水应结合拟建工程的具体情况，根据企业自身各方面的能力状况及施工组织设计参照表7-73相应的项目名称列项。

表7-73 部分技术措施项目设置表

序号	项目编码	项目名称	工程内容
1	000002001~000002004	塔式起重机基础费用、施工电梯固定基础费用、特、大型机械安拆费、特大型机械进出场费	大型施工机械设备的临时基础建筑和拆除清理；施工机械设备的场外运输、安装、拆卸及试运转等
2	000001001	施工排水	抽水机具的安装、移动及拆除等
3	000001002	施工降水	钻孔、安装井管、地面管线连接，装水泵、滤砂、孔口封土及拆管、清洗、整理等

【例7-22】某办公楼檐高30m，建筑面积15000m^2，施工采用一台轨道式60kN·m塔式起重机，轨道为双轨，长150m，试编制该建筑的措施费清单。

【解】轨道式塔式起重机的技术措施项目有：基础建筑、场外运输、安装、拆卸及试运转，根据表7-73，该清单编制如表7-74：

表7-74 例7-22分部分项工程量清单

序号	项目编号	项目名称	项目特征	计量单位	数量
1	000002001001	塔式起重机基础费用	轨道式60kN·m塔式起重机，双轨，长150m	项	1
2	000002003001	塔式起重机安装拆卸费	轨道式60kN·m塔式起重机	项	1
3	000002004001	塔式起重机场外运输费	轨道式60kN·m塔式起重机	项	1

【例7-23】某土方工程采用轻型井点降水，施工组织设计井点竖管根数65根，使用天数15天，试编制该工程轻型井点降水措施费清单。

【解】根据表7-71，该清单编制如表7-75：

表7-75 例7-23分部分项工程量清单

序号	项目编号	项目名称	项目特征	计量单位	数量
1	000001002001	施工降水	轻型井点降水，井点竖管根数65根，使用天数15天	项	1

② 混凝土、钢筋混凝土模板及支架清单项目的设置分别按照表 7-76～表 7-79 执行。

表 7-76 现浇基础模板（编码：010901）

序号	项目编码	项目名称	项目特征	计量单位	工程量计算规则	工程内容
1	010901001	基础模板	1. 基础类型 2. 设备基础单个块体体积 3. 弧形基础长度	m²	按混凝土与模板接触面的面积计算	1. 模板制作、安装、拆除、维护、整理、堆放及场内外运输 2. 模板粘接物及模内杂物清理、刷隔离剂
2	010901002	垫层模板	基础类型			
3	010901003	设备螺栓套	设备螺栓套长度	个		

表 7-77 现浇建筑物模板（编码：010902）

序号	项目编码	项目名称	项目特征	计量单位	工程量计算规则	工程内容
1	010902001	柱模板	1. 柱类型 2. 柱支模高度	m²	按凝土与模板接触面的面积计算	1. 模板制作、安装、拆除、维护、整理、堆放及场内外运输 2. 模板粘接物及模内杂物清理、刷隔离剂
2	010902002	梁模板	1. 梁类型 2. 梁支模高度			
3	010902003	墙模板	1. 墙类型 2. 墙支模高度			
4	010902004	板模板	1. 板类型 2. 斜板支模高度 3. 板支模高度 4. 弧形板长度			
5	010902005	栏板模板	构件类型			
6	010902006	檐沟、挑檐板模板				
7	010902007	楼梯模板	楼梯类型	m²	按设计图示尺寸以水平投影面积计算。不扣除宽度小于 500mm 的楼梯井，伸入墙内部分不计算	
8	010902008	雨篷、阳台板模板	1. 构件类型 2. 构件支模高度	m²	按设计图示尺寸以水平投影面积计算	
9	010902009	其他构件模板	构件类型		按混凝土与模板接触	

表 7-78 预制建筑物模板(编码：010903)

序号	项目编码	项目名称	项目特征	计量单位	工程量计算规则	工程内容
1	010903001	柱模板	柱类型	m³	按设计图示尺寸以体积计算。不扣除构件内钢筋、预埋铁件所占体积	模板制作、安装、拆除
2	010903002	梁模板	梁类型			
3	010903003	屋架模板	屋架类型			
4	010903004	板模板	板类型			
5	010903005	楼梯模板	楼梯类型			
6	010903006	烟道、垃圾道、通风道模板	构件类型			
7	010903007	其他构件模板				

表 7-79 混凝土构筑物模板(编码：010904)

序号	项目编码	项目名称	项目特征	计量单位	工程量计算规则	工程内容
1	010904001	贮水(油)池模板	池类型、部位	m²	按混凝土与模板接触面的面积计算	1. 模板制作、安装、拆除、维护、整理、堆放及场内外运输。2. 模板粘接物及模内杂物清理、刷隔离剂
2	010904002	贮仓模板	1. 类型、高度 2. 筒仓内径	m²/m³	按混凝土与模板接触面的面积计算(滑模时按混凝土体积计算)	
3	010904003	水塔模板	1. 类型、施工工艺 2. 支模高度、水箱容积 3. 倒圆锥形罐壳厚度、直径	m²/m³/座	按混凝土与模板接触面的面积计算(按混凝土体积或按容积以座计算)	
4	010904004	烟囱模板	1. 烟囱高度 2. 施工工艺	m³	按设计图示尺寸以体积计算。不扣除构件内钢筋、预埋铁件及单个面积 0.3m² 以内的孔洞所占体积	安装、拆除平台、模板、液压、供水、供电、通讯设备，中间改模，激光对中，设置安全网，滑模清洗、刷油、堆放及场内外运输

【例 7-24】根据例 7-5、例 7-6、例 7-7 和图 7.7 中的已知条件。试计算此楼层模板工程量并编列工程量清单。

【解】

$S_{KZ1模板} = 3.3 \times 0.4 \times 4 \times 6 = 31.68(m^2)$

$S_{KL1模板} = [6.9 - (0.4 - 0.125) \times 2 - 0.4] \times [0.25 + 0.6 + (0.6 - 0.12)] \times 2$
$= 5.95 \times 2.66 = 15.83(m^2)$

$S_{KL2模板} = [3.6 - (0.4 - 0.125) \times 2] \times [0.25 + 0.6 + (0.6 - 0.12)] \times 1$
$= 3.05 \times 1.33 = 4.06(m^2)$

$S_{KL3模板} = [3.6 - (0.4 - 0.125) \times 2] \times [0.25 \times 2 + 0.6 + (0.6 - 0.12) \times 2]$
$= 3.05 \times 2.54 = 7.75(m^2)$

$S_{L1模板} = (3.6 - 0.25) \times [0.25 + (0.4 - 0.12) \times 2] \times 2 + (3.6 - 0.25 \times 3)$
$\times [0.25 + (0.4 - 0.12) \times 2] \times 2 = 3.35 \times 0.81 \times 2 + 2.85 \times 0.81 \times 2$
$= 10.04(m^2)$

$S_{梁模板} = 15.83 + 4.06 + 7.75 + 10.04 = 37.68(m^2)$

$S_{平板模板} = (3.3 - 0.25) \times (3.6 - 0.25) + (1.2 - 0.25) \times (1.2 - 0.25) \times 9$
$= 18.34(m^2)$

特别提示

与柱垂直交界处的梁和板的面积均小于 $0.3m^2$，故柱模板面积不扣除梁、板在柱上的接触面积。本题中板与梁属于平行关系，梁侧面模板高要扣除板厚。

L1与框架梁、L1与L1之间属于垂直关系，L1与框架梁交接处的面积、L1与L1交接处的面积均小于 $0.3m^2$，故框架梁、L1模板面积不扣除各自与垂直构件交接处的面积。

根据表7-78，该清单编制见表7-80。

表7-80 例7-24分部分项工程量清单

序号	项目编号	项目名称	项目特征	计量单位	数量
1	010902001001	柱模板	矩形柱，400×400断面；支模高度3.3m	m^2	34.68
2	010902002001	梁模板	矩形梁，250×600、250×400断面；支模高度3.3m	m^2	37.68
3	010902004001	板模板	平板；板厚120mm；支模高度3.3m	m^2	18.34

③ 脚手架清单项目分综合脚手架和单项脚手架两种类型，清单项目设置按表7-81、表7-82执行。

表7-81 A.10.1 综合脚手架(编码：011001)

序号	项目编码	项目名称	项目特征	计量单位	工程量计算规则	工程内容
1	011001001	地下室综合脚手架	地下室层数	m²	按首层室内地坪以下的规定面积计算，半地下室并入上部建筑物计算	1. 搭设、拆除脚手架、安全网。 2. 铺、翻脚手板。 3. 钢挑梁制作、安装及拆除。
2	011001002	建筑物综合脚手架	1. 建筑物檐高 2. 房屋层高		按首层室内地坪以上的规定面积计算	

表7-82 A.10.2 单项脚手架(编码：011002)

序号	项目编码	项目名称	项目特征	计量单位	工程量计算规则	工程内容
1	011002001	内、外墙脚手架	1. 墙身部位 2. 墙身高度	m²	按墙身面积(不扣除门窗洞口、空洞等面积)计算	1. 搭设、拆除脚手架、安全网。 2. 铺、翻脚手板
2	011002002	满堂脚手架	工作面高度		按天棚水平投影面积或底层外围面积计算	
3	011002003	电梯井脚手架	电梯井高度	座	按单孔(一座电梯)以座计算	
4	011002004	网架安装脚手架	网架安装高度	m²	按网架水平投影面积计算	
5	011002005	防护脚手架	防护脚手架使用期		按水平投影面积计算	
6	011002006	砖柱脚手架	柱高度	m	按设计柱高计算	
7	011002007	斜道、平台	斜道、平台高度	座	按设计数量计算	
8	011002008	抹灰脚手架(高度3.6m内)	抹灰部位	m²	按抹灰面积计算	铺、翻脚手板

特别提示

满堂脚手架适用于工作面高度超过3.6m的天棚抹灰或吊顶安装及基础深度超过2m的混凝土运输脚手架(地下室及使用泵送混凝土的除外)。工作面高度为设计室内地面(楼面)至天棚底的高度，有吊顶的至吊顶底的高度，斜天棚按平均高度计算。基础深度自设计室外地坪起算。

无天棚抹灰及吊顶的工程，墙面抹灰高度超过3.6m时，应计算内墙抹灰单项脚手架。

【例7-25】某工程的主体建筑剖面图如图5.1所示，某市区临街公共建筑工程，地上三层及地下室各层建筑面积均为1200m²，其中天棚投影面积为960m²；4至18层各层建筑面积均为 800m²，其中天棚投影面积为 640m²，屋顶电梯机房建筑面积为 50m²，其中天棚投影面积为 40m²，基坑底标高为 −5.0m，自然地坪标高 −1.0m；临街过道防护架 300m²，使用期限为 10 个月。各层无吊顶，楼板厚 120mm。采用泵送混凝土。两部电梯，电梯井高度 72m。试编制该工程脚手架措施项目清单。

【解】该项工程脚手架措施项目主要包括檐高 13.6m、64.5m 综合脚手架、地下一层综合脚手架、3.6m 以上天棚抹灰脚手架（满堂脚手架）、防护脚手架、电梯井脚手架，上述 6 项措施项目工程量例 5－3 均已计算完成，根据表 7－81 和表 7－82 该清单编制见表 7－83。

表 7－83　例 7－25 分部分项工程量清单

序号	项目编号	项目名称	项目特征	计量单位	数量
1	011001002001	建筑物综合脚手架	檐高 13.6m 层高 6m 以内	m²	1200
2	011001002002	建筑物综合脚手架	檐高 64.5m 层高 6m 以内	m²	14450
3	011001001001	地下室综合脚手架	地下一层	m²	1200
4	011002002001	满堂脚手架	工作面高度：4.2m、5m	m²	3840
5	011002005001	防护脚手架	使用期 10 个月	m²	300
6	011002003001	电梯井脚手架	电梯井高度：72m	座	2

④ 垂直运输清单项目设置按表 7－84 执行。

表 7－84　A.11.1 建筑物垂直运输（编码：011101）

序号	项目编码	项目名称	项目特征	计量单位	工程量计算规则	工程内容
1	011101001	地下室垂直运输	地下室层数	m²	按首层室内地坪以下的规定面积计算，半地下室并入上部建筑物计算	单位合理工期内完成全部工程所需要的垂直运输全部操作过程
2	011101002	建筑物垂直运输	1. 建筑物檐高 2. 建筑物层高		按首层室内地坪以上的规定面积计算	

【例 7－26】以例 5－3 为背景，试编制该工程垂直运输措施项目清单。

【解】该项工程垂直运输措施项目主要包括：檐高 13.6m、64.5m 垂直运输、地下垂直运输，上述 3 项措施项目工程量例 5－5 均已计算完成，根据表 7－85 该清单编制如表 7－85。

表 7－85　例 7－26 分部分项工程量清单

序号	项目编号	项目名称	项目特征	计量单位	数量
1	011101001001	地下室垂直运输	地下室层数：一层	m²	1200
2	011101002001	建筑物垂直运输	建筑物檐高：13.6m 建筑物层高：4.2m	m²	1200

续表

序号	项目编号	项目名称	项目特征	计量单位	数量
3	011101002002	建筑物垂直运输	建筑物檐高：64.5m 建筑物层高：4.2m	m²	2400
4	011101002003	建筑物垂直运输	建筑物檐高：64.5m 建筑物层高：3.6m以内	m²	12050

⑤ 建筑物超高施工增加费清单项目设置按表7-86执行。

表7-86 A.12.1 建筑物超过施工增加费（编码：011201）

序号	项目编码	项目名称	项目特征	计量单位	工程量计算规则	工程内容
1	011201001	建筑物超高人工降效增加费	建筑物檐高	项		1. 工人上下班降低工效、上下楼及自然休息增加时间 2. 垂直运输影响的时间
2	011201002	建筑物超高机械降效增加费	建筑物檐高			建筑物超高引起的有关机械使用效率降低
3	011201003	建筑物超高加压水泵台班及其他费用	1. 建筑物檐高 2. 建筑物层高	m²	按首层室内地坪以上的规定面积计算	由于水压不足所发生的加压用水泵台班及其他费用

【例7-27】以例5-7为背景，试编制该工程超高施工增加费措施项目清单。

【解】该项工程超高施工增加费项目主要包括：超高人工降效增加费、超高机械降效增加费、超高加压水泵台班及其他费用，上述3项措施项目工程量例5-7均已计算完成，根据表7-84该清单编制见表7-87。

表7-87 例7-27分部分项工程量清单

序号	项目编号	项目名称	项目特征	计量单位	数量
1	011201001001	建筑物超高人工降效增加费	主楼檐高33m	项	1
2	011201002001	建筑物超高机械降效增加费	主楼檐高33m	项	1
3	011201003001	建筑物超高加压水泵台班及其他费用	主楼檐高33m，其中1800m² 层高4m	m²	6000

(2) 工程量计算：

① 施工技术措施清单项目中的施工降水、施工排水、特、大型机械进出场及安拆费的计量单位为"项"，工程量为"1"。

② 现浇混凝土、钢筋混凝土构件模板及支架清单工程量按混凝土与模板接触面的面积计算，预制混凝土构件模板工程量按体积计算，具体规则详见表7-75～表7-78。

③ 脚手架工程、垂直运输工程及建筑物超高施工增加费清单项目工程量按表7-79～表7-82相应的计算规则计算。

（3）注意事项：

① 其他施工技术措施指根据各专业、工程特点补充的技术措施项目，包括基坑支护等项目。

② 对于超常规的或特殊形状的建筑物或构件，清单编制人应考虑相应特殊的措施项目要求，并予以提示。

2）施工组织措施清单项目

建筑工程组织措施费主要包括：安全文明施工费；夜间施工增加费；二次搬运费；冬雨季施工费；地上地下设施及临时保护费；已完工程及设备保护费等项目，施工组织措施清单项目按照表7-5格式进行编制，计量单位均为"项"，工程量均为"1"。

4. 其他工程量清单项目及计算规则

其他项目清单是指分部分项工程量清单、措施项目清单所包含的内容以外，因招标人的特殊要求而发生的与拟建工程有关的其他费用项目和相应数量的清单。其他项目清单应根据拟建工程的具体情况列项。一般包括暂列金额、暂估价（材料暂估单价架表和专业工程暂估价表）、计日工、总承包服务费等。其他项目清单的编制按照表7-7～表7-12根据工程具体情况进行编制。

5. 规费、税金项目工程量清单及计算规则

规费、税金清单项目按照表7-13格式进行编制，计量单位均为"项"，工程量均为"1"。

学习情境小结

通过本学习情境的学习，掌握《建设工程工程量清单计价规范》中的基本概念、适用范围、具体应用等主要内容，在此基础上，进一步明确《建设工程工程量清单计价规范》所包括的两个方面的要求——工程量清单编制和工程量清单投标报价。

工程量清单的编制包括分部分项工程项目、措施项目、其他项目、规费项目和税金项目名称、特征值描述、计量单位、清单工程量等的编制。

分部分项工程项目清单要求学生掌握清单项目编码、项目名称、计量单位、工程数量和清单所包括的主要内容。本教材要求学生熟悉并掌握附录A(土(石)方工程；桩与地基基础工程；砌筑工程；混凝土及钢筋混凝土工程；厂库房大门、特种门、木结构工程；金属结构工程；屋面及防水工程；防腐、隔热、保温工程)工程量清单的编制并能熟练应用于工程实际；以及附录B装饰装修工程(楼地面工程；墙、柱面工程；天棚工程；门窗工程；油漆、涂料、糊裱工程；其他工程)工程量清单的编制及其在工程实际中的应用。

掌握措施项目清单、其他项目清单、规费项目清单和税金项目清单的编制，并能在实际工程中灵活应用。

能力测试

1. 简述工程量清单的基本概念。
2. 简述工程量清单计价规范特点。
3. 工程量清单计价可以分为哪两个阶段过程?
4. 简述工程量清单的组成。
5. 分部分项工程量清单遵循的"四统一"是指什么?
6. 通用措施项目清单包括哪些内容?
7. 简述暂列金额的费用构成。
8. 简述暂估价的概念。
9. 工程量清单格式组成内容有哪些?
10. 简述计日工、总承包服务费的概念和费用构成。
11. 简述工程量清单项目划分和列项规则。
12. 简述规费项目清单所包括的主要内容。
13. 工程量清单格式应由下列内容组成?
14. 某房屋基础工程平面图和剖面图如图 7.15 和图 7.16 所示。已知本工程基础土类为二类土,人力开挖,地下常水位标高-1.2m;基坑回填后余土弃运 3km。已知垫层为 C10 素混凝土垫层,1—1 基础、2—2 基础均采用 C30 混凝土,砖基础为 M5.0 水泥砂浆烧结砖基础。设计室外地坪标高为-0.45m。墙体厚度为 240mm。

试编制:

(1) 该建筑物平整场地工程量清单。
(2) 挖基础土方工程量清单。
(3) 砖基础工程量清单。
(4) 1—1 断面混凝土基础工程量清单。
(5) 2—2 断面混凝土基础工程量清单。

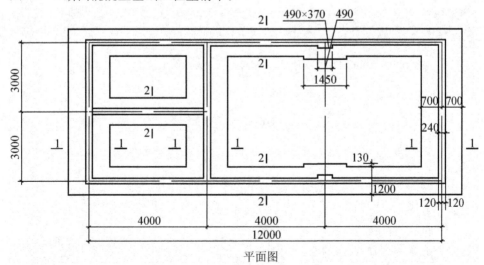

图 7.15 某房屋基础工程平面图

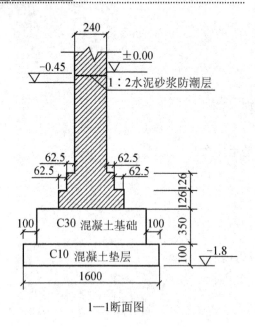
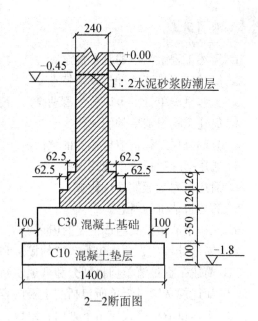

1—1断面图　　　　　　　　　2—2断面图

图 7.16　某房屋基础工程剖面图

15. 图 3.43 为某二楼结构平面图，底层地面为±0.00，楼面标高为 3.3m，梁下墙体均为 240 墙，墙外与梁外侧平齐，室内无墙体。该楼层现浇梁、板、柱均采用现浇现拌 C25 混凝土浇捣，模板采用复合木模。

试编制：(1)柱 KZ 工程量清单；(2)梁的工程量清单；(3)板工程量清单。

16. 图 3.44 所示某工程，背景资料见学习情境 4 第 2 题。

试编制：(1)内墙抹灰工程量清单；(2)天棚抹灰工程量清单；(3)外墙抹灰工程量清单；(4)地面面砖工程量清单；(5)踢脚线工程量清单。

学习情境 8

工程量清单计价

学习目标

本学习情境主要讲解建筑工程和建筑装饰装修工程工程量清单计价。要求学生通过本情境的学习,掌握工程量清单计价的基本概念和工程量清单报价的主要组成内容,掌握工程量清单计价流程,会熟练应用清单计价规范和本地区定额等资料编制建筑工程和装饰装修工程量清单报价文件。

学习要求

知识要点	能力要求	比重
工程量清单计价文件格式	掌握工程量清单计价文件的构成、清单计价的格式、综合单价的组价、工程量清单计价费用构成和建设项目总报价的构成	20%
建筑工程清单计价文件的编制	掌握建筑工程清单综合单价的组成,掌握建筑工程清单计价的基本流程,掌握建筑工程清单计价的方法	40%
装饰工程清单计价文件的编制	掌握装饰工程清单综合单价的组成,掌握装饰工程清单计价的基本流程,掌握装饰工程清单计价的方法	40%

▶▶ **案例引入**

工程量清单计价模式下的招投标，工程量清单是由招标方编制好提供给投标方，投标方根据招标方给定的工程量清单，结合自身的技术、财务、管理、设备等能力进行投标报价，招标人根据具体的评标规则进行优选，每个投标方自身的技术、财务、管理、设备等能力都是不同的，因此每个投标方的报价也会不同，投标方报价具有充分的自由度，那么如何根据表7-4～表7-13这些给定的清单进行报价呢？表8-10就是针对表7-22给定清单完成的报价，可以看出每米预制钢筋混凝土桩报价为233.6元，其中人工费3.01元；材料费206.2元；机械费18.07元；管理费4.21元；利润2.11元；风险费0元。这些具体的费用是如何计算的呢？

▶▶ **项目导入**

从上述实例可以看出233.6元/m的价格并不是由人工、材料、机械3项生产要素消耗费用构成的，在这3项的基础上还增加管理费、利润和风险费，由此可以看出这个报价是个综合性的价格，那么清单价格的构成是怎样的？清单价格里的各项费用是如何计算的呢？首先要了解工程量清单单价的组成，其次要了解如何根据企业自身能力，结合清单项目特征的描述进行清单报价。

能力主题单元 8.1　工程量清单计价方法概述

以招标人提供的工程量清单为平台，投标人根据自身的技术、财务、管理、设备等能力进行投标报价，招标人根据具体的评标细则进行优选，这种计价方式是市场定价体系的具体表现形式。因此，在市场经济比较发达的国家，工程量清单计价法是非常流行的。随着我国建设市场的不断成熟和发展，工程量清单计价方法也必然会越来越成熟和规范。

《建设工程工程量清单计价规范》规定了工程量清单计价的工作范围、工程量清单计价价款构成、工程量清单计价单价和标底、报价的编制、工程量调整及其相应单价的确定等。招标投标实行工程量清单计价，是指招标人公开提供工程量清单，投标人自主报价或招标人编制标底及双方鉴定合同价款、工程竣工结算等活动。招标投标实行工程量清单计价。

采用工程量清单计价，建设工程造价由分部分项工程费、措施项目费、其他项目费、规费和税金组成。分部分项工程量清单应采用综合单价计价。

> **特别提示**
>
> 综合单价是指完成工程清单中一个规定计量单位所需的人工费、材料费、机械使用费、管理费和利润，并考虑风险因素，是除规费和税金以外的全部费用。
>
> 措施项目清单计价应根据拟建工程的施工组织设计，可以计算工程量的措施项目，应按分部分项工程量清单的方式采用综合单价计价；其余的措施项目可以"项"为单位的方式计价，应包括除规费、税金外的全部费用。

1. 工程量清单计价费用组成

工程量清单计价价款，应包括完成招标文件规定的工程量清单项目所需的全部费用。包括：①分部分项工程费、措施项目费、其他项目费和规费、税金；②完成每分项工程所含全部工程内容的费用；③完成每项工程内容所需的全部费用（规费、税金除外）；④工程量清单项目中没有体现的，施工中又必须发生的工程内容所需的费用；⑤考虑风险因素而增加的费用。

根据《建设工程工程量清单计价规范》规定，工程量清单计价有以下需要说明的情况。

（1）工程量清单应采用综合单价计价。

（2）分部分项工程量清单的综合单价，应根据《建设工程工程量清单计价规范》规定的综合单价构成内容组成，按设计文件或参照附录 A、附录 B 中工程内容确定。

（3）措施项目清单的金额，应根据拟建工程的施工方案，参照《建设工程工程量清单计价规范》规定的综合单价组成确定。措施项目清单中所列的措施项目均以"项"提出，所以计价时，首先应详细分析其所含工程内容，然后确定其综合单价。

措施项目不同，其综合单价组成内容可能有差异，因此本规范强调，在确定措施项目综合单价时，本规范规定的综合单价组成仅供参考。招标人提出的措施项目清单是根据一般情况确定的，没有考虑不同投标人的"个性"，因此投标人在报价时，可以根据本企业的实际情况，增加措施项目内容，并报价。

（4）其他项目清单的金额应按下列规定确定。

① 招标人部分的金额可按估算金额确定。

② 投标人的总承包服务费应根据招标人提出的要求确定，零星工作项目费应根据"零星工作项目计价表"确定。零星工作项目的综合单价应参照《建设工程工程量清单计价规范》规定的综合单价组成填写。

（5）招标工程如设标底，标底应根据招标文件中的工程量清单和有关要求、施工现场实际情况、合理的施工方法以及按照省、自治区、直辖市建设行政主管部门制定的有关工程造价计价办法进行编制。

（6）投标报价应根据招标文件中的工程量清单和有关要求、施工现场实际情况及拟定的施工方案或施工组织设计，依据企业定额和市场价格信息，或参照建设行政主管部门发布的社会平均消耗量定额编制。

> **特别提示**
>
> 工程造价应在政府宏观调控下，由市场竞争形成。在这一原则指导下，投标人的报价应在满足招标文件要求的前提下实行人工、材料、机械消耗量自定，价格费用自选，全面竞争，自主报价的方式。

（7）工程量清单计价格式中列明的所有需要填报的单价和合价，投标人均应填报，未填报的单价和合价，视为此项费用已包含在工程量清单的其他单价或合价中。

2. 清单报价中应注意的问题

（1）单价一经报出，在结算时一般不作调整，但在合同条件发生变化，如施工条件发生变化、工程变更、额外工程、加速施工、价格法规变动等条件下，可重新议定单价并进行合理调整。

（2）当清单项目中工程量与单价的乘积结果与合价数字不一致时，应以单价为准。

（3）工程量清单所有项目均应报出单价，未报单价视为已包括在其他单价之内。

（4）注意把招标人在工程量表中未列的工程内容及单价考虑进去，不可漏算。

（5）为了合理减少工程承包人的风险，并遵照谁引起的风险，谁承担责任的原则，本规范对工程量的变更及其综合单价的确定做了规定。

> **特别提示**
>
> 无论由于工程量清单有误或漏项，还是由于设计变更引起新的工程量清单项目或清单项目工程数量的增减，均应按实调整。
>
> 工程量变更后综合单价的确定应按本规范的规定执行。本条仅适用于分部分项工程量清单。

3. 投标报价编制依据

（1）《建设工程工程量清单计价规范》；

（2）国家或省级、行业建设主管部门颁发的计价办法；

（3）企业定额，国家或省级、行业建设主管部门颁发的计价定额；

（4）招标文件、工程量清单及其补充通知、答疑纪要；

（5）建设工程设计文件及相关资料；

（6）施工现场情况、工程特点及拟定的投标施工组织设计或施工方案；

（7）与建设项目相关的标准、规范等技术资料；

（8）市场价格信息或工程造价管理机构发布的工程造价信息；

（9）其他的相关资料。

4. 清单报价格式

《建设工程工程量清单计价规范》规定工程量清单计价表格区分招标控制价、投标报价和竣工结算价，其相应的工程量清单计价表格格式均不相同。此处以施工单位投标报价表格为主介绍。

投标人应按招标人提供的工程量清单填报价格。填写的项目编码、项目名称、项目特征、计量单位、工程量必须与招标人提供的一致。

投标人应按招标文件的要求，附工程量清单综合单价分析表。工程量清单与计价表中列明的所有需要填写的单价和合价，投标人均应填写，未填写的单价和合价，视为此项费用已包含在工程量清单的其他单价和合价中。

（1）封面：封面应按规定内容填写、签字、盖章。除投标人自己编制的投标报价和竣工结算外，受委托编制的招标控制价、投标报价、竣工结算若为造价员编制的，应有负责审核的造价工程师签字、盖章以及工程造价咨询人盖章。

投标总价

招　标　人：_____

工　程　名　称：_____

投标总价(小写)：_____

　　　　(大写)：_____

投　标　人：_____

　　　　　　　(单位盖章)

法 定 代 表 人
或 其 授 权 人：_____

　　　　　　　(签字或盖章)

编　制　人：_____

　　　　　　(造价人员签字盖专用章)

编　制　时　间：　年　月　日

(2) 总说明：总说明应该按下列要求填写，见表 8-1。

① 工程概况：建设规模、工程特征、计划工期、合同工期、实际工期、施工现场及变化情况、施工组织设计的特点、自然地理条件、环境保护条件等。

② 编制依据等。

表 8-1　总说明

工程名称：　　　　　　　　　　　　　　　　　　　　　　　第　页　共　页

(3) 工程项目投标报价汇总表：工程项目总价表中单项工程名称应按单项工程费汇总表的工程名称填写，其金额应按单项工程费汇总表的合计金额填写，见表 8-2。

表8-2 工程项目投标报价汇总表

序号	单项工程名称	金额/元	其中	
			安全文明施工费/元	规费/元
	合　计			

（4）单位工程投标报价汇总表：单位工程费汇总表中的金额由分部分项工程、措施项目、其他项目的金额和按有关规定计算的规费、税金的总额填写，见表8-3。

表8-3 单位工程投标报价汇总表

序号	汇总内容	（专业工程）清单报价汇总	（专业工程）清单报价汇总	报价小计
1	分部分项工程			
2	措施项			
2.1	施工技术措施项目			
2.2	施工组织措施项目			
其中	安全文明施工费			
	建设工程检验试验费			
	其他措施项目费			
3	其他项目费			
3.1	暂列金			
3.2	暂估价			
3.3	计日工			
3.4	总承包服务费			
4	规费			
5	税金			
投标报价合计＝1＋2＋3＋4＋5				

(5) 分部分项工程量清单及计价表：分部分项工程量清单及计价表中的序号、项目编码、项目名称、计量单位、工程数量必须按分部分项工程量清单中的相应内容填写，见表 8-4。

表 8-4　分部分项工程量清单及计价表

序号	项目编码	项目名称	项目特征	计量单位	工程量	综合单价/元	合价/元	其中/元		备注
								人工费	机械费	
				本页小计						
				合　　计						

(6) 工程量清单综合单价计算表及工料机分析表，见表 8-5 和表 8-6。

表 8-5　工程量清单综合单价计算表

序号	编码	名称	计量单位	数量	综合单价/元						合计/元
					人工费	材料费	机械费	管理费	利润	风险费用	小计	
1	(清单编码)	(清单名称)										
	(清单编码)	(清单名称)										
	…	…										
2	(清单编码)	(清单名称)										
	(清单编码)	(清单名称)										
	…	…										

表8-6 工程量清单综合单价工料机分析表

项目编码		项目名称		计量单位	

清单综合单价组成明细						
序号	名称及规格	单位	数量	金额/元	
				单价	合价
1	人工				
	人工费小计				
2	材料				
	材料费小计				
3	机械				
	机械费小计				
4	直接工程费(1+2+3)				
5	管理费				
6	利润				
7	风险费用				
8	综合单价(4+5+6+7)				

（7）措施项目清单计价表：措施项目清单计价表如表8-7和表8-8所示。措施项目清单中的安全文明施工费应按国家或省级、行业建设主管部门的规定计价，不得作为竞争性费用。

表8-7 措施项目清单与计价表（一）

序号	项目名称	计算基础	费率/%	金额/元
1	安全防护、文明施工费			
2	夜间施工增加费			
3	缩短工期增加费			
4	二次搬运费			

续表

序号	项目名称	计算基础	费率/%	金额/元
5	已完工程及设备保护费			
6	检验试验费			
		合计		

表 8-8　措施项目清单与计价表（二）

序号	项目编码	项目名称	项目特征	计量单位	工程量	综合单价/元	合价/元	其中/元		备注
								人工费	机械费	
合计										

（8）其他项目清单计价表格式如表 7-7～表 7-12 所示。

（9）规费、税金项目清单格式见表 7-13 所示。

能力主题单元 8.2　工程量清单计价

8.2.1　分部分项工程量清单计价

分部分项工程量清单中的单价应采用综合单价，综合单价是指完成工程量清单中一个规定计量单位所需的人工费、材料费、机械使用费、管理费和利润，并考虑风险因素，是除规费和税金以外的全部费用。

> **知识链接**
>
> 除《建设工程工程量清单计价规范》强制性规定外，投标价由投标人自主确定，但不得低于成本。
>
> 投标价应由投标人或受其委托具有相应资质的工程造价咨询人编制。
>
> 投标人应按招标人提供的工程量清单填报价格。填写的项目编码、项目名称、项目特征、计量单位、工程量必须与招标人提供的一致。
>
> 分部分项工程费应依据综合单价的组成内容，按招标文件中分部分项工程量清单项目的特征描述确定综合单价计算。综合单价中应考虑招标文件中要求投标人承担的风险费用。招标文件中提供了暂估单价的材料，按暂估的单价计入综合单价。采用工程量清单计价的工程，应在招标文件或合同中明确风险内容及其范围(幅度)，不得采用无限风险、所有风险或类似语句规定风险内容及其范围(幅度)。

1. 建筑工程工程量清单计价

1）土(石)方工程

土(石)方工程工程量清单组价内容如下：土方工程中平整场地按首层建筑面积计算，管沟土方按米计算，其余均按体积计算。

计算土(石)方工程时应注意以下事项。

(1) "平整场地"项目可能出现±30cm 以内的全部是挖方或全部是填方，需外运土方或借土回填时，在工程量清单项目中应描述弃土运距(或弃土地点)或取土运距(或取土地点)，这部分的运输应包括在"平整场地"项目报价内。

(2) "挖基础土方"项目报价应注意：

① 根据施工方案规定的放坡、操作工作面和机械挖土进出施工工作面的坡道等的增加的施工量，应包括在挖基础土方报价内。

② 工程量清单"挖基础土方"项目中应描述弃土运距，施工增量的弃土运输包括在报价内。

③ 截桩头包括剔打混凝土、钢筋清理、调直弯勾及清运弃渣、桩头。

④ 深基础的支护结构：如钢板桩、H 钢桩、预制钢筋混凝土板桩、钻孔灌注混凝土排桩挡墙、预制钢筋混凝土排桩挡墙、人工挖孔灌注混凝土排桩挡墙、旋喷桩地下连续墙和基坑内的水平钢支撑、水平钢筋混凝土支撑、锚杆拉固、基坑外拉锚、排桩的圈梁、H 钢桩之间的木挡土板以及施工降水等，应列入工程量清单措施项目费内。

(3) "土(石)方回填"项目中应注意：基础土方放坡等施工的增加量，应包括在报价内。

【例 8-1】 根据例 7-1 中的已知条件和图 7.4～图 7.6 中所示的房屋基础平面图和剖面图，施工单位确定的施工方案为：基坑边堆放、人工装车、汽车运土考虑，土类为三类土，人力开挖，地下常水位标高－2.0m；基坑回填后余土弃运 5km。

试对例 7-1 中所编制的 1-1 断面挖土方工程量清单报价。

所有工料机价格全部按照浙江省 2010 版基期价格。

取定的企业管理费费率为 20%，利润费率为 10%，风险费不计。

【解】 已知挖土方清单工程量为 87.74m³，清单报价时的土方工程量的计算需要考虑放坡和工作面的因素，计算如下：

挖土深度：$1.8-0.45=1.35m<1.50m$，不需要放坡。

混凝土垫层工作面 $C=0.3(m)$
1—1 断面
$$L_{外墙}=[6.00\times3+7.20+\frac{(0.49-0.24)\times0.365}{0.24}-1.5]\times2$$
$$=[25.2+0.38-1.5]\times2$$
$$=48.16(m)$$
$L_{内墙}=7.20-0.6\times2=6.00(m)$
$L_{1-1}=(48.16+6.00)=54.16(m)$
$V_{1-1总}=54.16\times(1.20+0.3\times2)\times1.35=131.61(m^3)$
基槽坑内埋入体积,见例 7-3 和例 7-4。
1—1 断面基槽内埋入构件体积
$V_{1-1}=6.50+19.17+14.51=40.18(m^3)$
注:14.51 为-0.45 以下砖基础体积:
$[(1.8-0.1-0.35-0.45)\times0.24+0.04725]\times(48.16+6.96)=14.51(m^3)$
基槽坑内回填土体积:$131.61-40.18=91.43(m^3)$(回填暂不考虑房心回填土因素)
余土运输工程量(按基坑边堆放、人工装车、汽车运土考虑)
弃土外运工程量$=131.61-91.43\times1.15=26.47(m^3)$

特别提示

$91.43m^3$ 为回填夯实后体积,余土外运土方为天然密实体积,回填土方要先转换为天然密实体积,1.15 为转换系数。

1—1 挖土方清单报价见表 8-9。

表 8-9 例 8-1 分部分项工程量清单项目综合单价计算表

序号	编码	名称	计量单位	数量	综合单价/元						合计/元
					人工费	材料费	机械费	管理费	利润	风险费用	小计	
1	010101003001	挖基础土方	m³	87.74	20.68		3.79	4.67	2.34		30.36	2663.79
	1-8	人工挖三类土深1.5m内	100m³	1.3161	1260		252	126			1638	2155.77
	1-65	人工装土	1000m³	0.02647	4512			902.4	451.2		5865.6	155.26
	1-67+1-68×4	自卸汽车运土5km	1000m³	0.02647	192		10043.09	2047.02	1023.51		13305.62	352.2

2) 桩与地基基础工程

桩与地基基础工程工程量清单组价内容:混凝土桩工程工程量清单中预制钢筋混凝土桩和混凝土灌注桩按米或根计算,接桩按个或米计算。

【例 8-2】根据例 7-2 中的已知条件计算该预应力钢筋混凝土管桩的综合单价。

投标方确定的施工方案为：管桩向市场以采购200元/m，根据桩长采用4000kN多功能压桩机一台压桩，现场采用25t履带式起重机一台配合吊运；桩顶灌注C25商品混凝土1.5m高；其他工料机价格全部按照浙江省2010版基期价格。

取定的企业管理费费率为20%，利润费率为10%，风险费暂不计。

【解】（1）清单报价定额工程量计算。

压管桩：$100 \times 25 = 2500$（m）

送桩：$100 \times (3.5 - 0.45 + 0.5) = 355.0$（m）

桩顶灌芯：$100 \times (0.6 - 0.2)^2 \times \pi / 4 \times 1.5 = 18.84$（m³）

（2）综合单价见表8-10。

表8-10 例8-2分部分项工程量清单项目综合单价计算表

序号	编码	名称	计量单位	数量	综合单价/元						合计/元
					人工费	材料费	机械费	管理费	利润	风险费用	小计	
1	010201001001	预制钢筋混凝土桩	m	2500	3.07	206.41	18.31	4.28	2.14	0	234.21	585525
	2-29H	压预应力钢筋混凝土管桩 φ600内	100m	25.00	245.1	20406.01	1565.61	362.14	181.07	0	22759.93	568998.25
	2-33	送管桩桩径600内	100m	3.55	350.88	21.5	1782.49	426.67	213.34	0	2794.88	9921.82
	2-105	人工挖孔桩C25混凝土灌芯	10m³	1.884	163.4	3083.45	157.02	64.08	32.04	0	3499.99	6593.98

3）砌筑工程

砌筑工程工程量清单组价内容如下：砖基础清单只有砖基础一个子目，按立方米计算。砖砌体清单中除零星砌砖可以按立方米或平方米或米或个计算外，其余均按立方米计算。砖构筑物清单项目中砖烟囱或水塔、砖烟道按立方米计算，砖窨井或检查井、砖水池或化粪池按座计算。砌块砌体清单均按立方米计算。

【例8-3】根据例7-1中的已知条件和图7.4～图7.6所示的房屋基础平面图和剖面图，试对例7-3中所编制的砖基础工程量清单报价。所有工料机价格全部按照浙江省2010版基期价格。施工单位取定的企业管理费费率为20%，利润费率为10%，风险费不计。

【解】清单报价定额工程量计算

砖基础高度 $H = 1.8 - 0.1 - 0.35 = 1.35$（m）

1-1断面砖基础工程量

大放脚面积＝2×3×0.0625×0.126＝0.04725(m²)

砖基础外墙中心线长＝48.16(m)

砖基础内墙净长＝(7.20－0.24)＝6.96(m)

V_{1-1}＝(1.35×0.24＋0.04725)×(48.16＋6.96)＝20.46(m³)

防潮层面积：

S_{1-1}＝0.24×(48.16＋6.96)＝13.23(m²)

分部分项工程量清单项目综合单价计算表及分析见表8-11。

表8-11 例8-3分部分项工程量清单项目综合单价计算表

序号	编码	名称	计量单位	数量	综合单价/元						合计/元
					人工费	材料费	机械费	管理费	利润	风险费用	小计	
1	010301001001	砖基础	m³	20.46	42.57	234.88	2.36	8.99	4.49		293.29	6000.71
	3-15	M10水泥砂浆烧结普通砖基础	10m³	2.046	425.7	2305.72	22.26	89.59	44.8		2888.07	5908.99
	7-40	砖基础上防水砂浆防潮层	100m²	0.1323		666.75	20.5	4.1	2.05		693.4	91.74

4) 混凝土及钢筋混凝土工程

现浇混凝土工程量清单计价涉及的项目列项较多，但各清单项目的组合规则各不相同，在对清单项目进行计价分析时，应结合项目特征的描述和工程内容进行施工子目的组合，同时还应考虑措施项目中有关计价因素。混凝土及钢筋混凝土工程工程量清单组价内容：

现浇混凝土基础包括带型基础、独立基础、满堂基础、设备基础、桩承台基础共5个子目全部按立方米计算。

现浇混凝土柱包括矩形柱、异形柱两个子目全部按立方米计算。

现浇混凝土梁包括基础梁、矩形梁、异形梁、圈梁、过梁、弧形、拱形梁6个子目全部按立方米计算。

现浇混凝土板均按立方米计算。

【例8-4】根据例7-1中的已知条件和图7.4～图7.6所示的房屋基础平面图和剖面图，试对例7-4中所编制的1-1断面混凝土基础工程量清单报价。

所有工料机价格全部按照浙江省2010版基期价格。

施工单位取定的企业管理费费率为20%，利润费率为10%，风险不计。

【解】清单报价混凝土基础定额工程量计算

1-1断面混凝土基础工程量＝1.00×0.35×54.76＝19.17(m³)

分部分项工程量清单项目综合单价计算及分析见表8-12。

表8-12 例8-4分部分项工程量清单项目综合单价计算表

序号	编码	名称	计量单位	数量	综合单价/元							合计/元
					人工费	材料费	机械费	管理费	利润	风险费用	小计	
1	010401001001	带形基础	m³	19.17	45.68	286.28	6.04	10.34	5.17		353.51	6776.79
	4-3H	C30(40)现浇现拌砼基础浇捣	10m³	1.917	320.35	2246.18	43.01	72.67	36.34		2718.55	5211.46
	4-1	现浇现拌混凝土建筑物混凝土垫层	10m³	0.65	402.48	1818.43	51.29	90.75	45.38		2408.33	1565.41

【例8-5】根据例7-5～例7-7中的已知条件和工程量清单,试对例题中所编制的柱、梁、板清单报价。已知采用商品泵送混凝土,所有工料机价格全部按照浙江省2010版基期价格。取定的企业管理费费率为20%,利润费率为10%,风险费不计。

【解】梁板柱的定额工程量等于清单工程量,计算在这里省略不计,综合单价计算见表8-13。

表8-13 例8-5分部分项工程量清单项目综合单价计算表

序号	编码	名称	计量单位	数量	综合单价/元							合计/元
					人工费	材料费	机械费	管理费	利润	风险费用	小计	
1	010402001001	矩形柱	m³	3.17	39.17	307.52	0.44	7.92	3.96		359.02	1138.09
	4-79	现浇商品混凝土(泵送)建筑物混凝土矩形柱	10m³	0.317	391.73	3075.24	4.35	79.22	39.61		3590.15	1138.08
2	010403002001	矩形梁	m³	3.16	21.93	310.65	0.43	4.47	2.24		339.72	1073.52
	4-83	现浇商品混凝土(泵送)建筑物混凝土单梁、连续梁、异形梁、弧形梁、吊车梁	10m³	0.316	219.3	3106.47	4.35	44.73	22.37		3397.22	1073.52
3	010403002002	矩形梁	m³	1.24	21.93	310.65	0.44	4.48	2.23		339.73	421.27

续表

序号	编码	名称	计量单位	数量	综合单价/元							合计/元
					人工费	材料费	机械费	管理费	利润	风险费用	小计	
	4-83	现浇商品混凝土(泵送)建筑物混凝土单梁、连续梁、异形梁、弧形梁、吊车梁	10m³	0.124	219.3	3106.47	4.35	44.73	22.37		3397.22	421.26
4	010405003001	平板	m³	2.2	20.43	320.92	1.01	4.29	2.14		348.78	767.32
	4-86	现浇商品混凝土(泵送)建筑物混凝土板	10m³	0.22	204.25	3209.21	10.08	42.87	21.43		3487.84	767.32

【例8-6】根据例7-8中现浇混凝土阳台的已知条件和工程量清单,试对例7-8中所编制的阳台清单报价。已知阳台采用商品泵送混凝土,所有工料机价格全部按照浙江省2010版基期价格。取定的企业管理费费率为20%,利润费率为10%,风险费不计。

【解】阳台清单报价工程量等于清单工程量1.246m³。

分部分项工程量项目综合单价计算及分析见表8-14。

表8-14 例8-6分部分项工程量清单综合单价计算表

序号	编码	名称	计量单位	数量	综合单价/元							合计/元
					人工费	材料费	机械费	管理费	利润	风险费用	小计	
1	010405008001	阳台板	m³	1.246	32.90	316.64	0.73	6.72	3.36	0	360.35	449.00
	4-97	C20泵送商品混凝土阳台	10m³	0.1246	328.95	3166.36	7.28	67.25	33.62	0	3603.46	449.00

5) 厂库库大门、特种门、木结构工程

厂库房大门、特种门、木结构工程工程量清单组价内容如下:厂库房大门包括木板大门、钢木大门、全钢板大门、特种门、围墙铁丝门共5个子目。均按樘计算。

特别提示

"钢木大门"项目报价应注意钢骨架制作安装包括在报价内。

"木屋架"项目报价应注意:与屋架相连接的挑檐木应包括在木屋架报价内;钢夹板构件、连接螺栓也应包括在报价内。

"钢木屋架"项目报价应注意：钢拉杆（下弦拉杆）、受拉腹杆、钢夹板、连接螺栓应包括在报价内。

设计规定使用干燥木材时，干燥损耗及干燥费应包括在报价内。

木结构有防虫要求时，防虫药剂应包括在报价内。

6) 金属结构工程

金属结构工程工程量清单组价内容如下：钢屋架和钢网架均按吨或榀计算。钢柱包括实腹柱、空腹柱、钢管柱3个子目。均按吨计算。

特别提示

"钢管柱"项目报价应注意：钢管混凝土柱的盖板、底板、穿心板、横隔板、加强环、明牛腿、暗牛腿，应包括在报价内。

"钢吊车梁"项目报价应注意将车挡包括在报价内。

钢构件的除锈刷漆包括在报价内。

钢构件的拼装台的搭拆和材料摊销应列入措施项目费。

钢构件需探伤（包括射线探伤、超声波探伤、磁粉探伤、金相探伤、着色探伤、荧光探伤等）应包括在报价内。

7) 屋面及防水工程

屋面及防水工程工程清单组价内容如下：瓦屋面、型材屋面、膜结构屋面均按图示尺寸以平方米计算。屋面防水中屋面排水管按米计算，其余均按平方米计算。墙、地面防水、防潮中变形缝按米计算，其余均按平方米计算。

【例8-7】试对例7-9中编制的卷材防水屋面的工程量清单进行报价。其余工料机价格全部按照浙江省2010版基期价格。取定的企业管理费费率为20%，利润费率为10%，暂不考虑风险因素。

【解】卷材防水屋面清单报价定额工程量计算

SBS改性沥青卷材弯起部分工程量=19.26(m^2)

SBS改性沥青卷材屋面防水层工程量=260.70(m^2)

SBS改性沥青卷材防水层工程量=19.26+260.70=279.96(m^2)

20mm厚1:3水泥砂浆找平层工程量=260.70(m^2)

综合单价计算见表8-15。

表8-15 例8-7分部分项工程量清单项目综合单价计算表

序号	编码	名称	计量单位	数量	综合单价/元						合计/元
					人工费	材料费	机械费	管理费	利润	风险费用	小计	
1	010702001001	屋面卷材防水	m^2	279.96	5.93	34.75	0.16	1.22	0.61	0	42.67	11945.89

续表

序号	编码	名称	计量单位	数量	综合单价/元						合计/元
					人工费	材料费	机械费	管理费	利润	风险费用	小计	
	7-57	屋面改性沥青卷材防水层	100m²	2.7996	290.25	3067.08	0	58.05	29.03	0	3444.41	9642.97
	10-1	20mm水泥砂浆找平层	100m²	2.607	325.0	438.08	17.57	68.51	34.26	0	883.42	2303.08

8) 防腐、隔热、保温工程

防腐、隔热、保温工程工程量清单组价内容如下：防腐面层中的防腐混凝土面层、防腐砂浆面层、防腐胶泥面层、玻璃钢防腐面层、聚氯乙烯面层、块料防腐面层6个子目均按平方米计算。隔热、保温中的温隔热屋面、保温隔热天棚、保温隔热墙、保温柱、隔热楼地面子目均按平方米计算。

外墙内保温和外保温的面层应包括在报价内，装饰层应按《建设工程工程量清单计价规范》附录B相关项目编码列项。外墙内保温的内墙保温踢脚线应包括在报价内。外墙外保温、内保温、内墙保温的基层抹灰或刮腻子应包括在报价内。防腐工程中需酸化处理时应包括在报价内。防腐工程中的养护应包括在报价内。

【例8-8】试对例7-10中编制的保温隔热屋面的工程量清单进行报价。

工料机价格全部按照浙江省2010版基期价格。

取定的企业管理费费率为20%，利润费率为10%，暂不考虑风险因素。

【解】清单报价定额工程量计算

炉渣混凝土CL7.5找坡，平均厚30mm工程量

$V_{炉渣混凝土}=260.70\times0.03=7.82(m^3)$

50mm厚干铺珍珠岩工程量

$V_{干铺珍珠岩}=260.70\times0.05=13.035(m^3)$

综合单价计算见表8-16。

表8-16 例8-8分部分项工程量清单项目综合单价计算表

序号	编码	名称	计量单位	数量	综合单价/元						合计/元
					人工费	材料费	机械费	管理费	利润	风险费用	小计	
1	010803001001	保温隔热屋面	m²	260.7	1.61	10.81	0.19	0.36	0.18	0	13.15	3428.21
	8-41	屋面铺设炉渣混凝土	10m³	0.782	313.9	1296.05	61.73	75.13	37.56	0	1784.36	1395.38
	8-45	屋面干铺珍珠岩	10m³	1.3035	133.3	1385.28	0	26.66	13.33	0	1558.57	2031.60

2. 装饰装修工程工程量清单计价

装饰工程工程量清单计价与建筑工程工程量清单计价的编制思路、编制程序基本一致。计价时，首先在熟悉图纸的基础上对业主给出的分部分项工程工程量清单进行认真分析，掌握各清单项目的工程内容、项目特征；进一步根据施工组织设计所给定的施工方案，对清单项目特别是清单的工程量进行核对；最后，根据有关计价规范、规定，参考套用定额手册进行工程造价的编制。

1) 楼地面工程

楼地面工程所包含的几种楼面、地面、台阶面、楼梯面等的做法有共同的特点，即常常有水泥砂浆垫层、找平层、结合层，对于地面及台阶面又多一层混凝土垫层或碎石垫层。在工程量清单计价时首先要做到把工程内容都考虑全面，不漏算；同时，注意到砂浆、混凝土、碎石垫层等的设计级配(配比)常与定额取定值不一致，应按规定进行必要的定额调整。

【例 8-9】根据《浙江省建筑工程预算定额》(2010 版)编制例 7-11 的石材楼地面工程量清单综合单价。人工、材料、机械单价采用定额取定的价格，管理费、利润及风险费用的计算基数为"人工费＋机械费"，管理费费率取 20%，利润率取 10%，风险费用取 0。

【解】(1) 清单工程量：020102001001　石材楼地面　21.21m^2
　　　　　　　　　　020105002001　石材踢脚线　1.97m^2

(2) 清单报价工程计算见例 4-8 所示。

(3) 计算分部分项工程的工程量清单综合单价，见表 8-17。

表 8-17　例 8-9 分部分项工程量清单综合单价计算表

序号	编码	名称	计量单位	数量	综合单价/元							合计/元
					人工费	材料费	机械费	管理费	利润	风险费用	小计	
1	020102001001	石材楼地面	m^2	21.21	18.98	180.25	0.92	3.98	1.99		206.12	4371.81
	10-1	整体面层水泥砂浆找平层 20 厚	100m^2	0.2121	325	438.08	17.57	68.51	34.26		883.42	187.37
	10-2	整体面层水泥砂浆找平层每增减 5	100m^2	0.2121	35	99.52	4.1	7.82	3.91		150.35	31.89
	4-1	现浇现拌混凝土建筑物混凝土垫层	10m^3	0.126	402.48	1818.43	51.29	90.75	45.38		2408.33	303.45
	10-17 换	石材楼地面花岗岩楼地面换为【水泥砂浆 1:1】	100m^2	0.2105	1414	16934.49	52.72	293.34	146.67		18841.22	3966.08

续表

序号	编码	名称	计量单位	数量	综合单价/元						合计/元
					人工费	材料费	机械费	管理费	利润	风险费用	小计	
	10-2换	水泥砂浆找平层减15换为【水泥砂浆1:1】	100m²	0.2105	-105	-402.27	-12.3	-23.46	-11.73		-554.76	-116.78
2	020105002001	石材踢脚线	m²	1.97	18.9	126.7	0.15	3.81	1.91		151.47	298.4
	10-65	石材、块料踢脚线花岗岩	100m²	0.0197	1890	12669.86	14.64	380.93	190.46		15145.89	298.37

【例8-10】根据《浙江省建筑工程预算定额》(2010版)编制例7-12的台阶饰面项目的工程量清单综合单价。人工、材料、机械单价采用定额取定的价格,管理费、利润及风险费用的计算基数为"人工费+机械费",管理费费率取20%,利润率取10%,风险费用取0。

【解】(1) 已知石材台阶面(020108001001)的清单工程量为7.92m²。

(2) 清单报价定额工程量计算见例4-9所示。

(3) 计算分部分项工程的工程量清单综合单价(见表8-18)。

表8-18 例8-10分部分项工程量清单综合单价计算表

序号	编码	名称	计量单位	数量	综合单价/元						合计/元
					人工费	材料费	机械费	管理费	利润	风险费用	小计	
1	010407001001	混凝土台阶	m²	7.92	43	66.85	3.15	9.23	4.62		126.85	1004.65
	9-66	台阶混凝土	10m²	0.792	430	668.52	31.48	92.3	46.15		1268.45	1004.61
2	020108001001	石材台阶面	m²	7.92	33.72	263.22	0.44	6.83	3.42		307.63	2436.43
	10-119换	花岗岩台阶面换为【水泥砂浆1:1】	100m²	0.1229	2068.5	17082.39	29.29	419.56	209.78		19809.52	2434.59
	10-2换	整体面层水泥砂浆找平层每增减5换为【水泥砂浆1:1】子目乘以系数3	100m²	-0.1229	105	402.27	12.3	23.46	11.73		554.76	-68.18

续表

序号	编码	名称	计量单位	数量	综合单价/元						合计/元
					人工费	材料费	机械费	管理费	利润	风险费用	小计	
	10—1	整体面层水泥砂浆找平层20厚	100m²	0.0792	325	438.08	17.57	68.51	34.26		883.42	69.97
3	020102001001	石材楼地面	m²	15.04	23.33	202.02	1.22	4.91	2.46		233.94	3518.46
	4—1换	现浇现拌混凝土建筑物混凝土垫层换为【现浇现拌混凝土碎石(最大粒径:40mm)混凝土强度等级C15】	10m³	0.15	402.48	1905.72	51.29	90.75	45.38		2495.62	374.34
	3—9	砂石垫层碎石垫层干铺	10m³	0.226	197.8	885.92	8.72	41.3	20.65		1154.39	260.89
	10—17换	石材楼地面花岗岩楼地面换为【水泥砂浆1:1】	100m²	0.1504	1414	16934.49	52.72	293.34	146.67		18841.22	2833.72
	10—2×3	整体面层水泥砂浆找平层每增减5子目乘以系数3	100m²	−0.1504	105	402.29	12.3	23.46	11.73		554.76	−83.44
	10—1	整体面层水泥砂浆找平层20厚	100m²	0.1504	325	438.08	17.57	68.51	34.26		883.42	132.87

【例8-11】根据《浙江省建筑工程预算定额》(2010版)编制例7-13的石材楼梯面层装饰项目工程量清单综合单价,并计算合价。人工、材料、机械单价采用定额取定的价格,管理费、利润及风险费用的计算基数为"人工费+机械费",管理费费率取20%,利润率取10%,风险费用取0。

【解】(1) 石材楼梯面层清单工程量为16.9m²,栏杆清单工程量为11.03m。

(2) 清单报价定额工程计算见例4-10所示。

(3) 计算分部分项工程的工程量清单综合单价,见表8-19。

表8-19 例8-11分部分项工程量清单综合单价计算表

| 序号 | 编码 | 名称 | 计量单位 | 数量 | 综合单价/元 | | | | | | 合计/元 |
					人工费	材料费	机械费	管理费	利润	风险费用	小计	
4	020106001001	石材楼梯面层	m²	16.9	37.31	197.87	0.35	7.53	3.77		246.83	4171.43
	10-79R ×0.85	楼梯装饰大理石楼梯面换为【干硬性水泥砂浆1:3】人工乘以系数0.85	100m²	0.169	3730.65	19787.21	35.14	753.16	376.58		24682.74	4171.38
5	020107001001	金属扶手带栏杆、栏板	m	11.03	52.4	83.67	16.36	13.75	6.88		173.06	1908.85
	10-108换	钢管扶手型钢栏杆	10m	1.103	247	567.33	163.63	82.13	41.06		1101.15	1214.57
	14-138	其他金属面防锈漆一遍	t	1.679	60	62.86		12	6		140.86	236.5
	14-141	其他金属面银粉漆二遍	t	1.679	122	114.12		24.4	12.2		272.72	457.9

2) 墙柱面工程

墙柱面工程的清单项目划分较多,主要包括墙柱面抹灰工程、石材及块料贴面工程、饰面板工程、幕墙工程几个常用部分。

在进行墙柱面工程计价时,石材及块料贴面应进一步明确所计算的项目是否有磨边穿孔要求,是否有造型要求,是否有酸洗打蜡要求等。应理解块料、石材贴面与饰面板贴面两种类别清单的差异,掌握墙面一般抹灰与装饰抹灰的区别。

【例8-12】 根据《浙江省建筑工程预算定额》(2010版)编制例7-14的湿挂花岗石柱面层装饰项目的工程量清单综合单价,并计算合价。人工、材料、机械单价采用定额取定的价格,管理费、利润及风险费用的计算基数为"人工费+机械费",管理费费率取20%,利润率取10%,风险费用取0。

【解】(1) 湿挂花岗石面层装饰项目(020205001001)的清单工程量为120.8m²。

(2) 清单报价定额工程量计算见例4-17所示。

(3) 计算分部分项工程的工程量清单综合单价,见表8-20。

表 8-20 例 8-12 分部分项工程量清单综合单价计算表

序号	编码	名称	计量单位	数量	综合单价/元							合计/元
					人工费	材料费	机械费	管理费	利润	风险费用	小计	
1	020205001001	石材柱面	m²	120.8	40.16	149.96	1.05	8.24	4.12		203.53	24586.42
	11-73	柱面镶贴石材、块料湿挂方柱	100m²	1.208	3645.5	14644.82	87.86	746.67	16.76		19498.19	23553.81
	11-26换	抹灰砂浆厚度调整抹灰层每增减1水泥砂浆换为【水泥砂浆1:3】子目乘系数15	100m²	1.208	150	351.28	17.55	33.51	16.76		569.12	687.5
	B1	柱帽增加人工费	工日	5.32	50			10	5		65	345.8

3) 天棚工程

天棚吊顶工程类型较多，在计价时如果设计的天棚龙骨断面尺寸、骨架间距等与定额不一致时，应按实际计算。

【例 8-13】根据《浙江省建筑工程预算定额》(2010 版)编制例 7-15 的天棚吊顶分项工程项目的工程量清单综合单价。人工、材料、机械单价采用定额取定的价格，管理费、利润及风险费用的计算基数为"人工费+机械费"，管理费费率取 20%，利润率取 10%，风险费用取 0。

【解】(1) 天棚吊顶项目(020302001001)的清单工程量为 49.83m²。

侧面工程量 = 0.15×(5.56+5.36)×2 = 3.276(m²)

石膏板工程量 = 49.83+3.276 = 53.106(m²)

(2) 计算分部分项工程的工程量清单综合单价，见表 8-21。

表 8-21 例 8-13 分部分项工程量清单综合单价计算表

序号	编码	名称	计量单位	数量	综合单价/元							合计/元
					人工费	材料费	机械费	管理费	利润	风险费用	小计	
1	020302001001	天棚吊顶	m²	49.83	22.25	56.92		4.45	2.23		85.85	4277.91
	12-16	轻钢龙骨、铝合金龙骨吊顶轻钢龙骨(U38型)平面	100m²	0.4983	849.5	1380.27		169.9	84.95		2484.62	1238.09

续表

序号	编码	名称	计量单位	数量	综合单价/元						合计/元
					人工费	材料费	机械费	管理费	利润	风险费用	小计	
	12—17	轻钢龙骨、铝合金龙骨吊顶轻钢龙骨（U38型）侧面	100m²	0.03276	1104.35	905		220.87	110.44		2340.66	76.68
	12—32	天棚饰面（基层）细木工板钉在轻钢龙骨上平面	100m²	0.4983	719.25	2781		143.85	71.93		3716.03	1851.7
	12—33	天棚饰面（基层）细木工板钉在轻钢龙骨上侧面	100m²	0.03276	931.5	2921.29		186.3	93.15		4132.24	135.37
	12—44	天棚饰面（基层）石膏板每增加一层石膏板	100m²	0.53106	490	1200.19		98	49		1837.19	975.66

【例 8-14】根据《浙江省建筑工程预算定额》(2010 版)编制例 7-16 的天棚抹灰分项工程项目的工程量清单综合单价并计算合价。人工、材料、机械单价采用定额取定的价格，管理费、利润及风险费用的计算基数为"人工费＋机械费"，管理费费率取 20%，利润率取 15%，风险费用取 0。

【解】(1) 天棚抹灰项目(020301001001)的清单工程量为 26.11m²。清单报价定额工程量等于清单工程量。

(2) 计算分部分项工程的工程量清单综合单价，见表 8-22。

表 8-22 例 8-14 分部分项工程量清单综合单价计算表

序号	编码	名称	计量单位	数量	综合单价/元						合计/元
					人工费	材料费	机械费	管理费	利润	风险费用	小计	
1	020301001001	天棚抹灰	m²	21.66	7.66	5.16	0.16	1.56	0.78		15.32	331.83
	12—4	混凝土面天棚抹灰水泥石灰纸筋砂浆底纸筋灰面	100m²	0.2166	765.5	515.9	15.81	156.26	78.13		1531.6	331.74

4) 门窗工程

在进行门窗计价时应明确计价项目所使用的材料及开启方式。门窗计价内容有制作、运输、安装、五金、油漆等，对于现场制作并安装的门窗一般上述工作内容都考虑到工程造价中，但对于成品门窗的安装，工作内容往往不包含制作。

防护材料分防火、防腐、防虫、防潮、耐磨、耐老化等材料，应根据清单项目要求报价，门窗框与洞口之间缝的堵塞，也应包括在报价内。

【例8-15】根据《浙江省建筑工程预算定额》（2010版）编制例7-18的门安装分项工程项目的工程量清单综合单价并计算合价。人工、材料、机械单价采用定额取定的价格，管理费、利润及风险费用的计算基数为"人工费+机械费"，管理费费率取20%，利润率取10%，风险费用取0。

【解】窗清单工程量＝1.44（m²）

门清单工程量＝2.16（m²）。

计算分部分项工程的工程量清单综合单价，表8-23。

表8-23 例8-15分部分项工程量清单综合单价计算表

序号	编码	名称	计量单位	数量	综合单价/元						合计/元
					人工费	材料费	机械费	管理费	利润	风险费用	小计	
1	020402001001	金属平开门	m²	2.16	14.99	378.42		3.00	1.5		397.91	859.49
	13-42	金属门铝合金门安装平开门	100m²	0.0216	1498.5	37842.14		299.7	149.85		39790.19	859.47
2	020406001001	金属推拉窗	m²	1.44	10.22	191.23		2.04	1.02		204.51	294.49
	13-99	金属窗铝合金窗安装推拉窗	100m²	0.0144	1022	19122.85		204.4	102.2		20451.45	294.5

【例8-16】根据《浙江省建筑工程预算定额》（2010版）编制例7-19的门窗安装分项工程项目的工程量清单综合单价并计算合价。人工、材料、机械单价采用定额取定的价格，管理费、利润及风险费用的计算基数为"人工费+机械费"，管理费费率取20%，利润率取10%，风险费用取0。

【解】门窗的清单工程量等于清单报价定额工程量。

镶木板门 M1 为 3.6m²；木质平开窗 C1 为 13.5m²。

镶木板门 M2 为 16.8m²；木质平开窗 C2 为 2.7m²。

门、窗油漆系数均为1，油漆工程量＝1×门、窗面积。

计算分部分项工程的工程量清单综合单价（见表8-24）。

表 8-24 例 8-16 分部分项工程量清单综合单价计算表

序号	编码	名称	计量单位	数量	综合单价/元							合计/元
					人工费	材料费	机械费	管理费	利润	风险费用	小计	
1	020401001001	镶木板门	m²	3.6	46.44	89.57	1.06	9.5	4.75		151.32	544.75
	13-1	普通木门制作、安装有亮镶板门	100m²	0.036	3143.5	8489.25	106.25	649.95	324.98		12713.93	457.7
	14-17	单层木门调和漆底油一遍、刮腻子、调和漆二遍	100m²	0.036	1500	467.41		300	150		2417.41	87.03
2	020401001002	镶木板门	m²	16.8	46.44	89.57	1.06	9.5	4.75		151.32	2542.18
	13-1	普通木门制作、安装有亮镶板门	100m²	0.168	3143.5	8489.25	106.25	649.95	324.98		12713.93	2135.94
	14-17	单层木门调和漆底油一遍、刮腻子、调和漆二遍	100m²	0.168	1500	467.41		300	150		2417.41	406.12
3	020405001001	木质平开窗	m²	13.5	41.53	88.46	0.98	8.5	4.25		143.72	1940.22
	13-90	木窗平开窗	100m²	0.135	3027.5	8553.08	98.42	625.18	312.59		12616.77	1703.26
	14-36	单层木窗调和漆底油一遍、刮腻子、调和漆二遍	100m²	0.135	1125	292.59		225	112.5		1755.09	236.94
4	020405001002	木质平开窗	m²	2.7	41.53	88.46	0.99	8.5	4.25		143.73	388.07
	13-90	木窗平开窗	100m²	0.027	3027.5	8553.08	98.42	625.18	312.59		12616.77	340.65
	14-36	单层木窗调和漆底油一遍、刮腻子、调和漆二遍	100m²	0.027	1125	292.59		225	112.5		1755.09	47.39

5) 油漆、涂料、裱糊工程

油漆、涂料、裱糊工程计价时应明确具体项目对涂饰工程的工艺要求,如油漆材料品种规格、油漆遍数、是否需磨退等。

> **特别提示**
>
> 有关项目中已包括油漆、涂料的,不再单独按涂饰工程列项,以免造成重复计价。
> 有线角、线条、压条的油漆、涂料面的工料消耗应包括在报价内。
> 空花格、栏杆刷涂料工程量按外框单面垂直投影面积计算,应注意其展开面积工料消耗应包括在报价内。

【例 8-17】 根据《浙江省建筑工程预算定额》(2010版)编制例 7-20 的某房间内墙裙油漆分项工程项目的工程量清单综合单价并计算合价。人工、材料、机械单价采用定额价格,管理费、利润及风险费用的计算基数为"人工费+机械费",管理费费率20%,利润率取10%,风险费用0。

【解】(1) 内墙裙油漆分项工程的清单工程量为 16.42m²。

(2) 清单报价定额工程量等于清单工程量。

(3) 计算分部分项工程的工程量清单综合单价,见表 8-25。

表 8-25 例 8-17 分部分项工程量清单综合单价计算表

序号	编码	名称	计量单位	数量	综合单价/元							合计/元
					人工费	材料费	机械费	管理费	利润	风险费用	小计	
1	020506001001	抹灰面油漆	m²	20.71	11.91	3.6		2.38	1.19		19.08	395.15
	14—149	抹灰面调和漆墙、柱、天棚面等二遍	100m²	0.2071	810	234.91		162	81		1287.91	266.73
	14—150×2	抹灰面调和漆墙、柱、天棚面等每增减一遍子目乘以系数2	100m²	0.2071	381	125.02		76.2	38.1		620.32	128.47

6) 其他工程

本章各项目的工程内容均可能含有制作、运输、安装、刷防护材料、刷油漆等工程内容,计价时不得漏算;同理,对于成品柜类、货架等项目往往不需要刷防护材料、刷油漆,计价时又不得重算。

> **特别提示**
>
> 旗杆的砌砖或混凝土台座,台座的饰面可按相关附录的章节另行编码列项,也可纳入旗杆报价内,金属旗杆也可将旗杆台座及台座面层一并纳入报价。
>
> 台柜项目以"个"计算,应按设计图纸或说明,包括台柜、台面材料(石材、皮草、金属、实木等)、内隔板材料、连接件、配件等,均应包括在报价内。
>
> 洗漱台现场制作、切割、磨边等人工、机械的费用应包括在报价内。

8.2.2 措施项目清单计价

投标人可根据工程实际情况结合施工组织设计,对招标人所列的措施项目进行增补。

措施项目费应根据招标文件中的措施项目清单及投标时拟定的施工组织设计或施工方案由企业自主确定。措施项目清单中的安全文明施工费应按照国家或省级、行业建设主管部门的规定计价,不得作为竞争性费用。

> **特别提示**
>
> 技术措施项目清单计量与计价规则具体详见第一篇学习情境5。
>
> 组织措施费计量与计价是以工料单价法为计算准则的。具体内容见第一篇学习情境5。

1. 大型机械设备进出场及安拆费、施工排水、施工降水措施费清单计价

【例8-18】试完成例7-22清单项目的报价,所有工料机价格全部按照浙江省2010版基期价格。取定的企业管理费费率为20%,利润费率为10%,风险费不计。

【解】清单报价的具体定额项目的计算见例5-7。综合单价计算见表8-26。

表8-26 例8-18措施项目费清单综合单价计算表

序号	编码	名称	计量单位	数量	综合单价/元						合计/元
					人工费	材料费	机械费	管理费	利润	风险费用	小计	
1	000002001001	塔式起重机基础费用	项	1	9675	22480.5	574.5	2049.9	1024.5		35804.85	35804.85
	1002	塔式起重机、施工电梯基础费用轨道式基础	m(双轨)	150	64.5	149.87	3.83	13.67	6.83		238.7	35805
2	000002003001	特、大型机械安拆费	项	1	2580	63.12	4113.61	1338.72	669.36		8764.81	8764.81

续表

序号	编码	名称	计量单位	数量	综合单价/元						合计/元
					人工费	材料费	机械费	管理费	利润	风险费用	小计	
	2001	安装、拆卸费用塔式起重机60kN·m	台次	1	2580	63.12	4113.61	1338.72	669.36		8764.81	8764.81
3	000002004001	特、大型机械进出场费	项	1	516	2071.17	5819.69	1267.14	633.57		10307.57	10307.57
	3017	场外运输费用塔式起重机60kN·m	台次	1	516	2071.17	5819.69	1267.14	633.57		10307.57	10307.57

【例8-19】试完成例7-23清单项目的报价，所有工料机价格全部按照浙江省2010版基期价格。取定的企业管理费费率为20%，利润费率为10%，风险费不计。

【解】清单报价的具体定额项目的计算见例5-2。综合单价计算见表8-27。

表8-27 例8-19措施项目费清单综合单价计算表

序号	编码	名称	计量单位	数量	综合单价/元						合计/元
					人工费	材料费	机械费	管理费	利润	风险费用	小计	
1	000001002001	施工降水	项	1	4780	3262.9	7140.09	2384.02	1192.01		18759.02	18759.02
	1-99	基础排水轻型井点安、拆	10根	6.5	500	386.6	446.69	189.34	94.67		1617.3	10512.45
	1-100	基础排水轻型井点使用	套·天	15	60	29.41	166.14	45.23	22.61		323.39	4850.85
	1-100×0.7	基础排水轻型井点使用子目乘以系数0.7	套·天	15	42	20.59	116.3	31.66	15.83		226.38	3395.7

2. 混凝土、钢筋混凝土模板及支架措施费清单计价

【例8-20】试完成例7-24清单项目的报价，采用复合木模，图中轴线居梁中，本层层高3.3m。所有工料机价格全部按照浙江省2010版基期价格。取定的企业管理费费率为20%，利润费率为10%，风险费不计。

【解】清单报价的具体定额项目的计算见例7-24。综合单价计算见表8-28。

表8-28 例8-20措施项目费清单综合单价计算表

序号	编码	名称	计量单位	数量	综合单价/元						合计/元
					人工费	材料费	机械费	管理费	利润	风险费用	小计	
1	010902001001	柱模板	m²	34.68	12.04	13.38	1.18	2.64	1.32		30.56	1059.82
	4-156	建筑物模板矩形柱复合木模	100m²	0.3468	1204	1337.56	118.07	264.41	132.21		3056.25	1059.91
2	010902002001	梁模板	m²	37.68	15.03	16.56	1.75	3.36	1.68		38.38	1446.16
	4-165	建筑物模板矩形梁复合木模	100m²	0.3768	1502.85	1656.34	174.59	335.49	167.74		3837.01	1445.79
3	010902004001	板模板	m²	18.34	9.46	14.28	1.36	2.16	1.08		28.34	519.76
	4-174	建筑物模板板复合木模	100m²	0.1834	946	1428.26	136.13	216.43	108.21		2835.03	519.94

3. 脚手架措施费清单计价

【例8-21】试完成例7-25清单项目的报价,所有工料机价格全部按照浙江省2010版基期价格。取定的企业管理费费率为20%,利润费率为10%,风险费不计。

【解】清单报价具体定额项目的计算见例5-3。综合单价计算见表8-29。

表8-29 例8-21措施项目费清单综合单价计算表

序号	编码	名称	计量单位	数量	综合单价/元						合计/元
					人工费	材料费	机械费	管理费	利润	风险费用	小计	
1	011001002001	建筑物综合脚手架	m²	1200	4.67	10.11	0.68	1.07	0.54		17.07	20484
	16-5	综合脚手架 建筑物檐高20m以内 层高6m以内	100m²	12	467.41	1011.29	67.79	107.04	53.52		1707.05	20484.6
2	011001002002	建筑物综合脚手架	m²	14450	10.97	23.67	1.31	2.46	1.23		39.64	572798
	16-12	综合脚手架 建筑物檐高70m以内	100m²	144.5	1096.5	2367.4	131.34	245.57	122.78		3963.59	572738.76
3	011001001001	地下室综合脚手架	m²	1200	6.05	2.9	0.06	1.22	0.61		10.84	13008

续表

序号	编码	名称	计量单位	数量	综合单价/元						合计/元
					人工费	材料费	机械费	管理费	利润	风险费用	小计	
	16—26	综合脚手架 地下室一层	100m²	12	604.58	289.88	5.65	122.05	61.02		1083.18	12998.16
4	011002002001	满堂脚手架	m²	3840	4.18	1.61	0.25	0.89	0.44		7.37	28300.8
	16—40	单项脚手架 满堂脚手架 基本层 3.6~5.2m	100m²	38.4	417.53	160.5	25.42	88.59	44.3		736.34	28275.46
5	011002005001	防护脚手架	m²	300	5.97	25.93	1.07	1.41	0.7		35.08	10524
	16—61换	单项脚手架 防护脚手架 使用期6个月 实际时间（月）：10	100m²	3	597.27	2593.08	107.33	140.92	70.46		3509.06	10527.18
6	011002003001	电梯井脚手架	座	2	2976.46	1758.02	180.77	631.45	315.72		5862.42	11724.84
	16—45	单项脚手架 电梯井脚手架 高度80m以内	座	2	2976.46	1758.02	180.77	631.45	315.72		5862.42	11724.84

4. 垂直运输措施费清单计价

【例8-22】试完成例7-26清单项目的报价，所有工料机价格全部按照浙江省2010版基期价格。取定的企业管理费费率为20%，利润费率为10%，风险费不计。

【解】清单报价具体定额项目的计算见例5-5。综合单价计算见表8-30。

表8-30 例8-22措施项目费清单综合单价计算表

序号	编码	名称	计量单位	数量	综合单价/元						合计/元
					人工费	材料费	机械费	管理费	利润	风险费用	小计	
1	011101001001	地下室垂直运输	m²	1200			28.79	5.76	2.88		37.43	44916
	17—1换	地下室垂直运输 地下室层数一层 泵送混凝土机械[9903038]含量×0.98	100m²	12			2878.73	575.75	287.87		3742.35	44908.2

续表

序号	编码	名称	计量单位	数量	综合单价/元						合计/元
					人工费	材料费	机械费	管理费	利润	风险费用	小计	
2	011101002001	建筑物垂直运输	m²	1200			12.29	2.46	1.23		15.98	19176
	17—4换	建筑物垂直运输 建筑物檐高20m以内 泵送混凝土机械[9903036]含量×0.98	100m²	12			1081.56	216.31	108.16		1406.03	16872.36
	17—23换	层高超过3.6m每增加1m 建筑物檐高20m以内 泵送混凝土机械[9903036]含量×0.98	100m²	12			147.88	29.58	14.79		192.25	2307
3	011101002002	建筑物垂直运输	m²	2400			37.1	7.42	3.71		48.23	115752
	17—9换	建筑物垂直运输 建筑物檐高70m以内 泵送混凝土机械[9903038]含量×0.98	100m²	24			3470.67	694.13	347.07		4511.87	108284.88
	17—25换	层高超过3.6m每增加1m 建筑物檐高80m以内 泵送混凝土机械[9903038]含量×0.98 子目乘以系数0.6	100m²	24			239.01	47.8	23.9		310.71	7457.04
4	011101002003	建筑物垂直运输	m²	12050			34.71	6.94	3.47		45.12	543696

续表

序号	编码	名称	计量单位	数量	综合单价/元						合计/元
					人工费	材料费	机械费	管理费	利润	风险费用	小计	
17—9换		建筑物垂直运输 建筑物檐高70m以内泵送混凝土机械 [9903038]含量×0.98	100m²	120.5			3470.67	694.13	347.07		4511.87	543680.34

5. 建筑物超高施工增加费清单计价

【例8-23】试完成例7-27清单项目的报价，所有工料机价格全部按照浙江省2010版基期价格。取定的企业管理费费率为20%，利润费率为10%，风险费不计。

【解】清单报价的定额项目的计算见例5-7。清单报价见表8-31。

表8-31 例8-23措施项目费清单综合单价计算表

序号	编码	名称	计量单位	数量	综合单价/元						合计/元
					人工费	材料费	机械费	管理费	利润	风险费用	小计	
1	011201001001	建筑物超高人工降效增加费	项	1	81841.98			16368.4	8184.2		106394.58	106394.58
	18—2	建筑物超高人工降效增加费 建筑物檐高40m以内	万元	180.11	454.4			90.88	45.44		590.72	106394.58
2	011201002001	建筑物超高机械降效增加费	项	1			52992.13	10598.43	5299.21		68889.77	68889.77
	18—20	建筑物超高机械降效增加费 建筑物檐高40m以内	万元	116.62			454.4	90.88	45.44		590.72	68889.77
3	011201003001	建筑物超高加压水泵台班及其他费用	m²	6000	1.82	1.08	0.22	0.11			3.23	19380

续表

序号	编码	名称	计量单位	数量	综合单价/元						合计/元
					人工费	材料费	机械费	管理费	利润	风险费用	小计	
18—38		建筑物超高加压水泵台班及其他费用建筑物檐高40m以内	100m²	60	182	107.11	21.42	10.71			321.24	19274.4
18—55×0.4		层高超过3.6m每增加1m建筑物檐高50m以内子目乘以系数0.4	100m²	18		4.6	0.92	0.46			5.98	107.64

8.2.3 其他项目清单计价

其他项目费应按下列规定报价。

1. 暂列金额

暂列金额(格式见表7-8)应按招标人在其他项目清单中列出的金额填写。

> **特别提示**
>
> 暂列金额明细表由招标人填写，也可只列暂定金额总额，投标人应将上述暂列金额计入投标总价中。

2. 材料暂估价（专业工程暂估价）

材料暂估价(格式见表7-9)应按招标人在其他项目清单中列出的单价计入综合单价；专业工程暂估价(格式见表7-10)应按招标人在其他项目清单中列出的金额填写。

> **特别提示**
>
> 材料暂估价表由招标人填写，并在备注栏说明暂估价的材料拟用在哪些清单项目上，投标人应将上述材料暂估单价计入工程量清单综合单价报价中。材料包括原材料、燃料、构配件以及按规定应计入建筑安装工程造价的设备。
>
> 专业工程暂估价表由招标人填写，投标人应将上述专业工程暂估价计入投标总价中。
>
> 招标人在工程量清单中提供了暂估价的材料和专业工程属于依法必须招标的，由承包人和招标人共同通过招标确定材料单价与专业工程分包价。若材料不属于依法必须招标的，经发、承包双方协商确认单价后计价。若专业工程不属于依法必须招标的，由发包人、总承包人与分包人按有关计价依据进行计价。

3. 计日工

计日工（格式见表7-11）按招标人在其他项目清单中列出的项目和数量，自主确定综合单价并计算计日工费用；此表项目名称、数量由招标人填写。

> **特别提示**
>
> 编制招标控制价时，计日工单价由招标人按有关计价规定确定；
> 投标时，计日工单价由投标人自助报价，计入投标总价中。

4. 总承包服务费

总承包服务费（格式见表7-12）根据招标文件中列出的内容和提出的要求自主确定。

> **特别提示**
>
> 总承包服务费表由招标人填写，投标人应将其计入投标总价中。

8.2.4 规费、税金项目清单计价

规费是指政府和有关部门规定必须缴纳的费用总和。按照工料单价法完成规费项目清单的计价。

税金是指国家税法规定的应计入建筑安装工程造价内的营业税、城市维护建设税及教育费附加费用总和。

> **特别提示**
>
> 规费、税金项目清单格式见表7-13。
> 规费和税金应按国家或省级、行业建设主管部门的规定计算，不得作为竞争性费用。

8.2.5 综合单价法建筑工程造价计算程序

综合单价法建筑工程造价计算程序详见学习情境6中的6.2.2部分的详细阐述。

学习情境小结

本学习情境主要介绍了工程量清单计价特点、清单计价费用组成、清单报价中应注意的问题、投标报价编制依据。

清单报价格式包括：封面、总说明、工程项目投标报价汇总表、单项工程投标报价汇总表、单位工程投标报价汇总表、分部分项工程量清单计价表、工程量清单综合单价分析表、措施项目清单计价表、其他项目清单计价表、规费、税金项目清单计价表。

工程量清单计价费用由分部分项工程费、措施项目费、其他项目费、规费和税金组成。本章详细介绍了分部分项工程费、措施项目费、其他项目费（暂列金额、暂估价（材料暂估价和专业工程暂估价）、计日工、总承包服务费）、规费和税金的组价方法。

工程量清单计价　学习情境 8

　　本学习情境通过重点介绍建筑工程和装饰装修工程工程量清单计价，总结了建筑工程工程量清单计价与装饰工程工程量清单计价中应注意的问题，以及《建设工程工程量清单计价规范》与《浙江省建筑工程预算定额》（2010 版）（上、下册）、《浙江省建筑工程取费定额》（2010 版）之间的对应关系，并以典型实例详解了工程量清单报价。

能力测试

1. 综合单价所包括的内容有哪些？
2. 简述工程量清单计价特点。
3. 简述工程量清单计价费用组成。
4. 投标报价编制依据主要有哪些？
5. 工程量清单报价的格式有哪些？
6. 某房屋基础工程平面图和剖面图如图 7.15 和图 7.16 所示。已知本工程基础土类为二类土，人力开挖，地下常水位标高 $-1.2m$；基坑回填后余土弃运 3km。已知垫层为 C10 素混凝土垫层，J—1 基础、1—1 基础均采用 C20 混凝土，砖基础为 M5.0 水泥砂浆砌筑标准砖基础。设计室外地坪标高为 $-0.45m$。墙体厚度为 240mm。

　　试对以下清单进行报价，所有工料机价格全部按照浙江省 10 版基期价格。取定的企业管理费费率为 20%，利润费率为 10%，风险为人材机之和的 5% 考虑。

（1）平整场地工程量清单报价。
（2）挖基础土方工程量清单报价。
（3）砖基础工程量清单报价。
（4）1—1 断面混凝土基础工程量清单报价。
（5）2—2 断面混凝土基础工程量清单报价。

7. 图 3.43 为某二楼结构平面图，底层地面为 ± 0.00，楼面标高为 3.3m，梁下墙体均为 240mm 墙，墙外与梁外侧平齐，室内无墙体。

　　该楼层现浇梁、板、柱均采用现浇现拌 C25 混凝土浇捣，模板采用复合木模。

　　试对以下清单进行报价，所有工料机价格全部按照本省最新版预算定额的基期价格。取定的企业管理费费率为 18%，利润费率为 12%，风险为人工费加机械费之和的 5% 考虑。

（1）柱 KZ 工程量清单报价。
（2）梁的工程量清单报价。
（3）板工程量清单报价。
（4）假设层高为 4.5m，则上述项目又如何编制？

8. 图 3.44 所示某工程，背景资料见学习情境 4 第 2 题。

　　试对以下清单进行报价，所有工料机价格全部按照本省最新版预算定额的基期价格。取定的企业管理费费率为 20%，利润费率为 15%，风险为人工费加机械费之和的 5% 考虑。

（1）对内墙抹灰工程量清单报价；

(2) 对天棚抹灰工程量清单报价；

(3) 对外墙抹灰工程量清单报价；

(4) 对地面面砖工程量清单报价；

(5) 对踢脚线工程量清单报价。

9. 混凝土灌注桩，C30 现拌混凝土钻孔灌注，100 根，桩长 45 米，桩径 D1000，设计桩底标高 －50m，桩顶标高 －5m，自然地坪标高 －0.6m，泥浆外运 5km，桩孔上部不回填，试编制该灌注桩的工程量清单，假设管理费率为 15%，利润率为 10%，风险不计，用本省最新版本预算定额完成清单报价。

10. 人工挖孔混凝土灌注桩共 20 根；设计桩长 12m，桩径 1.00m，桩底标高 －14.5m，入岩总深度 1.2m，平底，入岩扩底上部直径 1.2m、下部直径 1.6m；自然地坪标高 －0.6m；桩芯灌注 C25 混凝土；C20 钢筋混凝土预制护壁外径 1.2m，平均厚度 100mm。

(1) 试编制工程量清单。

(2) 试计算该清单的综合单价，企业管理费和利润分别为 10% 和 5%，风险费按人工费的 20% 计算。（工程量及单价计算结果保留 2 位小数，合价取整数，圆周率按 3.1416 取值）

11. 根据图 3.46 及学习情境 4 能力测试第 4 题，完成三层柱、梁、板、墙体、装饰及机房顶屋面工程工程量清单的编制并编制综合单价。企业管理费和利润分别为 10% 和 5%，风险费不计。设计未说明的按照同定额处理，楼梯间装饰不计。工程量及单价计算结果保留 2 位小数，合价取整数。

12. 根据学习情境 3 的能力测试第 18 题，完成该工程工程量清单的编制并编制综合单价。企业管理费和利润分别为 10% 和 5%，风险费不计。工程量及单价计算结果保留 2 位小数，合价取整数。

13. 根据学习情境 3 的能力测试第 19 题及学习情境 4 能力测试第 6 题，完成该工程工程量清单的编制并编制综合单价。企业管理费和利润分别为 10% 和 5%，风险费不计。工程量及单价计算结果保留 2 位小数，合价取整数。

附录 A
广联达培训楼施工图预算

表 A-1 单位工程预(结)算费用计算表

工程名称：广联达办公楼土建工程　　　　　　　　　　　　　　　第1页 共1页

序号	费用名称	计算公式	金额/元
一	直接工程费＋施工技术措施费		207069.18
	其中：人工费		43568.74
	机械费		11099.8
二	施工组织措施费		4928.37
	安全文明施工费	×8.925%	4879.17
	夜间施工增加费	×0%	
	非夜间施工照明	×0%	
	二次搬运费	×0%	
	冬费季施工增加费	×0%	
	二次搬运费	×0%	
	冬雨季施工增加费	×0%	
	地上、地下设施、建筑物的临时保护设施	×0%	
	已完工程及设备保护费	×0.05%	27.33
	工程定位复测费	×0.04%	21.87
	特殊地区施工增加费	×0%	
三	企业管理费	×15%	8200.28
四	利润	8.5%	4646.83
五	其他项目费		
六	规费	×10.4%	618.63
	排污费、社保费、公积金	×10.4%	5685.53
	民工工伤保险	×0.114%	262.8
七	危险作业意外伤害保险费		
单列	计税不计费		
	优质工程增加费		
八	税金	×3.577%	8064.82
单列	不计税不计费		
	建设工程造价		233528.11

表 A-2 分部分项工程费汇总表

工程名称：广联达办公楼土建工程

序号	编号	名称	单位	工程量	单价/元	合价/元
	0101	土石方工程				2506.12
1	1-22	机械土方 场地机械平整土30cm以内	1000m²	0.164	363.76	59.66
2	1-41	机械土方 反铲挖掘机挖土、装车 一、二类土 深度2m以内	1000m³	0.116	3724.65	432.06
3	1-67	机械土方 自卸汽车运土1000m以内	1000m³	0.116	5195.49	602.68
4	1-18	人工土方 就地回填土 夯实	100m³	0.809	579.58	468.88
5	1-66	机械土方 装载机装土	1000m³	0.081	1362.57	110.37
6	1-67	机械土方 自卸汽车运土1000m以内	1000m³	0.081	5195.49	420.83
7	1-66	机械土方 装载机装土	1000m³	0.023	1362.57	31.34
8	1-67	机械土方 自卸汽车运土1000m以内	1000m³	0.023	5195.49	119.5
9	1-68 ×9 换	机械土方 自卸汽车运土每增加1000m子目乘以系数9	1000m³	0.023	11339.1	260.8
	0103	砌筑工程				33986.46
10	3-15 换	砖石基础 烧结普通砖基础换为【水泥砂浆 M7.5】	10m³	1.46	2738.5	3998.21
11	3-59 换	烧结多孔砖 墙厚1砖墙换为【混合砂浆 M5.0】	10m³	7.526	3984.62	29988.25
	0104	混凝土及钢筋混凝土工程				81001.58
12	4-73	现浇商品混凝土(泵送)建筑物混凝土 垫层	10m³	0.886	2799.6	2480.45
13	4-76	现浇商品混凝土(泵送)建筑物混凝土 地下室底板、满堂基础	10m³	2.94	3420.25	10055.54
14	4-79	现浇商品混凝土(泵送)建筑物混凝土 矩形柱、异形柱、圆形柱	10m³	1.526	3471.32	5297.23
15	4-79 换	现浇商品混凝土(泵送)建筑物混凝土 矩形柱、异形柱、圆形柱 换为【泵送商品混凝土 C25】	10m³	0.212	3654.02	774.65
16	4-80	现浇商品混凝土(泵送)建筑物混凝土 构造柱	10m³	0.031	3752.29	116.32
17	4-83	现浇商品混凝土(泵送)建筑物混凝土 单梁、连续梁、异形梁、弧形梁、吊车梁	10m³	1.475	3330.12	4911.93

续表

序号	编号	名称	单位	工程量	单价/元	合价/元
18	4-84	现浇商品混凝土(泵送)建筑物混凝土 圈、过梁、拱形梁	10m³	0.02	3500.43	70.01
19	4-279	预制、预应力构件混凝土浇捣 过梁	10m³	0.193	3588.95	692.67
20	4-486	混凝土构件安装 小型构件 无焊	10m³	0.19	1023.17	194.4
21	4-86	现浇商品混凝土(泵送)建筑物混凝土 板	10m³	1.109	3423.54	3796.71
22	4-94	现浇商品混凝土(泵送)建筑物混凝土 楼梯 直形	10m²	0.664	831.15	551.88
23	4-97	现浇商品混凝土(泵送)建筑物混凝土 阳台	10m³	0.055	3502.59	192.64
24	4-98	现浇商品混凝土(泵送)建筑物混凝土 栏板、翻檐	10m³	0.038	3753.7	142.64
25	4-99	现浇商品混凝土(泵送)建筑物混凝土 檐沟、挑檐	10m³	0.31	3765.84	1167.41
26	4-100	现浇商品混凝土(泵送)建筑物混凝土 压顶	10m³	0.063	3905.82	246.07
27	4-416	普通钢筋制作安装 现浇构件 圆钢	t	4.688	4475.44	20980.86
28	4-417	普通钢筋制作安装 现浇构件 螺纹钢	t	3.126	4219.46	13190.03
29	4-418	普通钢筋制作安装 预制构件 圆钢	t	0.156	4453.03	694.67
30	4-135	基础模板 基础垫层	100m²	0.0186	2332.37	43.38
31	4-145	基础模板 地下室底板、满堂基础 有梁式 复合木模	100m²	0.2411	2098.42	505.93
32	4-156	建筑物模板 矩形柱 复合木模	100m²	1.4887	2659.63	3959.39
33	4-165	建筑物模板 矩形梁 复合木模	100m²	1.4175	3333.78	4725.63
34	4-170	建筑物模板 直形过梁 复合木模	100m²	0.0265	2221.72	58.88
35	4-351	预制、预应力构件模板,过梁	10m³	0.19	1060.67	201.53
36	4-174	建筑物模板 板 复合木模	100m²	1.2421	2510.39	3118.16
37	4-189	建筑物模板 楼梯 直形	10m²(投影面积)	0.664	881.27	585.16
38	4-193	建筑物模板 全悬挑阳台	10m²(投影面积)	0.547	522.09	285.58
39	4-194	建筑物模板 栏板直形	100m²	0.0725	2175.35	157.71

续表

序号	编号	名称	单位	工程量	单价/元	合价/元
40	4—196	建筑物模板 檐沟、挑檐	100m²	0.5735	2783.02	1596.06
41	4—199	建筑物模板 压顶	100m²	0.0575	3618.45	208.06
	0107	屋面及防水工程				4068.7
42	7—40	砖基础水平防潮层	100m²	0.146	687.25	100.34
43	7—57	屋面 SBS 卷材防水层	100m²	1.182	3357.33	3968.36
44	8—46	屋面保温隔热 其他 干铺炉渣	10m³	0.452	543.39	245.61
45	8—44	屋面保温隔热 其他 现浇水泥珍珠岩	10m³	0.669	2000.69	1338.46
	0109	附属工程				1461.7
46	9—58	墙脚护坡 混凝土面	100m²	0.191	3961.14	756.58
47	9—66	台阶 混凝土	10m²	0.624	1130	705.12
	0110	楼地面工程				15591.84
		屋面工程				1332.25
48	10—1 换	整体面层 水泥砂浆找平层 20 厚换为(水泥砂浆 1:2)	100m²	1.572	847.49	1332.25
		1 地 25A 复合木地板地面(接待室)				3765.46
49	3—11	砂石垫层 灰土	10m³	0.233	1054.7	245.75
50	4—73 换	现浇商品混凝土(泵送)建筑物混凝土 垫层 换为(泵送商品混凝土 C15)	10m³	0.0778	2972.15	231.23
51	7—79	柔性防水 涂膜防水 溶剂型防水涂料 聚氨酯 厚1.5 平面	100m²	0.1559	2631.3	410.22
52	10—7 换	整体面层 细石混凝土楼地面 厚30 换为(现浇现拌混凝土 碎石(最大粒径:16mm)混凝土强度等级 C15)	100m²	0.1559	1181.67	184.22
53	10—8 换	整体面层 细石混凝土楼地面 每减 5 换为(现浇现拌混凝土 碎石(最大粒径:16mm)混凝土强度等级 C15)子目乘以系数 0.5	100m²	−0.1559	130.6	−20.36
54	10—56	木地板楼地面 长条复合地板 铺在混凝土面上	100m²	0.1556	17444.71	2714.4
		2 地 9—1 地砖地面(图形及钢筋培训室)				4566.08

续表

序号	编号	名称	单位	工程量	单价/元	合价/元
55	3—11	砂石垫层 灰土	10m³	0.533	1054.7	562.16
56	4—73 换	现浇商品混凝土(泵送)建筑物混凝土 垫层 换为(泵送商品混凝土C15)	10m³	0.178	2972.15	529.04
57	10—1	整体面层 水泥砂浆找平层20厚	100m²	0.3525	780.65	275.18
58	10—36	块料楼地面及其他 地砖楼地面 周长2400mm以内离缝8	100m²	0.3529	9533.34	3364.32
59	10—2 换	整体面层 水泥砂浆找平层 每减15 换为(水泥砂浆1:2)	100m²	−0.3529	466.49	−164.62
		3 地2A 水泥地面(一层楼梯间地面)				371.52
60	3—11	砂石垫层 灰土	10m³	0.119	1054.7	125.51
61	4—73 换	现浇商品混凝土(泵送)建筑物混凝土 垫层 换为(泵送商品混凝土C15)	10m³	0.04	2972.15	118.89
62	10—1	整体面层 水泥砂浆找平层20厚	100m²	0.0792	780.65	61.83
63	10—2	整体面层 水泥砂浆找平层 减5	100m²	−0.0792	138.62	−10.98
64	10—3 换	整体面层 水泥砂浆楼地面20厚换为(水泥砂浆1:2.5)	100m²	0.0792	963	76.27
		4 楼8D—1 地板砖楼面(会客室、阳台)				2114.40
65	10—1 换	整体面层 水泥砂浆找平层20厚换为(水泥砂浆1:2)	100m²	0.1855	847.49	157.21
66	10—2 换	整体面层 水泥砂浆找平层 每增10 换为(水泥砂浆1:2)	100m²	0.1855	310.99	57.69
67	10—36	块料楼地面及其他 地砖楼地面 周长2400mm以内离缝8	100m²	0.2095	9533.34	1997.23
68	10—2 换	整体面层 水泥砂浆找平层 每减15 换为(水泥砂浆1:2)	100m²	−0.2095	466.49	−97.73
		5 楼2D 水泥砂浆楼面(清单及预算培训室、二层楼梯间部分楼面)				738.23
69	10—1	整体面层 水泥砂浆找平层20厚	100m²	0.3653	780.65	285.17
70	10—2 ×2换	整体面层 水泥砂浆找平层 每增10 子目乘以系数2	100m²	0.3653	277.24	101.28

续表

序号	编号	名称	单位	工程量	单价/元	合价/元
71	10－3 换	整体面层 水泥砂浆楼地面 20 厚换为(水泥砂浆 1∶2.5)	100m²	0.3653	963	351.78
		6 踢 10A 大理石踢脚线(图形、钢筋培训室)				816.17
72	10－64	大理石踢脚线	100m²	0.0560	14574.5	816.17
		7 踢 2A 水泥砂浆踢脚线(清单、预算培训室及楼梯间部分)				115.64
73	10－61	水泥砂浆踢脚线	100m²	0.0609	1898.83	115.64
		8 楼梯装饰				1644.34
74	10－97 换	硬木扶手直形 型钢栏杆	10m	0.749	1482.74	1110.57
75	14－38 ×2 换	楼梯木扶手 聚酯清漆 三遍 子目乘以系数 2	100m	0.0749	1451.52	108.72
76	14－143	楼梯栏杆 其他金属面 氟碳漆 二遍	t	0.1025	802.87	82.29
77	14－138 ×2 换	楼梯栏杆 其他金属面 防锈漆 一遍 子目乘以系数 2	t	0.1025	245.72	25.19
78	10－76	楼梯装饰 水泥砂浆楼梯面	100m²	0.0664	4782.68	317.57
		9 水泥砂浆台阶面				127.75
79	10－123	水泥砂浆台阶面	100m²	0.0624	2047.29	127.75
	0111	墙柱面工程				31284.51
		1 阳台				923.82
80	12－3	阳台板面天棚抹灰 混合砂浆	100m²	0.05472	1203.04	65.83
81	14－161	阳台板底 普通腻子 每增加一遍	100m²	0.05472	218.54	11.96
82	14－167	阳台板底刷 丙烯酸涂料	100m²	0.05472	1264.22	69.18
83	11－2	阳台栏板内侧 一般抹灰 水泥砂浆 14＋6	100m²	0.0665	1201.66	79.91
84	11－26 换	阳台栏板内侧 抹灰层每减 1 水泥砂浆 换为(水泥砂浆 1∶2.5)	100m²	0.0665	36.4	2.42
85	11－26 换	阳台栏板内侧 抹灰层每减 2 水泥砂浆 换为(水泥砂浆 1∶3)	100m²	0.0665	69.18	4.6
86	14－167	阳台栏板内侧 丙烯酸涂料	100m²	0.0645	1264.22	81.54
87	11－8 换	阳台栏板外侧 水泥砂浆抹底灰 厚 15 换为(水泥砂浆 1∶2)	100m²	0.0696	844.91	58.81

续表

序号	编号	名称	单位	工程量	单价/元	合价/元
88	14—169	阳台栏板外侧 仿石型涂料	100m²	0.0696	7896.09	549.57
		2 雨篷				460.08
89	11—29	雨篷抹水泥砂浆 现浇混凝土面	100m²	0.0547	4649.54	254.33
90	14—167	雨篷底板 丙烯酸涂料	100m²	0.0547	1264.22	69.15
91	14—169	雨篷侧板外 仿石型涂料	100m²	0.0173	7896.09	136.6
		3 挑檐				2303.66
92	11—31 ×1.2 换	檐沟抹水泥砂浆(100m)混凝土檐沟子目乘以系数1.2	100m	0.3404	3473.77	1182.47
93	14—167	挑檐底板底面刷丙烯酸涂料	100m²	0.2042	1264.22	258.15
94	14—169	挑檐外侧板 仿石型涂料	100m²	0.1093	7896.09	863.04
		4 内墙 5A				9532.52
95	14—155	内墙刷乳胶漆二遍	100m²	3.8335	1264.5	4847.46
96	14—161	普通腻子 每增加一遍	100m²	3.8335	218.54	837.77
97	11—2	墙面抹灰 一般抹灰 水泥砂浆 14+6	100m²	3.8771	1201.66	4658.96
98	11—26 换	阳台栏板内侧 抹灰层每减1 水泥砂浆 换为(水泥砂浆1∶2.5)	100m²	−3.8771	36.4	−141.13
99	11—26 换	抹灰砂浆厚度调整 抹灰层每减5 水泥砂浆 换为(水泥砂浆1∶3)子目乘以系数5	100m²	−3.8771	172.95	−670.54
		5 外墙 27A1				16050.5
100	11—8	水泥砂浆抹底灰 厚15	100m²	2.5896	792.3	2051.74
101	11—61 换	墙面镶贴石材、块料 外墙面砖(水泥砂浆粘贴)周长600mm以内 换为(水泥砂浆1∶2.5)	100m²	2.7069	5171.51	13998.76
		6 内墙裙 裙10A				1494.29
102	7—81	聚氨酯防水涂料 厚2.0 平面	100m²	0.1289	3493.8	450.35
103	11—112	墙饰面基层 平面基层 木龙骨三夹板	100m²	0.1289	3454.27	445.26
104	11—117	墙饰面面层 装饰夹板面层 平面普通夹板基层上	100m²	0.1284	2482.01	318.69
105	14—75	其他木材面 聚酯清漆 三遍	100m²	0.1366	2049.72	279.99
		7 外墙 5A(女儿墙内侧)				519.64

续表

序号	编号	名称	单位	工程量	单价/元	合价/元
106	11—2	女儿墙 一般抹灰 水泥砂浆 14+6	100m²	0.2749	1201.66	330.34
107	11—26×—2换	女儿墙 抹灰层每增减1 水泥砂浆子目乘以系数—2	100m²	0.2749	—69.18	—19.02
108	11—26×—1换	女儿墙 抹灰层每增减1 水泥砂浆子目乘以系数—1	100m²	0.2749	—36.4	—10.01
109	14—167	女儿墙 丙烯酸涂料	100m²	0.1727	1264.22	218.33
	0112	天棚工程				3466.16
		1 棚26 纸面石膏板吊顶(接待室)				914.63
110	12—18	轻钢龙骨、铝合金龙骨吊顶 轻钢龙骨(U50型)平面	100m²	0.1559	2455.74	382.85
111	12—40	天棚饰面(基层) 石膏板 安在U型轻钢龙骨上 平面	100m²	0.1559	1707.96	266.27
112	14—161	涂料 普通腻子 每增加一遍	100m²	0.1556	218.54	34
113	14—117	板面封油刮腻子 板缝贴胶带、点锈	100m²	0.1556	223.36	34.75
114	14—155	涂料 乳胶漆 天棚面 二遍	100m²	0.1556	1264.5	196.76
		2 棚2B 喷涂天棚				2551.53
115	14—155	涂料 乳胶漆天棚面 二遍	100m²	0.9474	1264.5	1197.99
116	14—161	涂料 普通腻子 每增加一遍	100m²	0.9474	218.54	207.04
117	12—3	混凝土面天棚抹灰 混合砂浆	100m²	0.953	1203.04	1146.5
	0113	门窗工程				13970.83
118	13—1	普通木门制作、安装 有亮 镶板门 M—1	100m²	0.0648	11739	760.69
119	13—142	门窗五金安装 门锁 执手锁 双开门	10把	0.1	1740	174
120	13—148	门窗五金安装 大门装饰拉手 装在木门上 金属拉手	10副	0.1	378	37.8
121	13—153	门窗五金安装 大门插销 暗装	10副	0.1	151	15.1
122	14—1	单层木门 聚酯清漆 三遍	100m²	0.0648	3343.49	216.66
123	13—3	普通木门制作、安装 有亮 胶合板门 M—2	100m²	0.0864	12194.38	1053.59
124	13—143	门窗五金安装 门锁 执手锁 单开门	10把	0.4	680.5	272.2
125	13—159	门窗五金安装 门碰头、门吸 抹灰面	10副	0.4	88.1	35.24
126	14—1	单层木门 聚酯清漆 三遍	100m²	0.0864	3343.49	288.88

续表

序号	编号	名称	单位	工程量	单价/元	合价/元
127	13—6	普通木门制作、安装 无亮 胶合板门 M—3	100m²	0.0378	11271.73	426.07
128	13—143	门窗五金安装 门锁 执手锁 单开门	10把	0.2	680.5	136.1
129	13—161	门窗五金安装 门眼	10只	0.2	85.6	17.12
130	14—1	单层木门 聚酯清漆 三遍	100m²	0.0378	3343.49	126.38
131	13—48	金属门 塑钢门安装 平开门	100m²	0.0243	36604.64	889.49
132	13—105	金属窗 塑钢窗安装 平开窗	100m²	0.2718	35031.3	9521.51
	0116	脚手架工程				1925.74
133	16—3	综合脚手架 建筑物檐高 13m 以内 层高 6m 以内	100m²	1.563	1232.08	1925.74
	0117	垂直运输工程				1690.48
134	17—4 换	建筑物垂直运输 建筑物檐高 20m 以内 泵送混凝土 机械[9903036]含量×0.98	100m²	1.563	1081.56	1690.48
	0119	机械台班单独计算的费用				14530.99
135	1001	塔式起重机、施工电梯基础费用 固定式基础(带配重)	座	1	5510.97	5510.97
136	2001	安装、拆卸费用 塔式起重机 60kN·m	台次	0.4	6756.73	2702.69
137	3017 ×0.4换	场外运输费用 塔式起重机 60kN·m 20kN·m塔式起重机 单价×0.4	台次	1	3362.75	3362.75
138	3001	场外运输费用 履带式挖掘机 1m³ 以内	台次	1	2954.58	2954.58

附录 B

广联达培训楼施工图

一、工程概况

1. 本工程为框架结构，地上两层，基础为有梁式满堂基础，二类土，市区内建造。

2. ±0.000 以下为 M7.5 水泥砂浆砌筑烧结普通砖，±0.000 以上为 M5.0 混合砂浆砌筑烧结多孔砖，砖基础上设置水平防潮层。

3. ±0.000 以下混凝土强度等级为 C25，±0.000 以上混凝土强度等级为 C20，垫层混凝土强度等级为 C10，均为商品泵送混凝土。

二、抗震等级：非抗震。

三、钢筋混凝土结构构造

1. 混凝土保护层厚度：板：15mm；梁和柱：25mm；基础底板：40mm。

2. 钢筋接头形式及要求：采用搭接形式。

四、本工程采用复合木模施工，垂直运输机械采用 20kN·m 塔式起重机，一台 $1m^3$ 履带式挖掘机，土方工程均采用机械方式开挖。

表 B-1 门窗过梁表

名称	宽度/mm			高度/mm			窗离地高/mm	材质	数量/樘			过梁/mm		
	总宽	其中		总高	其中				一层	二层	总数	高度	宽度	长度
		窗宽	门宽		窗高	门高								
M-1	2400			2700				有亮镶板门	1		1	240		
M-2	900			2400				有亮胶合板门	2	2	4	120		
M-3	900			2100				无亮胶合板门	1	1	2	120		
C-1	1500			1800			900	平开塑钢窗	4	4	8	180	同墙厚	
C-2	1800			1800			900	平开塑钢窗	1	1	2	180	同墙厚	
MC-1	2400	1500	900	2700	1800	2700	900	平开塑钢门连窗	1		1	240		洞口宽度+500

表 B-2 装修做法

层		地面	踢脚 120mm	墙裙 1200mm	墙面	顶棚
一层	接待室	地 25A		裙 10A1	内墙 5A	棚 26、吊顶高 3000mm
	图形培训室	地 9	踢 10A		内墙 5A	棚 2B
	钢筋培训室	地 9	踢 10A		内墙 5A	棚 2B
	楼梯间	地 2A	踢 2A		内墙 5A	棚 2B（楼梯底面同样做法）
二层	会客室	楼 8D	踢 10A		内墙 5A	棚 2B
	清单培训室	楼 2D	踢 2A		内墙 5A	棚 2B
	预算培训室	楼 2D	踢 2A		内墙 5A	棚 2B
	楼梯间	楼 2D	踢 2A		内墙 5A	棚 2B
阳台	阳台内装修	楼 8D			外墙 5A（栏板内侧）	阳台底板：棚 2B
	阳台外装修	阳台栏板外装修为：15mm 厚 1∶2 水泥砂浆底；绿色仿石涂料面层。				
三层	挑檐 内装修	外侧上翻 200，内侧上翻 250。栏板水泥砂浆抹面；底板棚 2B。				
	挑檐 外装修	侧板水泥砂浆底；绿色仿石涂料面层。底板水泥砂浆底，刷丙烯酸涂料。				
	不上人屋面	见图纸剖面图，女儿墙内侧装修为外墙 5A。				
外墙装修		外墙裙：高 900mm，外墙 29A1，贴墙面砖红色。外墙面：外墙 29A1，贴白色墙面砖。				
台阶		面层：1∶2 水泥砂浆。台阶基层：100 厚 C15 混凝土垫层。素土垫层。				
散水		面层：水泥砂浆。垫层：80 厚混凝土 C10 垫层。				

表 B-3 装修做法详表

地 25A	硬实木复合地板地面	1. 9.0mm 厚复合木地板 2. 25mm 厚 C15 细石混凝土随打随抹平 3. 1.0mm 厚聚氨涂膜防潮层 4. 50mm 厚细石混凝土随打随抹平 5. 150mm 厚 3∶7 灰土 6. 素土夯实
地 9-1	铺地砖地面	1. 10mm 厚铺 600×600 地砖，稀水泥浆抹缝 2. 5mm 厚 1∶2 水泥砂浆粘贴层 3. 20mm 厚 1∶3 水泥砂浆找平 4. 素水泥结合层一道 5. 50mm 厚 C15 混凝土垫层 6. 150mm 厚 3∶7 灰土 7. 素土夯实

续表

地 2A	水泥地面	1. 20mm 厚 1∶2.5 水泥砂浆抹平压实赶光 2. 15mm 厚水泥砂浆找平层，素水泥浆一道 3. 50mm 厚 C15 混凝土垫层 4. 150mm 厚 3∶7 灰土 5. 素土夯实
楼 8D－1	铺地砖楼面	1. 10mm 厚铺 600×600 地砖，稀水泥浆抹缝 2. 5mm 厚 1∶2 水泥砂浆粘贴层 3. 素水泥浆一道 4. 30mm 厚 1∶2 水泥砂浆找平层 5. 钢筋混凝土楼板
楼 2D	水泥楼面	1. 20mm 厚 1∶2.5 水泥砂浆抹平压实赶光 2. 30mm 厚 1∶3 水泥砂浆找平层 3. 素水泥浆一道 4. 钢筋混凝土楼板
踢 10A	大理石踢脚线	1. 10mm 厚大理石，稀水泥浆抹缝 2. 10mm 厚 1∶2 水泥砂浆粘贴层 3. 5mm 厚 1∶2 水泥砂浆打低扫毛
踢 2A	水泥踢脚	1. 15mm 厚 1∶3 水泥砂浆抹平压实赶光 2. 素水泥浆一道 3. 5mm 厚 1∶2.5 水泥砂浆找平 4. 9mm 厚 1∶3 水泥砂浆打低扫毛
裙 10A	胶合板墙裙	1. 聚酯清漆三遍 2. 3mm 厚胶合板基层，木龙骨 30×40，间距 300×300，红榉板饰面 3. 聚氨酯防水涂料 2.0 厚 4. 5mm 厚 1∶2.5 水泥砂浆找平 5. 9mm 厚 1∶3 水泥砂浆打低扫毛
内墙 5A	水泥砂浆墙面	1. 乳胶漆两遍 2. 满刮两遍腻子，复补一遍 3. 5mm 厚 1∶2.5 水泥砂浆找平 4. 9mm 厚 1∶3 水泥砂浆打低扫毛
外墙 5A	水泥砂浆墙面	1. 5mm 厚 1∶2.5 水泥砂浆面层，刷外墙丙烯酸涂料 2. 12mm 厚 1∶3 水泥沙浆打底扫毛
棚 26	纸面石膏板吊顶	1. 乳胶漆两遍 2. 满刮两遍腻子，复补一遍 3. 板缝贴胶带、点绣 4. 石膏板面层 5. U50 型轻钢龙骨

续表

棚2B	板底喷涂顶棚	1. 乳胶漆面层两遍 2. 满刮两遍腻子，复补一遍 3. 混合砂浆抹灰，砂浆配合比及厚度同定额
外墙27A1	贴彩绘面砖	1. 1∶1水泥砂浆勾缝 2. 5厚1∶2.5水泥石砂浆镶贴50×230×10墙面砖 3. 15厚1∶3水泥砂浆打底扫毛
其他	楼梯	1. 水泥砂浆楼梯饰面 2. 硬木直形扶手型钢栏杆，其中圆钢30kg/10m，扁铁50kg/10m，栏杆刷防绣漆两遍，氟碳漆两遍，扶手刷清漆三遍，栏杆距楼梯踏步边20mm
	门窗	1. M—1有亮镶板门，配双开执手锁一副、金属拉手两副、暗装大门插销1副，清漆三遍 2. M—2有亮胶合板门，配单开执手锁一副、门吸一副，清漆三遍 3. M—3无亮胶合板门，配单开执手锁一副、门眼一副，清漆三遍 4. MC—1平开塑钢门连窗 5. C—1、2平开塑钢窗

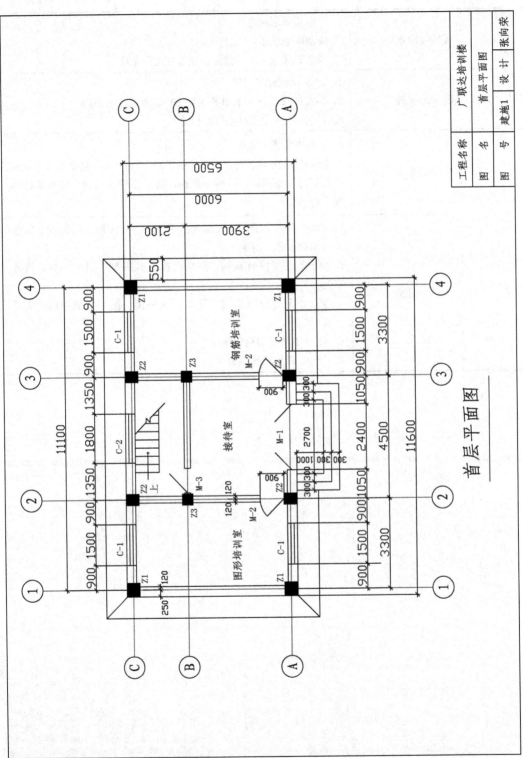

图 B.1 首层平面图

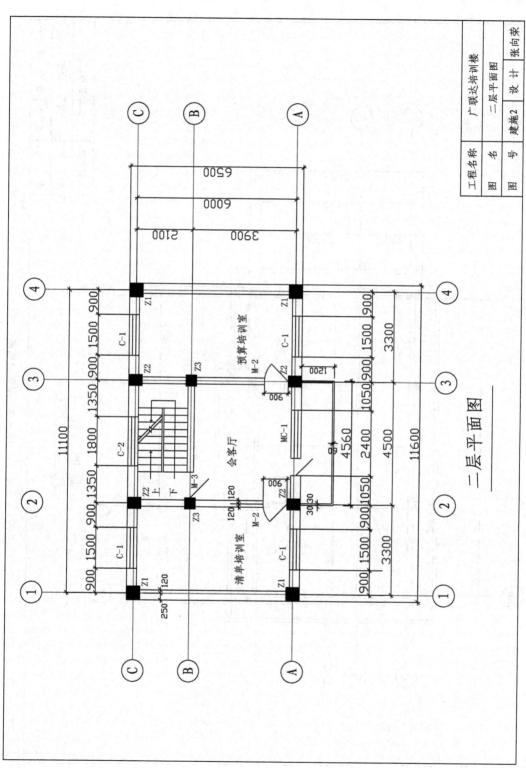

图 B.2 二层平面图

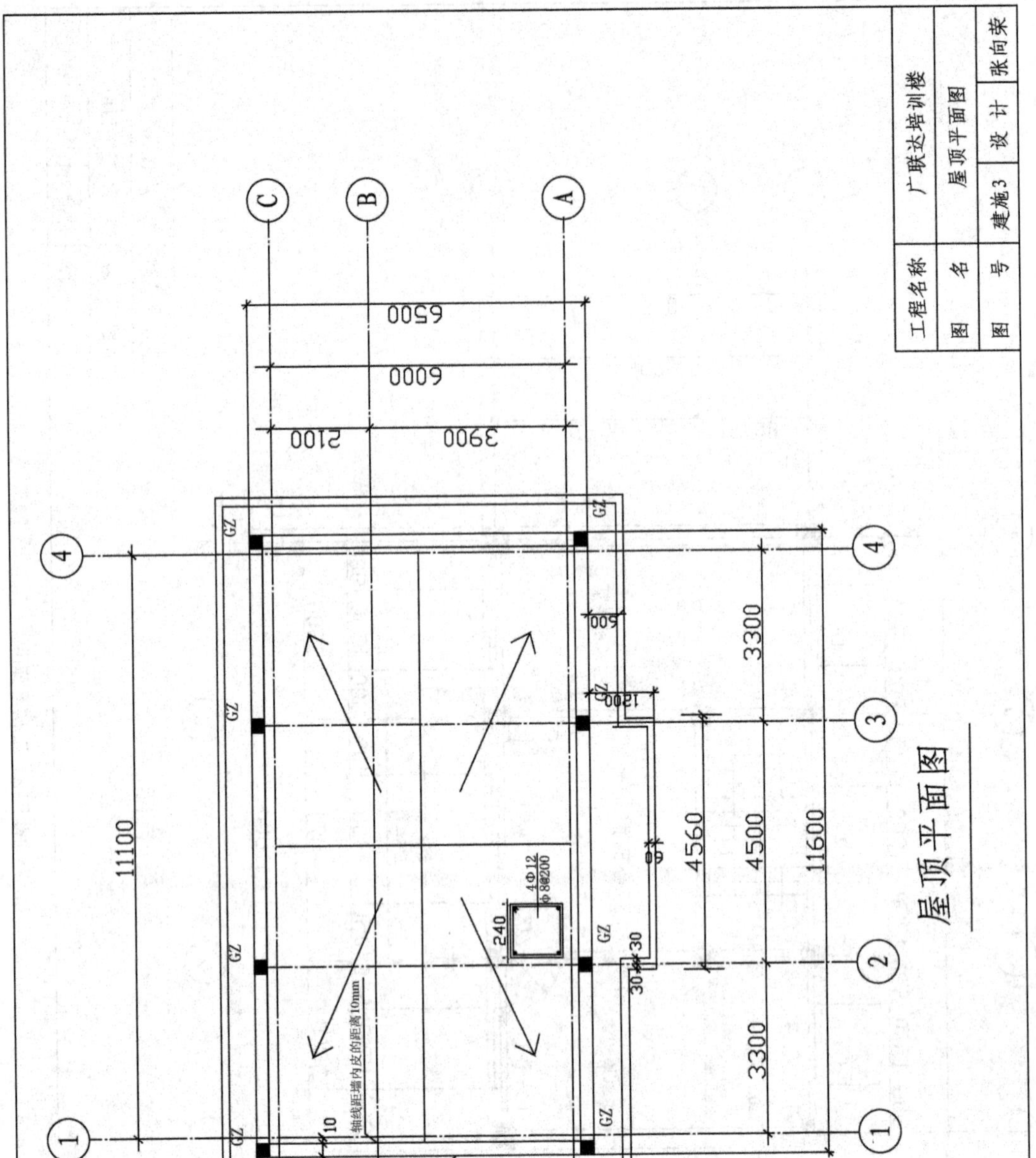

图 B.3 屋顶平面图

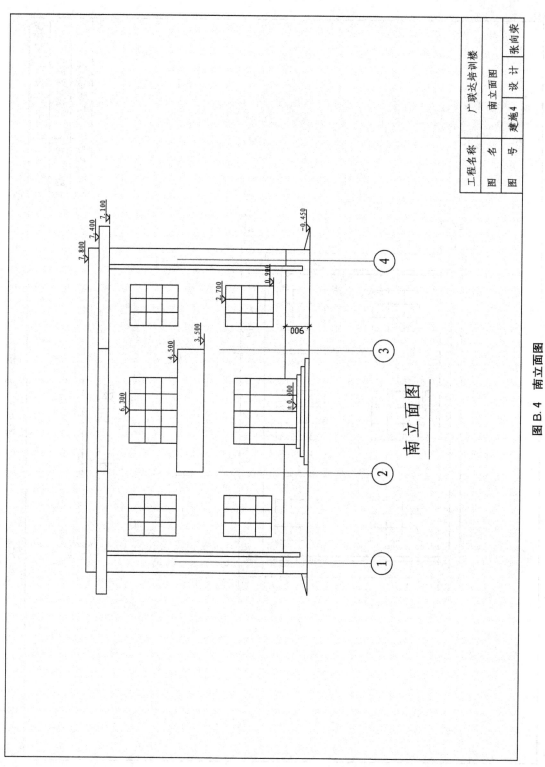

图 B.4 南立面图

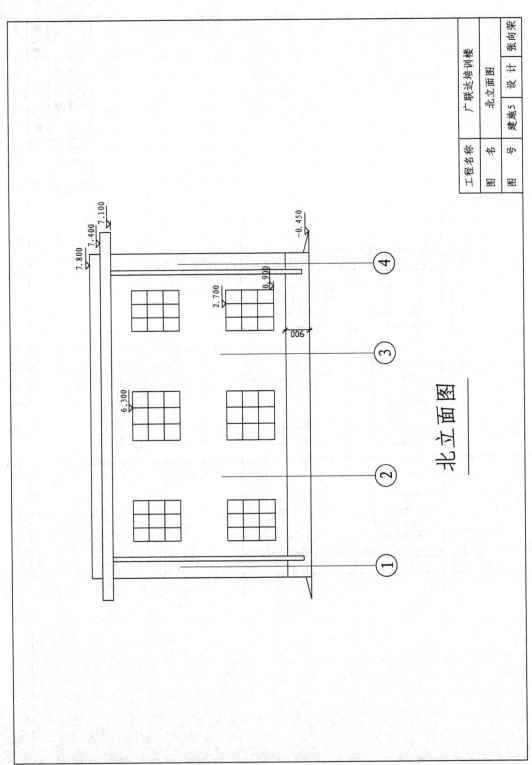

图 B.5 北立面图

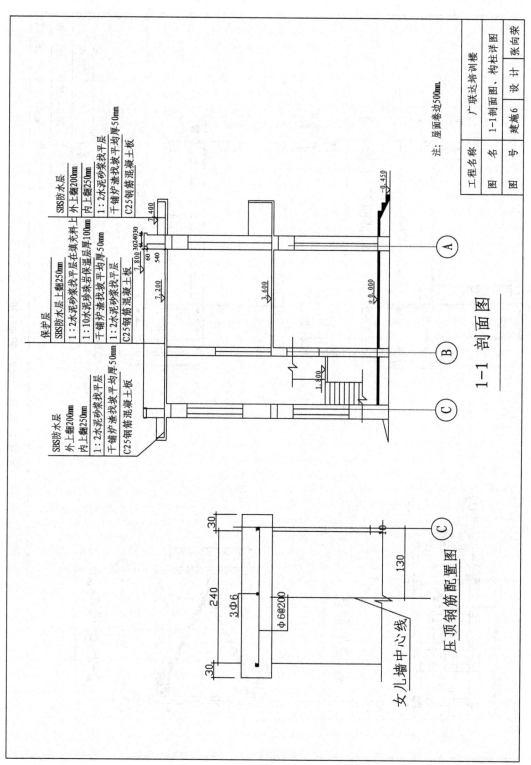

图 B.6 剖面图

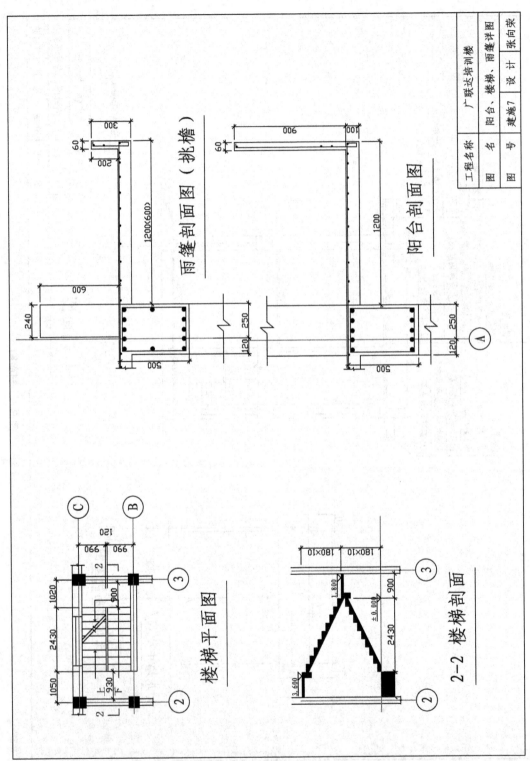

图 B.7 阳台、楼梯、雨篷详图

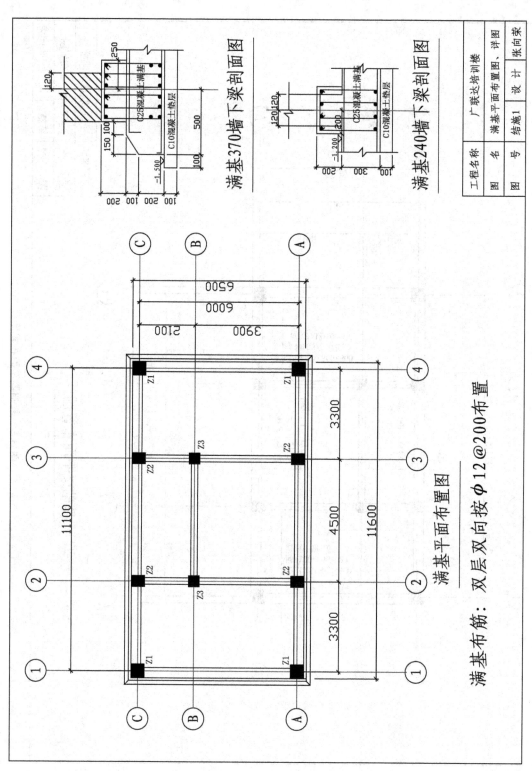

图 B.8 满基平面布置图、详图

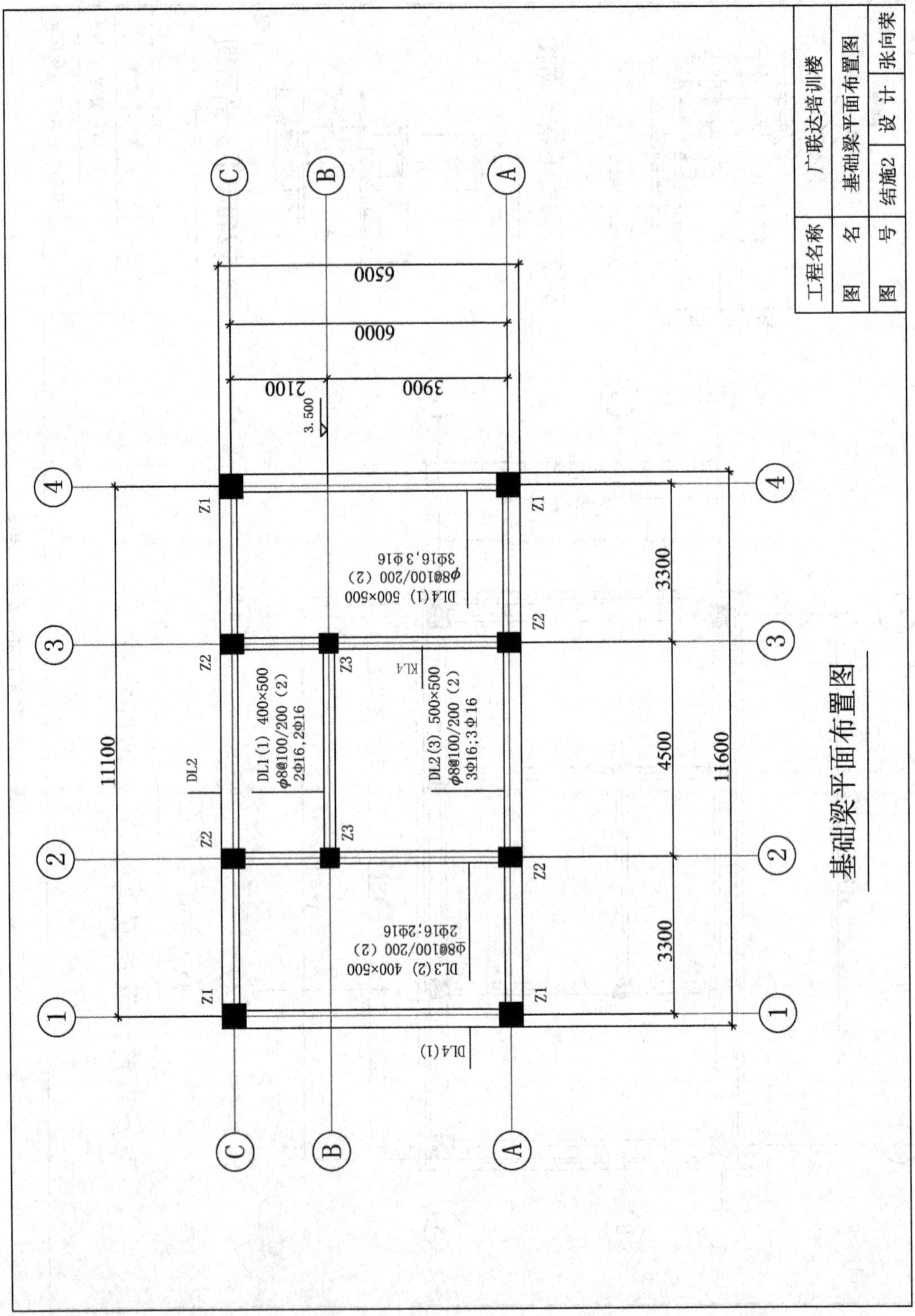

图 B.9 基础梁平面布置图

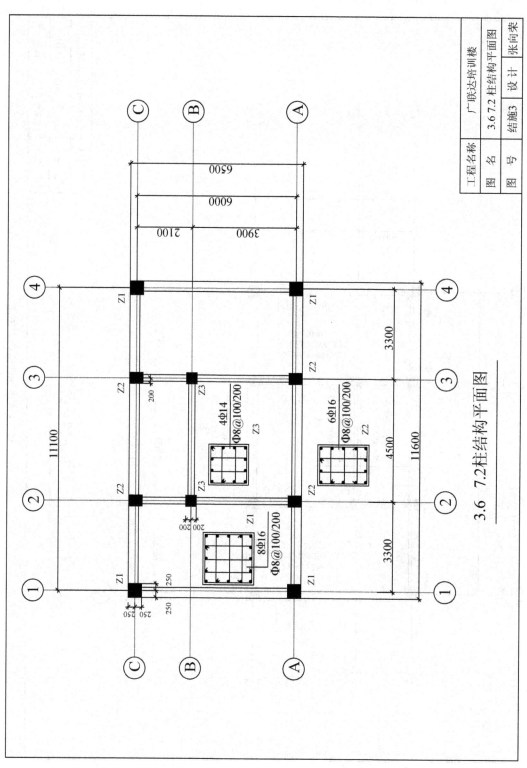

图 B.10 3.6 7.2 柱结构平面图

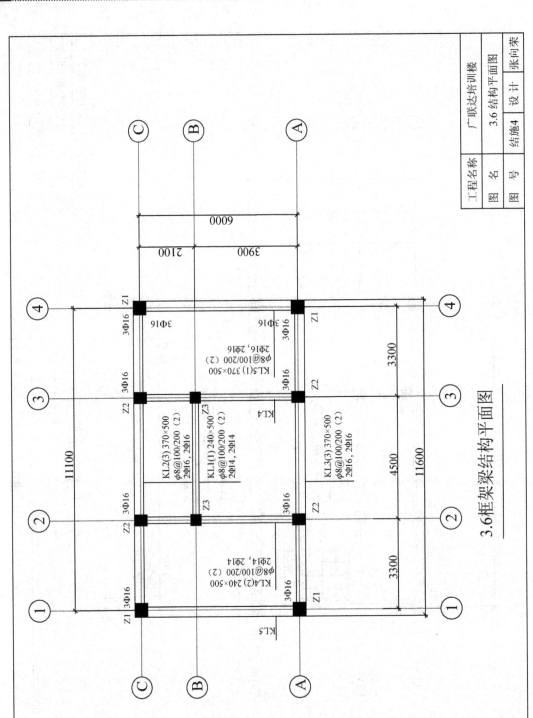

图 B.11 3.6 框架梁结构平面图

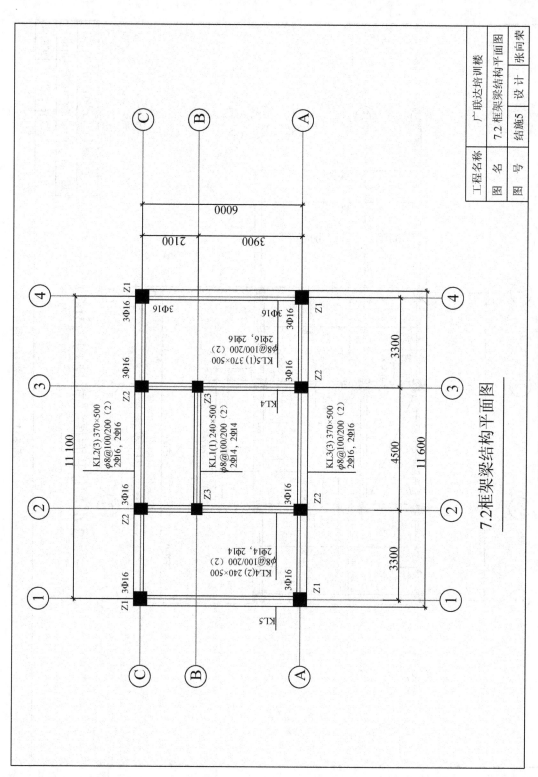

图 B.12　7.2 框架梁结构平面图

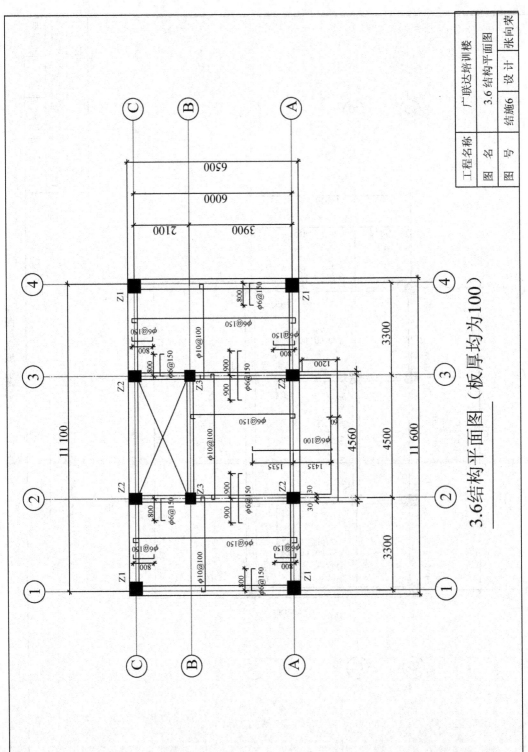

图 B.13 3.6 结构平面图

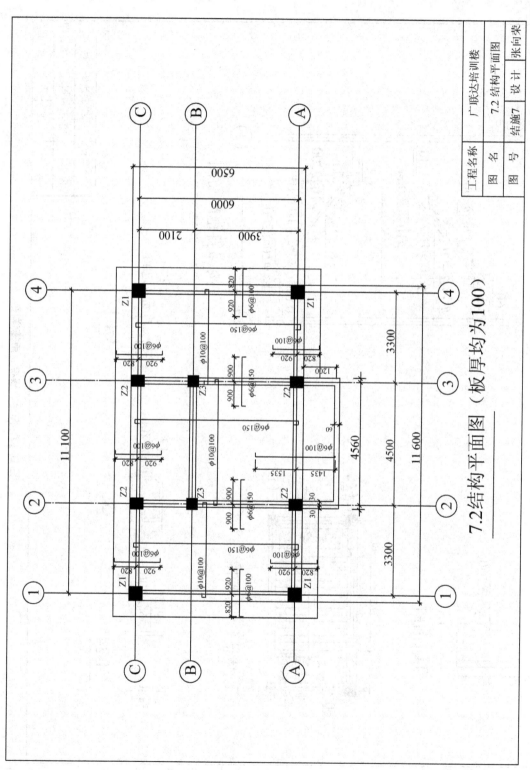

图 B.14　7.2 结构平面图

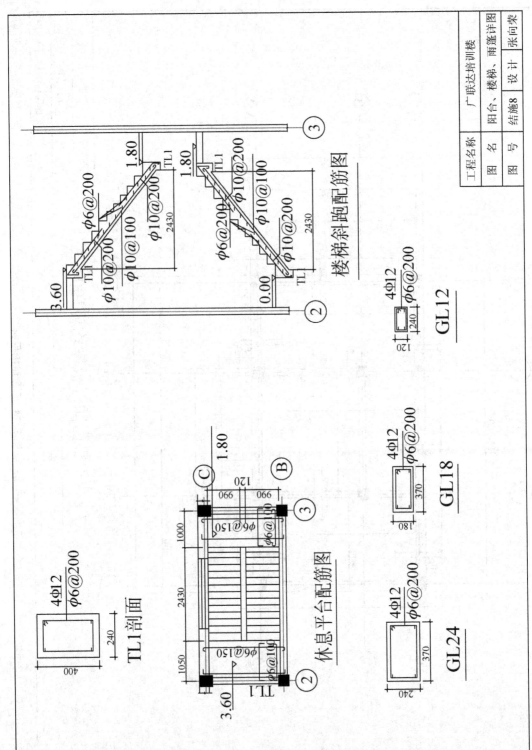

图 B.15 阳台、楼梯、雨篷详图

参 考 文 献

[1] 胡建明. 浙江省建设工程造价从业人员培训讲义——建筑工程计价(2012版). 浙江：浙江省建设工程造价管理总站，2012.

[2] 韩英. 浙江省建设工程造价从业人员培训讲义——工程造价计价基础理论(2011修订版). 浙江：浙江省建设工程造价管理总站，2012.

[3] 何辉，吴瑛. 建筑工程计价新教材[M]. 杭州：浙江人民出版社，2012.

[4] 王朝霞. 建筑工程计价[M]. 北京：中国电力出版社，2009.

[5] 何向彤. 建筑工程计价[M]. 北京：中国水利水电出版社，2008.

[6] 住房和城乡建设部标准定额研究所. 建设工程工程量清单计价规范(GB 50500—2008)[S]. 北京：中国计划出版社，2008.

[7] 《建设工程工程量清单计价规范》编制组. 建设工程工程量清单计价规范(GB 50500—2008)宣贯教材[M]. 北京：中国计划出版社，2008.

[8] 浙江省建设工程造价管理总站. 浙江省建筑工程预算定额(2010版，上、下册)[S]. 北京：中国计划出版社，2010.

[9] 浙江省建设工程造价管理总站. 浙江省建设工程施工取费定额(2010版)[S]. 北京：中国计划出版社，2010.

北京大学出版社高职高专土建系列规划教材

序号	书名	书号	编著者	定价	出版时间	印次	配套情况	
			基础课程					
1	工程建设法律与制度	978-7-301-14158-8	唐茂华	26.00	2012.7	6	ppt/pdf	
2	建设工程法规	978-7-301-16731-1	高玉兰	30.00	2013.1	11	ppt/pdf/答案/素材	★
3	建筑工程法规实务	978-7-301-19321-1	杨陈慧等	43.00	2012.1	3	ppt/pdf	★
4	建筑法规	978-7-301-19371-6	董伟等	39.00	2013.1	4	ppt/pdf	★
5	建设工程法规	978-7-301-20912-7	王先恕	32.00	2012.7	1	ppt/pdf	
6	AutoCAD 建筑制图教程	978-7-301-14468-8	郭慧	32.00	2012.4	12	ppt/pdf/素材	★
7	AutoCAD 建筑绘图教程(2010版)	978-7-301-19234-4	唐英敏等	41.00	2011.7	2	ppt/pdf	
8	建筑CAD项目教程(2010版)	978-7-301-20979-0	郭慧	38.00	2012.9	1	pdf/素材	
9	建筑工程专业英语	978-7-301-15376-5	吴承霞	20.00	2012.11	7	ppt/pdf	★
10	建筑工程专业英语	978-7-301-20003-2	韩薇等	24.00	2012.1	1	ppt/pdf	
11	建筑工程应用文写作	978-7-301-18962-7	赵立等	40.00	2012.6	2	ppt/pdf	★
12	建筑构造与识图	978-7-301-14465-7	郑贵超等	45.00	2013.2	12	ppt/pdf/答案	★
13	建筑构造(新规范)	978-7-301-21267-7	肖芳	34.00	2012.9	1	ppt/pdf	
14	房屋建筑构造	978-7-301-19883-4	李少红	26.00	2012.1	2	ppt/pdf	★
15	建筑工程制图与识图	978-7-301-15443-4	白丽红	25.00	2012.8	8	ppt/pdf/答案	
16	建筑制图习题集	978-7-301-15404-5	白丽红	25.00	2013.1	7	pdf	
17	建筑制图	978-7-301-15405-2	高丽荣	21.00	2012.4	6	ppt/pdf	★
18	建筑制图习题集	978-7-301-15586-8	高丽荣	21.00	2012.4	5	pdf	
19	建筑工程制图(第2版)(附习题册)(新规范)	978-7-301-21120-5	肖明和	48.00	2012.8	5	ppt/pdf	
20	建筑制图与识图	978-7-301-18806-4	曹雪梅等	24.00	2012.2	4	ppt/pdf	★
21	建筑制图与识图习题册	978-7-301-18652-7	曹雪梅等	30.00	2012.3	3	pdf	
22	建筑制图与识图(新规范)	978-7-301-20070-4	李元玲	28.00	2012.8	2	ppt/pdf	★
23	建筑制图与识图习题集(新规范)	978-7-301-20425-2	李元玲	24.00	2012.3	2	pdf	
24	新编建筑工程制图(新规范)	978-7-301-21140-3	方筱松	30.00	2012.8	1	ppt/pdf	★
25	新编建筑工程制图习题集(新规范)	978-7-301-16834-9	方筱松	22.00	2012.9	1	pdf	
26	建筑识图(新规范)	978-7-301-21893-8	邓志勇等	35.00	2013.1	1	ppt/pdf	★
			建筑施工类					
1	建筑工程测量	978-7-301-16727-4	赵景利	30.00	2013.1	8	ppt/pdf/答案	
2	建筑工程测量(第2版)	978-7-301-22002-3	张敬伟	37.00	2013.1	1	ppt/pdf/答案	★
3	建筑工程测量	978-7-301-19992-3	潘益民	38.00	2012.2	1	ppt/pdf	★
4	建筑工程测量实验与实习指导	978-7-301-15548-6	张敬伟	20.00	2012.4	7	pdf/答案	
5	建筑工程测量	978-7-301-13578-5	王金玲等	26.00	2011.8	3	pdf	
6	建筑工程测量实训	978-7-301-19329-7	杨凤华	27.00	2013.1	3	pdf	★
7	建筑工程测量(含实验指导手册)	978-7-301-19364-8	石东等	43.00	2012.6	2	ppt/pdf/答案	
8	建筑施工技术(新规范)	978-7-301-21209-7	陈雄辉	39.00	2013.2	2	ppt/pdf	★
9	建筑施工技术	978-7-301-12336-2	朱永祥等	38.00	2012.4	7	ppt/pdf	
10	建筑施工技术	978-7-301-16726-7	叶雯等	44.00	2012.7	4	ppt/pdf/素材	
11	建筑施工技术	978-7-301-19499-7	董伟等	42.00	2011.9	2	ppt/pdf	
12	建筑施工技术	978-7-301-19997-8	苏小梅	38.00	2012.1	1	ppt/pdf	
13	建筑工程施工技术(第2版)(新规范)	978-7-301-21093-2	钟汉华等	48.00	2013.1	8	ppt/pdf	★
14	基础工程施工(新规范)	978-7-301-20917-2	董伟等	35.00	2012.7	1	ppt/pdf	★
15	建筑施工技术实训	978-7-301-14477-0	周晓龙	21.00	2013.1	6	pdf	★
16	建筑力学(第2版)(新规范)	978-7-301-21965-8	石立安	46.00	2013.1	7	ppt/pdf	★
17	土木工程实用力学	978-7-301-15598-1	马景善	30.00	2013.1	4	pdf/ppt	
18	土木工程力学	978-7-301-16864-6	吴明军	38.00	2011.11	2	ppt/pdf	
19	PKPM 软件的应用	978-7-301-15215-7	王娜	27.00	2012.4	4	ppt/pdf	
20	建筑结构	978-7-301-17086-1	徐锡权	62.00	2011.8	2	ppt/pdf/答案	
21	建筑结构	978-7-301-19171-2	唐春平等	41.00	2012.6	3	ppt/pdf	
22	建筑结构基础(新规范)	978-7-301-21125-0	王中发	36.00	2012.8	1	ppt/pdf	★
23	建筑结构原理及应用	978-7-301-18732-6	史美东	45.00	2012.8	1	ppt/pdf	★
24	建筑力学与结构	978-7-301-15658-2	吴承霞	40.00	2013.1	10	ppt/pdf/答案	
25	建筑力学与结构(少学时版)	978-7-301-21730-6	吴承霞	34.00	2013.2	1	ppt/pdf/答案	
26	建筑力学与结构	978-7-301-20988-2	陈水广	32.00	2012.8	1	pdf/ppt	
27	建筑结构与施工图(新规范)	978-7-301-22188-4	朱希文等	35.00	2013.3	1	ppt/pdf	★
28	生态建筑材料	978-7-301-19588-2	陈剑峰等	38.00	2011.10	1	ppt/pdf	
29	建筑材料	978-7-301-13576-1	林祖宏	35.00	2012.6	9	ppt/pdf	★
30	建筑材料与检测	978-7-301-16728-1	梅杨等	26.00	2012.11	8	ppt/pdf/答案	★
31	建筑材料检测试验指导	978-7-301-16729-8	王美芬等	18.00	2012.4	4	pdf	
32	建筑材料与检测	978-7-301-19261-0	王辉	35.00	2012.6	3	ppt/pdf	
33	建筑材料与检测试验指导	978-7-301-20045-2	王辉	20.00	2013.1	2	ppt/pdf	★
34	建设工程监理概论(第2版)(新规范)	978-7-301-20854-0	徐锡权等	43.00	2013.1	2	ppt/pdf/答案	

序号	书名	书号	编著者	定价	出版时间	印次	配套情况	
35	建设工程监理	978-7-301-15017-7	斯 庆	26.00	2013.1	6	ppt/pdf/答案	★
36	建设工程监理概论	978-7-301-15518-9	曾庆军等	24.00	2012.12	5	ppt/pdf	
37	工程建设监理案例分析教程	978-7-301-18984-9	刘志麟等	38.00	2013.2	2	ppt/pdf	★
38	地基与基础	978-7-301-14471-8	肖明和	39.00	2012.4	7	ppt/pdf/答案	★
39	地基与基础	978-7-301-16130-2	孙平平等	26.00	2013.2	3	ppt/pdf	
40	建筑工程质量事故分析	978-7-301-16905-6	郑文新	25.00	2012.10	4	ppt/pdf	★
41	建筑工程施工组织设计	978-7-301-18512-4	李源清	26.00	2012.9	4	ppt/pdf	★
42	建筑工程施工组织实训	978-7-301-18961-0	李源清	40.00	2012.11	3	ppt/pdf	★
43	建筑施工组织与管理	978-7-301-15359-8	翟丽旻等	32.00	2013.2	10	ppt/pdf/答案	★
44	建筑施工组织与进度控制(新规范)	978-7-301-21223-3	张廷瑞	36.00	2012.9	1	ppt/pdf	★
45	建筑施工组织项目式教程	978-7-301-19901-5	杨红玉	44.00	2012.1	1	ppt/pdf/答案	
46	钢筋混凝土工程施工与组织	978-7-301-19587-1	高 雁	32.00	2012.5	1	ppt/pdf	
47	钢筋混凝土工程施工与组织实训指导(学生工作页)	978-7-301-21208-0	高 雁	20.00	2012.9	1	ppt	
		工 程 管 理 类						
1	建筑工程经济	978-7-301-15449-6	杨庆丰等	24.00	2013.1	11	ppt/pdf/答案	★
2	建筑工程经济	978-7-301-20855-7	赵小娥等	32.00	2012.8	1	ppt/pdf	
3	施工企业会计	978-7-301-15614-8	辛艳红等	26.00	2013.1	5	ppt/pdf/答案	★
4	建筑工程项目管理	978-7-301-12335-5	范红岩等	30.00	2012.4	9	ppt/pdf	★
5	建设工程项目管理	978-7-301-16730-4	王 辉	32.00	2013.1	4	ppt/pdf/答案	★
6	建设工程项目管理	978-7-301-19335-8	冯松山等	38.00	2012.8	2	pdf/ppt	
7	建设工程招投标与合同管理(第2版)(新规范)	978-7-301-21002-4	宋春岩	38.00	2013.1	2	ppt/pdf/答案/试题/教案	★
8	建筑工程招投标与合同管理(新规范)	978-7-301-16802-8	程超胜	30.00	2012.9	1	pdf/ppt	★
9	建筑工程商务标编制实训	978-7-301-20804-5	钟振宇	35.00	2012.7	1	ppt	★
10	工程招投标与合同管理实务	978-7-301-19035-7	杨甲奇等	48.00	2011.8	2	pdf	
11	工程招投标与合同管理实务	978-7-301-19290-0	郑文新等	43.00	2012.4	2	ppt/pdf	★
12	建设工程招投标与合同管理实务	978-7-301-20404-7	康云会等	42.00	2012.4	1	ppt/pdf/答案/习题库	
13	工程招投标与合同管理(新规范)	978-7-301-17455-5	文新平	37.00	2012.9	1	ppt/pdf	★
14	工程项目招投标与合同管理	978-7-301-15549-3	李洪军等	30.00	2012.11	6	ppt	★
15	工程项目招投标与合同管理	978-7-301-16732-8	杨庆丰	28.00	2013.1	6	ppt	★
16	建筑工程安全管理	978-7-301-19455-3	宋 健	36.00	2013.1	2	ppt/pdf	
17	建筑工程质量与安全管理	978-7-301-16070-1	周连起	35.00	2013.2	5	ppt/pdf/答案	
18	施工项目质量与安全管理	978-7-301-21275-2	钟汉华	45.00	2012.10	1	ppt/pdf	
19	工程造价控制	978-7-301-14466-4	斯 庆	26.00	2012.11	8	ppt/pdf	★
20	工程造价管理	978-7-301-20655-3	徐锡权等	33.00	2012.7	1	ppt/pdf	
21	工程造价控制与管理	978-7-301-19366-2	胡新萍等	30.00	2013.1	1	ppt/pdf	★
22	建筑工程造价管理	978-7-301-20360-6	柴 琦等	27.00	2013.1	1	ppt/pdf	
23	建筑工程造价管理	978-7-301-15517-2	李茂英等	24.00	2012.1	4	pdf	
24	建筑工程造价	978-7-301-21892-1	孙咏梅	40.00	2014.12	2	ppt/pdf	★
25	建筑工程计量与计价	978-7-301-15406-9	肖明和等	39.00	2012.8	10	ppt/pdf/答案/教案	
26	建筑工程计量与计价实训	978-7-301-15516-5	肖明和等	20.00	2012.11	6	pdf	
27	建筑工程计量与计价——透过案例学造价	978-7-301-16071-8	张 强	50.00	2013.1	5	ppt/pdf	
28	安装工程计量与计价	978-7-301-15652-0	冯 钢等	38.00	2013.3	11	ppt/pdf/答案	★
29	安装工程计量与计价实训	978-7-301-19336-5	景巧玲等	36.00	2012.7	2	pdf/素材	★
30	建筑水电安装工程计量与计价(新规范)	978-7-301-21198-4	陈连姝	36.00	2012.9	1	ppt/pdf	★
31	建筑与装饰装修工程工程量清单	978-7-301-17331-2	翟丽旻等	25.00	2012.8	3	pdf/ppt/答案	
32	建筑工程清单编制	978-7-301-19387-7	叶晓容	24.00	2011.8	1	ppt/pdf	★
33	建设项目评估	978-7-301-20068-1	高志云等	32.00	2012.1	1	ppt/pdf	★
34	钢筋工程清单编制	978-7-301-20114-5	贾莲英	36.00	2012.2	1	ppt/pdf	
35	混凝土工程清单编制	978-7-301-20384-2	顾 娟	28.00	2012.5	1	ppt/pdf	
36	建筑装饰工程预算	978-7-301-20567-9	范菊雨	38.00	2012.5	1	ppt/pdf	
37	建设工程安全监理(新规范)	978-7-301-20802-1	沈万岳	28.00	2012.7	1	pdf/ppt	★
38	建筑工程安全技术与管理实务(新规范)	978-7-301-21187-8	沈万岳	48.00	2012.9	1	pdf/ppt	★
39	建筑工程资料管理	978-7-301-17456-2	孙 刚等	36.00	2013.1	2	pdf/ppt	
40	建筑工程计量与计价(第2版)	978-7-301-22078-8	肖明和等	58.00	2013.3	1	pdf/ppt	★

序号	书名	书号	编著者	定价	出版时间	印次	配套情况	
建筑设计类							
1	中外建筑史	978-7-301-15606-3	袁新华	30.00	2012.11	7	ppt/pdf	★
2	建筑室内空间历程	978-7-301-19338-9	张伟孝	53.00	2011.8	1	pdf	★
3	建筑装饰CAD项目教程(新规范)	978-7-301-20950-9	郭慧	35.00	2013.1	1	ppt/素材	
4	室内设计基础	978-7-301-15613-1	李书青	32.00	2011.1	2	ppt/pdf	
5	建筑装饰构造	978-7-301-15687-2	赵志文等	27.00	2012.11	5	ppt/pdf/答案	★
6	建筑装饰材料	978-7-301-15136-5	高军林	25.00	2012.4	3	ppt/pdf/答案	
7	建筑装饰施工技术	978-7-301-15439-7	王军等	30.00	2012.11	5	ppt/pdf	★
8	装饰材料与施工	978-7-301-15677-3	宋志春等	30.00	2010.8	2	ppt/pdf/答案	★
9	设计构成	978-7-301-15504-2	戴碧锋	30.00	2012.10	2	ppt/pdf	
10	基础色彩	978-7-301-16072-5	张军	42.00	2011.9	2	pdf	★
11	设计色彩	978-7-301-21211-0	龙黎黎	46.00	2012.9	1	ppt	★
12	建筑素描表现与创意	978-7-301-15541-7	于修国	25.00	2012.11	3	pdf	★
13	3ds Max室内设计表现方法	978-7-301-17762-4	徐海军	32.00	2010.9	1	pdf	
14	3ds Max2011室内设计案例教程(第2版)	978-7-301-15693-3	伍福军等	39.00	2011.9	1	ppt/pdf	
15	Photoshop效果图后期制作	978-7-301-16073-2	脱忠伟等	52.00	2011.1	1	素材/pdf	
16	建筑表现技法	978-7-301-19216-0	张峰	32.00	2013.1	2	ppt/pdf	
17	建筑速写	978-7-301-20441-2	张峰	30.00	2012.4	1	pdf	★
18	建筑装饰设计	978-7-301-20022-3	杨丽君	36.00	2012.2	1	ppt/素材	
19	装饰施工读图与识图	978-7-301-19991-6	杨丽君	33.00	2012.5	1	ppt	
规划园林类							
1	居住区景观设计	978-7-301-20587-7	张群成	47.00	2012.5	1	ppt	★
2	居住区规划设计	978-7-301-21031-4	张燕	48.00	2012.8	1	ppt	★
3	园林植物识别与应用(新规范)	978-7-301-17485-2	潘利等	34.00	2012.9	1	ppt	
4	城市规划原理与设计	978-7-301-21505-0	谭婧婧等	35.00	2013.1	1	ppt/pdf	★
房地产类							
1	房地产开发与经营	978-7-301-14467-1	张建中等	30.00	2013.2	6	ppt/pdf/答案	★
2	房地产估价	978-7-301-15817-3	黄晔等	30.00	2011.8	3	ppt/pdf	
3	房地产估价理论与实务	978-7-301-19327-3	褚菁晶	35.00	2011.8	1	ppt/pdf/答案	
4	物业管理理论与实务	978-7-301-19354-9	裴艳慧	52.00	2011.9	1	ppt/pdf	★
5	房地产营销与策划(新规范)	978-7-301-18731-9	应佐萍	42.00	2012.8	1	ppt	
市政路桥类							
1	市政工程计量与计价(第2版)	978-7-301-20564-8	郭良娟等	42.00	2013.1	2	pdf/ppt	
2	市政工程计价	978-7-301-22117-4	彭以舟等	39.00	2013.2	1	ppt	★
3	市政桥梁工程	978-7-301-16688-8	刘江等	42.00	2012.10	2	ppt/pdf/素材	
4	路基路面工程	978-7-301-19299-3	偶昌宝等	34.00	2011.8	1	ppt/pdf/素材	
5	道路工程技术	978-7-301-19363-1	刘雨等	33.00	2011.12	1	ppt/pdf	
6	城市道路设计与施工(新规范)	978-7-301-21947-8	吴颖峰	39.00	2013.1	1	ppt/pdf	★
7	建筑给水排水工程	978-7-301-20047-6	叶巧云	38.00	2012.2	1	ppt/pdf	
8	市政工程测量(含技能训练手册)	978-7-301-20474-0	刘宗波等	41.00	2012.5	1	ppt/pdf	
9	公路工程任务承揽与合同管理	978-7-301-21133-5	邱兰等	30.00	2012.9	1	ppt/pdf/答案	
10	道桥工程材料	978-7-301-21170-0	刘水林等	43.00	2012.9	1	ppt/pdf	
11	工程地质与土力学(新规范)	978-7-301-20723-9	杨仲元	40.00	2012.6	1	ppt/pdf	★
12	数字测图技术应用教程	978-7-301-20334-7	刘宗波	36.00	2012.8	1	ppt	
13	道路工程测量(含技能训练手册)	978-7-301-21967-6	田树涛等	45.00	2013.2	1	ppt/pdf	
建筑设备类							
1	建筑设备基础知识与识图	978-7-301-16716-8	靳慧征	34.00	2012.11	8	ppt/pdf	★
2	建筑设备识图与施工工艺	978-7-301-19377-8	周业梅	38.00	2011.8	2	ppt/pdf	★
3	建筑施工机械	978-7-301-19365-5	吴志强	30.00	2013.1	2	pdf/ppt	★
4	智能建筑环境设备自动化(新规范)	978-7-301-21090-1	余志强	40.00	2012.8	1	ppt/pdf	★

相关教学资源如电子课件、电子教材、习题答案等可以登录 www.pup6.com 下载或在线阅读。

扑六知识网(www.pup6.com)有海量的相关教学资源和电子教材供阅读及下载(包括北京大学出版社第六事业部的相关资源),同时欢迎您将教学课件、视频、教案、素材、习题、试卷、辅导材料、课改成果、设计作品、论文等教学资源上传到 pup6.com,与全国高校师生分享您的教学成就与经验,并可自由设定价格,知识也能创造财富。具体情况请登录网站查询。

如您需要免费纸质样书用于教学,欢迎登陆第六事业部门户网(www.pup6.com)填表申请,并欢迎在线登记选题以到北京大学出版社来出版您的大作,也可下载相关表格填写后发到我们的邮箱,我们将及时与您取得联系并做好全方位的服务。

扑六知识网将打造成全国最大的教育资源共享平台,欢迎您的加入——让知识有价值,让教学无界限,让学习更轻松。

联系方式: 010-62750667, yangxinglu@126.com, linzhangbo@126.com, 欢迎来电来信咨询。